Michael Ebner

Handbuch der PA-Technik

Elektor-Verlag, Aachen

Umschlaggestaltung: Ton Gulikers, Segment, Beek (NL)
Satz und Aufmachung: Michael Ebner
Druck: WILCO, Amersfoort (NL)

2. Auflage 2003
Printed in the Netherlands

ISBN 3-89576-114-1
Elektor-Verlag GmbH
019007-1D

Inhaltsverzeichnis

V | Vorwort

Für gewöhnlich – und bei meinen letzten 17 Büchern habe ich es auch so gehalten – schreibt man das Vorwort dann, wenn das Buch fertig ist. Ist dieses Buch fertig? Der vom Verlag gesetzte Abgabetermin ist nun um einen Monat überschritten, die vorgesehene Seitenzahl inklusive „Verhandlungsspielraum" ist mehr als ausgeschöpft – das Glossar wird wohl als pdf-Datei auf die beiliegende CD gepackt, und der Index bekommt eine kleinere Schriftgröße ... –, ich muss jetzt wohl aufhören zu schreiben.

Wohl wissend, dass es viele Themen gibt, die zu kurz oder gar nicht behandelt wurden. Wohl wissend, dass mir einige Firmen Material zur Verfügung gestellt haben, das ich nicht verwendet habe. (Deshalb an dieser Stelle einen herzlichen Dank speziell an die Firmen KME, Shoeps und Riedel.)

Bücher

Trost sei mir (und Ihnen), daß es andere Bücher gibt, in denen sie zumindest einen Teil der Themen finden, die ich gerne hier besprochen hätte:

■ Zunächst einmal *das PA Handbuch* von Frank Pieper, erschienen bei Carstensen, welches auch das Thema *PA* in seiner ganzen Bandbreite abdeckt.

■ *Mikrofone in Theorie und Praxis* von Thomas Görne, erschienen bei Elektor, sollten Sie lesen, wenn Sie mehr über Mikrofone, insbesondere Mikrofonaufstellung wissen möchten.

■ *Studiotechnik* von Michael Warstat und Thomas Görne, auch erschienen bei Elektor, richtet sich an diejenigen, die eher im Studio als auf der Bühne zu Hause sind.

Und wer weiß, vielleicht kann ich den Verlag ja überzeugen, einen Fortsetzungsband herauszubringen ...

Und wenn ich gerade Bücher empfehle, dann möchte ich auch noch etwas Werbung für ein eigenes Werk machen, nämlich *Lichttechnik für Bühne und Disco*, auch erschienen bei Elektor.

PA-Forum

Unter der Web-Adresse *www.pa-forum.de* finden Sie ein Forum, in dem Sie über PA-Technik (und andere Themen der Veranstaltungstechnik) diskutieren können. Es wäre schön, wenn ich Sie dort als Mitglieder begrüßen dürfte.

Sollten Korrekturen oder Ergänzungen zu diesem Buch notwendig werden, dann werden Sie diese auch unter dieser Webadresse finden.

CD

Dem Buch liegt eine CD bei, auf der Sie Folgendes (und vielleicht noch ein bisschen mehr, schauen Sie in die Datei README.TXT) finden:

- Das Glossar als pdf-Datei.
- Formulare zum Abschreiben der Pulteinstellung, auch als pdf-Datei.
- Einige kurze WAV-Files, in denen verschiedene Effekte des Yamaha SPX 990 demonstriert werden.
- Eine Demo-Version des MP3-Systems BPM-Studio.
- Den 2-kanaligen FFT-Analyser *Audiotester* als Shareware, ein Programm mit einem sagenhaft günstigen Preis-Leistungs-Verhältnis, über das ich ursprünglich ein ganzes Kapitel schreiben wollte, aber da reichte leider der Platz nicht.

Danksagung

Und nun noch einen herzlichen Dank an alle diejenigen, die am Gelingen dieses Buches beteiligt waren:

- Den Firmen, welche mir Material zur Verfügung gestellt haben.

- Kristine Gutschwager und Uwe Lockner für das Durchsehen des Manuskripts.

- Anthea Peters für das Singen des Demo-Stückes, Christian Kussmann für die Aufnahme und Uwe Lockner für die Effekte.

- Sowie dem Elektor-Verlag und besonders Herrn Raimund Krings für die Geduld, die mal wieder nötig war.

Mannheim, 15. April 2002

Michael Ebner

info@pa-forum.de

Grundlagen

Tieferes Verständnis der Zusammenhänge und Ursachen in der PA-Technik setzen gewisse Grundkenntnisse in der Akustik und der Elektrik voraus. In diesem Kapitel soll versucht werden, die wichtigsten dieser Grundlagen zu vermitteln.

1.1 Was ist Schall?

Schall ist eine Veränderung des Luftdrucks mit einer Frequenz zwischen 20 Hz und 20 kHz. In diesem Frequenzbereich werden Luftdruckänderungen vom Menschen über das Ohr wahrgenommen.

(Genaugenommen ist dieser Satz in zweierlei Hinsicht nicht völlig korrekt: Die obere Hörgrenze von 20 kHz, also 20 000 Hz, bezieht sich auf einen jungen Menschen ohne Hörschäden. Gerade unter den PA-Technikern gibt es nicht mehr viele, die so hohe Töne überhaupt noch hören. Und wenn die so genannte Eustachische Röhre verstopft ist, beispielsweise durch einen Schnupfen, dann spürt man auch längerfristige Luftdruckänderungen, wie sie beispielsweise durch Höhenänderungen bei Gebirgsfahrten auftreten, durch einen „Druck" auf den Ohren.)

Töne und Schwingungen

In der Tontechnik unterscheidet man grob vier verschiedene Schallvorgänge, nämlich den Ton, den Klang, das Geräusch und das Rauschen, vergleiche Bild 1.1 auf der nächsten Seite.

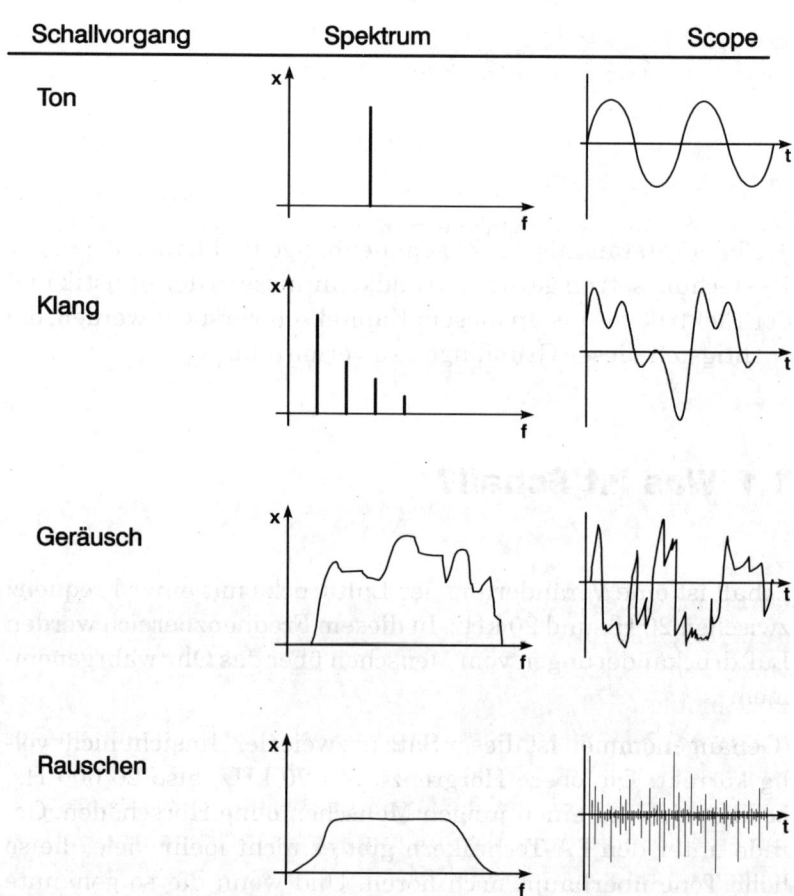

Schallvorgang	Spektrum	Scope
Ton		
Klang		
Geräusch		
Rauschen		

Bild 1.1: Töne, Klänge, Geräusche

Unter einem Ton versteht man eine Sinusschwingung ohne Oberschwingungen. Reine Töne kommen bei natürlichen Instrumenten nicht vor, sondern können nur elektronisch erzeugt werden. Sie werden vor allem in der Messtechnik verwendet. Was in der Musik Ton genannt wird, ist in der Akustik ein Klang.

Ein Klang ist ein Ton mit geradzahligen und/oder ungeradzahligen Oberschwingungen, auch Obertöne genannt. Die Frequenzen dieser Obertöne sind ganzzahlige Vielfache der Grundschwingung, auch Grundton genannt. Die Frequenz eines Klangs ist die Frequenz des Grundtons. Alle Musikinstrumente mit Ausnahme der percussiven (Schlagzeug) erzeugen Klänge.

Ein Geräusch ist ein Frequenzgemisch, in dem die einzelnen Frequenzen unterschiedlich stark sind und in keinem mathematischen Verhältnis zueinander stehen. Geräusche werden von percussiven Instrumenten, aber auch beispielsweise von Verbrennungsmotoren erzeugt.

Von einem Rauschen spricht man dann, wenn alle Frequenzen gleich stark vertreten sind oder einer genau festgelegten Frequenzverteilung folgen. Rauschen ist als thermisches Rauschen von allen elektronischen Bauteilen ein sehr unerwünschtes, aber nicht zu vermeidendes Phänomen, es wird aber auch zu Messzwecken gezielt erzeugt.

Bild 1.2 zeigt eine Sinusschwingung, also einen Ton. Die Zeitdauer, in der eine komplette Schwingung abgschlossen wird, nennt man die Periodendauer T, die

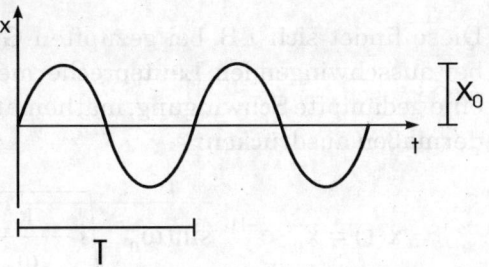

Bild 1.2: Sinusschwingung

maximale Auslenkung die Amplitude x_0. Die Frequenz ist der Kehrwert der Periodendauer. Da die Schwingung über den gesamten Zeitraum die gleiche Amplitude beibehält, handelt es sich um eine ungedämpfte Schwingung, sie lässt sich mathematisch folgendermaßen beschreiben:

$$x = x_0 \cdot \sin \omega t = x_0 \sin 2 \pi f t$$

Sind in einem System mehrere Töne vorhanden, dann können diese „in der Phase" gegeneinander verschoben sein, sie beginnen also gegenüber einer anderen Schwingung früher oder später. Die Verschiebung könnte als die Zeit angegeben werden, um welche die Schwingung gegenüber der Bezugsschwingung früher oder später beginnt, es wird aber üblicherweise der so genannte. Phasenwinkel angegeben, um welche der Ton vor- oder nacheilt. Mathematisch wird die Schwingung dann folgendermaßen beschrieben:

$$x = x_0 \cdot \sin(\omega t + \varphi) = x_0 \sin(2 \pi f t + \varphi)$$

Bei einem positiven Phasenwinkel eilt die Phase voraus, bei einem negativen Phasenwinkel eilt sie nach. Die Zeit, um die eine phasenverschobene Schwingung nacheilt, beträgt

$$t_n = \frac{\varphi}{360°} \cdot T = \frac{\varphi}{360° \cdot f}$$

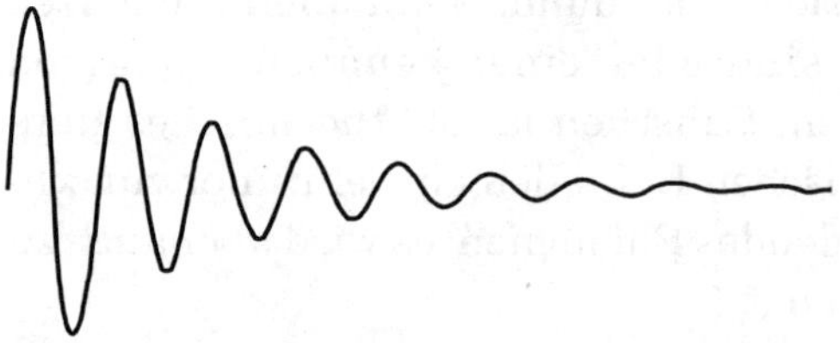

Bild 1.3:
Gedämpfte
Schwingung

Nimmt die Amplitude der Schwingung mit der Zeit ab, so spricht man von einer gedämpften Schwingung.

Diese findet sich z.B. bei gezupften Gitarrensaiten, aber auch bei ausschwingenden Lautsprechermembranen. Bild 1.3 zeigt eine gedämpfte Schwingung; mathematisch lässt sie sich folgendermaßen ausdrücken:

$$x(t) = x_0 \cdot e^{-kt} \cdot \sin(\omega_0 \cdot \sqrt{1 - \frac{k^2}{\omega_0^2}} \cdot t)$$

Werden zwei Schwingungen „zusammengemischt", also addiert, so addieren sich deren Augenblickswerte. Werden Töne gleicher (!) Frequenz addiert, so entsteht wieder eine Sinusschwingung mit der gleichen Frequenz, deren Betrag

$$x_g = \sqrt{(x_1 \cdot \sin\alpha_1 + x_2 \cdot \sin\alpha_2 + ...)^2 + (x_1 \cdot \cos\alpha_1 + x_2 \cdot \cos\alpha_2 + ...)^2}$$

und deren Phasenlage

$$\alpha_g = \arctan\frac{x_1 \cdot \sin\alpha_1 + x_2 \cdot \sin\alpha_2 + ...}{x_1 \cdot \cos\alpha_1 + x_2 \cdot \cos\alpha_2 + ...}$$

beträgt.

Zeigeraddition

Da solche umfangreichen Rechnungen nicht jedermanns Sache sind, lassen sich die Töne auch als „Zeiger" darstellen und wie Vektoren addieren. Dazu werden für die einzelnen Töne Pfeile gezeichnet, deren Länge der Amplitude entspricht (ein Maßstab für alle Töne!), und die entsprechend ihrem Phasenwinkel eine Richtung bekommen. Der erste Pfeil wird von einem gewählten „Ursprung" aus gezeichnet, der zweite Pfeil an die Spitze des ersten gesetzt, der dritte an die Spitze des zweiten und so weiter.

Zum Schluss wird dann ein Pfeil vom Ursprung zur Spitze des letzten Pfeils gezeich-net. Seine Länge ent-spricht der Gesamt-amplitude, sein Win-kel deren Phasenlage. Bild 1.4 zeigt ein Bei-spiel für eine solche graphische Lösung.

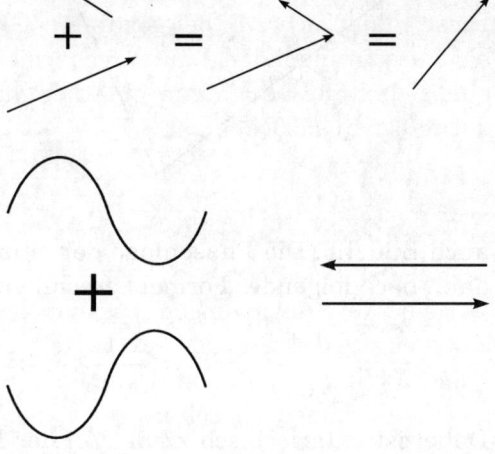

Bild 1.4: Zeigeraddition

Bild 1.5: Gegen-phasige Signale

Addiert man nun zwei Töne, die gegenphasig sind, also eine Pha-senverschiebung von 180° haben, so haben die beiden Zeiger ent-gegengesetzte Richtung, die Gesamtamplitude ist also die Diffe-renz der beiden Einzelamplituden. Sind die beiden Amplituden genau gleich groß, dann heben sich die Töne vollständig auf. Dies ist zum Beispiel der Fall, wenn von zwei Sub-Woofern einer falsch gepolt ist; die beiden Membrane schieben dann die Luft zwischen sich hin und her, die Gesamtlautstärke ist minimal. Bild 1.5 zeigt die Addition von zwei gegenphasigen Signalen.

Interferenz

Von zwei Lautsprechern wird der gleiche Ton abgestrahlt; Frequenz, Phasenlage und Amplitude sind jeweils gleich. Auf der Achse zwischen den beiden Lautsprechern ist die Entfernung zu beiden Boxen jeweils gleich groß, demnach ist auch die Phasenverschiebung jeweils gleich groß; die Schalldrücke beider Signale addieren sich, der Schalldruckpegel nimmt um 6 dB zu.

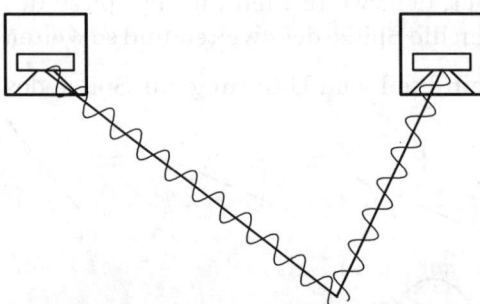

Verlässt man die Achse zwischen beiden Lautsprechern, dann sind die Abstände zu beiden Lautsprechern nicht mehr gleich groß, demnach ist auch die Phasenlage beider Signale nicht mehr identisch, siehe

Bild 1.6:Interferenz

auch Bild 1.6. Die Phasenlage der einzelnen Signale lässt sich dann nach folgender Formel berechnen:

$$\varphi = \frac{d \cdot f}{c} \cdot 360° = \frac{d \cdot f}{c} \cdot 360° - n \cdot 360°$$

Dabei ist φ (griechisch *klein phi*) der Phasenwinkel, d die Distanz zwischen Schallquelle und Standpunkt, c die Schallgeschwindigkeit; da Werte über 360° in der Regel nicht interessieren, wird n (eine ganze Zahl) so gewählt, dass ein Ergebnis zwischen 0 und 360 herauskommt.

Wie die Formel zeigt, ändert sich die Phasenlage mit der Frequenz. An einem Standpunkt mit verschiedenen Entfernungen zu den beiden Schallquellen schwankt die Phasendifferenz der beiden Signale ständig zwischen 0 und 360°. Dadurch schwankt auch die Gesamtamplitude zwischen Maximum und Minimum, man spricht von einem „Kammfilterfrequenzgang". Den Effekt der abwechselnden Verstärkung und Auslöschung nennt man Interferenz.

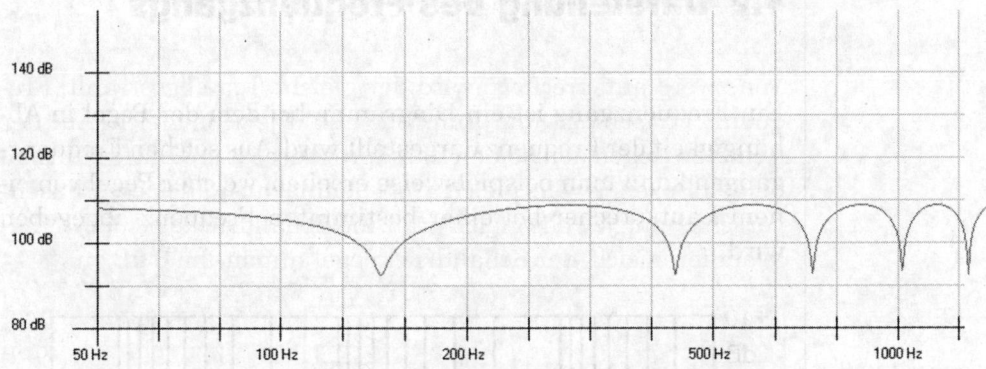

Bild 1.7: Kammfilterfrequenzgang

Bild 1.7 zeigt einen solchen Kammfilterfrequenzgang. Da durch den unterschiedlichen Abstand zu den beiden Boxen auch der Pegel der beiden Signale nicht identisch ist, findet keine vollständige Auslöschung statt. Bei logarithmischer Frequenzteilung steigt die Anzahl der Einbrüche mit der Frequenz; deshalb geht das Schaubild auch nur bis 1 kHz: Bei höheren Frequenzen kommen Maxima und Minima immer dichter hintereinander. Da das Ohr aber schmale Einbrüche nicht wahrnimmt, leidet durch Interferenz bei den hohen Frequenzen die Klangqualität nicht so sehr, wie man nach Betrachtung des Frequenzganges annehmen könnte.

Beim hier dargestellten Frequenzgang wurde angenommen, dass das Signal aus beiden Boxen exakt gleich laut ist. Wäre es unterschiedlich laut, dann gäbe es Punkte abseits der Mittelachse, an denen es exakt gleich laut wäre, an denen aber auch die Phasenverschiebung zwischen den beiden Signalen exakt 180° betragen würde. Hier würden sich die Signale dann tatsächlich gegenseitig auslöschen. Gerade bei Open-Air-Veranstaltungen, bei denen nicht der Raumhall solche Effekte abmildert, gibt es immer einige Stellen, an denen bestimmte Basstöne nicht vorhanden sind. Dies ist insbesondere beim Einmessen der Anlage zu beachten: Um solche Effekte auszugleichen, ist entweder auf eine strikte Mittenausrichtung des Messmikrofons zu achten, oder die Messung muss über einige Positionen gemittelt werden.

1.2 Darstellung des Frequenzgangs

Ein Frequenzgang ist ein Diagramm, bei dem der Pegel in Abhängigkeit der Frequenz dargestellt wird. Aus solchen Frequenzgängen kann man beispielsweise ersehen, welcher Pegel von einem Lautsprecher bei einer bestimmten Frequenz abgegeben wird.

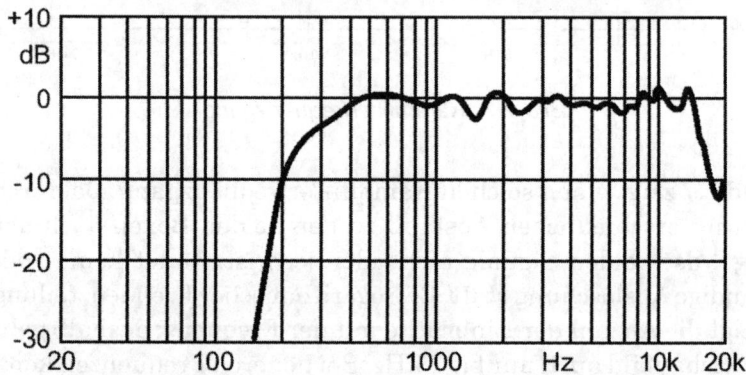

Bild 1.8:
Frequenzgang
(Syrincs MPA 1)

Prinzipiell wäre es möglich, Frequenzgänge auf eine lineare Achse zu schreiben, so wie dies in Bild 1.9 geschehen ist. Dies ist aber dem menschlichen Gehöhr wenig angepasst, wie die Darstellung der einzelnen Oktaven zeigt. Während die Oktave zwischen 10 kHz und 20 kHz die halbe Breite einnimmt, müssen sich die restlichen neun Oktaven die andere Hälfte teilen. Mit einer linearen Teilung würden viele Details im Bass-Bereich nicht erkennbar werden, während andere Dinge im kaum noch hörbaren Bereich über 10 kHz völlig überbetont würden.

In Bild 1.9 sind außerdem die Frequenzgänge von *white noise* und *pink noise* (also weißes und rosa Rauschen), zwei beliebte Meßsignale, eingezeichnet. Bild 1.10 zeigt die gleichen Kurven in logarithmischer Darstellung. Zunächst sieht man anhand des Oktavbalken, dass eine logarithmische Frequenzteilung den Hörgewohnheiten des menschlichen Ohrs entspricht:

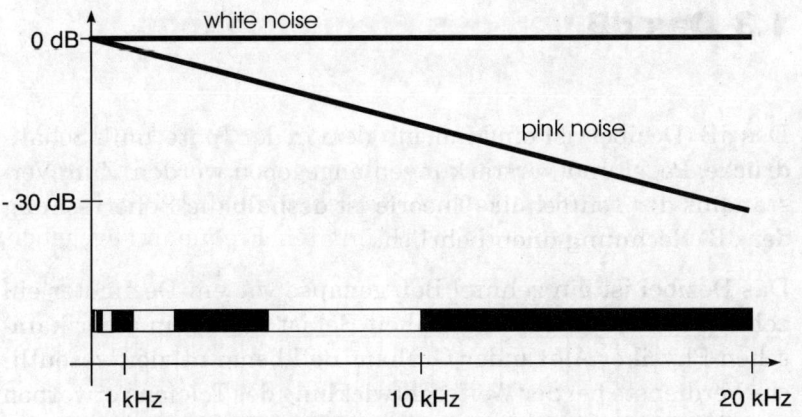

Bild 1.9:
*Frequenzgang
mit linearer
Frequenzteilung*

Jede Oktave ist gleich breit. Hier wird nun das rosa Rauschen zu einer waagerechten Geraden, jede Oktave ist also gleich laut. Beim weißen Rauschen dagegen nimmt der Energieanteil pro Oktave zu.

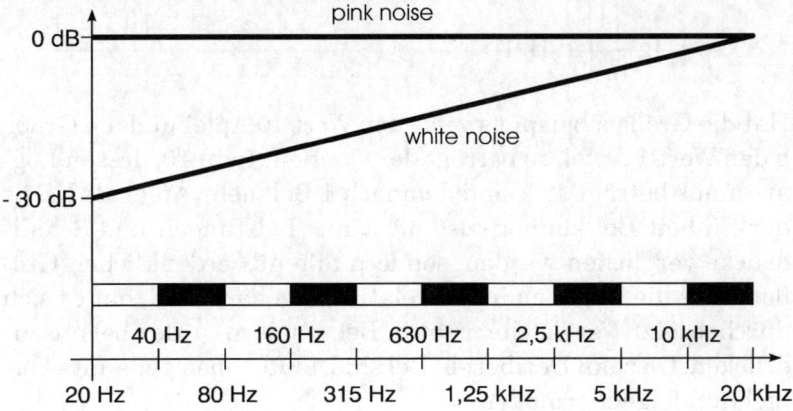

Bild 1.10:
*Frequenzgang
mit logarithmischer
Frequenzteilung*

In der Tontechnik sind eigentlich nur Frequenzgang-Diagramme mit logarithmischer Frequenzteilung gebräuchlich. Lediglich einige Messsysteme bieten auch oder ausschließlich eine lineare Frequenzteilung an, insbesondere deshalb, weil bei FFT-Messungen die Ergebnispunkte linear und nicht logarithmisch verteilt sind.

1.3 Das dB

Das dB (Dezibel) ist ein Maß, mit dem in der Tontechnik Schall-drücke, Pegel und Verstärkungen angegeben werden. Zum Ver-ständnis der Tontechnik- Theorie ist deshalb die Beherrschung der dB- Rechnung unentbehrlich.

Das Dezibel ist ein zehntel Bel, genauso wie ein Dezimeter ein zehntel Meter ist. Die Maßeinheit Bel ist nach dem amerikani-schen Physiker Alexander Graham Bell benannt, der wesentli-che Verdienste bei der Weiterentwicklung des Telefons erworben hat. Die Maßeinheit Bel wurde auch zuerst in der Telephonie verwendet, wir werden später noch darüber fluchen.

Durch die Einheit Bel werden zwei Größen miteinander vergli-chen, der (briggsche) Logarithmus des Quotienten wird in Bel angegeben:

$$p = \lg \frac{a}{b} \ [\text{in Bel}]$$

Hat die Größe a beispielsweise den Wert 10 Äpfel und die Größe b den Wert 1 Apfel, so beträgt der Quotient (a:b) 10, dessen Log-arithmus beträgt 1. A sind demnach 1 Bel mehr Äpfel als b. Mit der Einheit Bel können also nicht nur Leistungen und Schall-drücke verglichen werden, sondern alle nur erdenklichen Grö-ßen. Weil die Angaben in Bel relativ „ungenau" sind, hat es sich durchgesetzt, Vergleiche nicht in Bel, sondern in Dezibel auszu-drücken. Da zehn Dezibel ein Bel sind, lautet oben genannte For-mel nun folgendermaßen:

$$p = 10 \cdot \lg \frac{a}{b} \ [\text{in dB}]$$

Laut Definition des Logarithmus hat die Zahl 1 den Logarith-mus 0, Zahlen kleiner 1 einen negativen Logarithmus. Für nega-tive Zahlen ist der Logarithmus nicht definiert. Um nicht jedes-mal den Taschenrechner bemühen zu müssen, gibt die Tabelle auf der nächsten Seite die notwendigen Werte an. Die Spalte QFkt soll zunächst mal nicht interessieren.

Faktor	dB	QFkt	Faktor	dB	QFkt
0,000 001	– 60 dB	0,001	1 000 000	60 dB	1 000
0,000 001	– 50 dB	0,0031	100 000	50 dB	315
0,000 1	– 40 dB	0,01	10 000	40 dB	100
0,001	– 30 dB	0,0315	1 000	30 dB	31,5
0,01	– 20 dB	0,1	100	20 dB	10
0,1	– 10 dB	0,315	10	10 dB	3,15
0,125	– 9 dB		8	9 dB	
0,16	– 8 dB	0,4	6,3	8 dB	2,5
0,2	– 7 dB		5	7 dB	
0,25	– 6 dB	0,5	4	6 dB	2
0,315	– 5 dB		3,15	5 dB	
0,4	– 4 dB	0,63	2,5	4 dB	1,6
0,5	– 3 dB		2	3 dB	
0,63	– 2 dB	0,8	1,6	2 dB	1,25
0,8	– 1 dB		1,25	1 dB	
1	0 dB	1	1	0 dB	1

Tabelle 1.1:
db-Werte und die
entsprechenden
Faktoren

Es fällt auf, dass ab 10dB bzw. –10dB keine Zwischenwerte mehr angegeben sind. Dies ist auch nicht notwendig, da diese Zwischenwerte einfach berechnet werden können. Dazu werden die beiden folgenden mathematischen Gesetze herangezogen:

Zwei Zahlen werden miteinander multipliziert, indem man ihre Logarithmen addiert.

Zwei Zahlen werden dividiert, indem man ihre Logarithmen subtrahiert.

37 dB wären demnach 30 dB + 7 dB = 1000 × 5 = 5000 oder auch 40 dB –3 dB = 10 000 : 2 = 5000.

Genauso sind -37 dB = -30 dB –7 dB = 0,001 : 0,2 = 0,0002 oder -40 dB + 3 dB = 0,0001 x 2 = 0,0002.

Die Zahlen in der Tabelle sind gerundet, bei exakter Berechnung wäre

$$1 \text{ db} \triangleq \sqrt[10]{10^1} = 1,2589254 \; = \; 10^{0,1 \, BEL}$$

Deshalb ist auch beispielsweise 5 dB = 2 dB + 3 dB nicht 1,6 × 2 = 3,2 , sondern 3,15.

Mit dB-Werten lassen sich nun recht einfach Verstärkungen ausrechnen. Bsp.: Ein Eingangssignal hat einen Pegel von –45 dBm (dBm wird noch erklärt), wird im Eingangsverstärker um 50 dB verstärkt, am Fader um -10 dB verstärkt (also abgeschwächt), am Equalizer um 6 dB verstärkt. Welchen Pegel hat das Signal ? –45 + 50 –10 + 6 = 1 dBm.

dB bei Spannung, Strom und Schalldruck

Wird eine Spannung um den Faktor f verstärkt, so wird die dazugehörige Leistung um den Faktor f^2 verstärkt, da $P = U^2 / R$, die Leistung also mit dem Quadrat der Spannung steigt. Eine Spannungsverstärkung um den Faktor 2 ist also eine Leistungsverstärkung um den Faktor 4.

Um sich das Leben zu erleichtern, wurde bei der dB-Rechnung festgelegt, dass eine Spannungsverstärkung um x dB auch eine Leistungsverstärkung von x dB ist; umgekehrt ist auch eine Leistungsverstärkung von y dB eine Spannungsverstärkung von y dB. Wird eine Leistung um den Faktor 10 verstärkt, so wird die dazugehörige Spannung nur um den Faktor 3,15 verstärkt. Wird dagegen eine Spannung um den Faktor 10 verstärkt, so wird die Leistung um den Faktor 100 verstärkt. Der Zusammenhang p = 10 x log (a/b) gilt nun nicht mehr, sondern bei Spannungen (und auch Strömen und Schalldrücken) gilt:

$$p = 20 \cdot \lg \frac{a}{b} \; [\text{in db}]$$

Eine Spannungsverstärkung um den Faktor 10 ist demnach eine Verstärkung um 20 dB. Schaut man sich in der Tabelle die Spalte QFkt (quadratischer Faktor) an, so stellt man fest, dass der (Leistungs-)Faktor immer das Quadrat des Spannungsfaktors ist. Auf der anderen Seite hat eine Spannungsverstärkung immer den doppelten dB-Wert wie eine Leistungsverstärkung um den gleichen (linearen) Faktor.

Dieser „Bruch" bei der Umwandlung von dB-Werten in Faktoren hat den Vorteil, dass man sich, solange man in dB rechnet, nicht darum kümmern muss, ob man gerade eine Spannung oder eine Leistung verstärkt.

dBm und dBV

Das dB für sich allein ist ein relatives Maß, es gibt also keinen Bezugspunkt; um einen dB-Wert angeben zu können, werden also immer zwei Werte gebraucht, die miteinander verglichen werden. Nun gibt es zwei Einheiten für Spannungen, das dBm und das dBV, die sich auf einen festen Wert beziehen. Hier braucht man zur Angabe eines dB-Wertes nur noch den Wert a, b ist eine Konstante. Dies hat den Vorteil, dass man alle Spannungen – in einem Mischpult beispielsweise – in dB angeben kann; diese Spannungen beziehen sich dann auf den Normpegel 0 dB.

Eine dieser Einheiten ist das dBV. 0 dBV sind 1 V, demnach sind 20 dBV 10 V (wir erinnern uns: Spannungen) und – 40 dBV sind 0,01 V. Man könnte mit dieser Einheit sehr schön rechnen, leider ist sie in der Tontechnik nicht gebräuchlich.

Durchgesetzt hat sich das dBm, wobei 0 dBm 0,775 V sind. Warum so ein „krummer" Wert? Wie anfangs schon erwähnt, kommt das dB aus der Telefontechnik. Dort haben Hörer-Kapseln einen Widerstand von 600 Ω und brauchen ca. 1 mW, um eine verständliche Lautstärke zu erzeugen.

Dieses 1 mW definierte man nun als 0 dBm, und wie leicht nach-zurechnen ist, entspricht 1 mW an 600 Ω genau der Spannung von 0,775 V. 6 dBm, häufig der nominelle Ausgangspegel von Mischpulten, entspricht dann 1,55 V.

Worauf beziehen sich aber diese 1,55 V, die Musik ist ja nicht immer gleich laut? Die Signale sollten normalerweise so ausge-steuert werden, dass die Spitzen bei 0 dB oder knapp darüber liegen. „Knapp darüber" heißt bei maximal 3 dB, bei „Ausrut-schern" allerhöchstens 6 dB. In diesem Fall wären bei einer an-geschlossenen analogen Bandmaschine keine auffälligen Verzer-rungen hörbar.

(Bei digitalen Aufnahmegeräten beziehen sich 0 dB oft auf den Einsatz des Clippings. Während analoge Bandgeräte auf eine zunehmende Übersteuerung mit einem zunehmenden Klirrfak-tor reagieren, setzt das Clipping bei digitalen Geräten sehr plötz-lich ein und ist deshalb unbedingt zu vermeiden.)

Pultintern werden 0 dB so festgelegt, dass der Headroom ca. 20 dB beträgt, also bei einer Übersteuerung von 20 dB Verzer-rungen beginnen. Normalerweise werden Mischpulte mit einer Versorgungsspannung von etwa ± 15 V betrieben, die OPs kön-nen damit ca. 13 V Spitzenspannung liefern, das wären 9 V effek-tiv. 9 V sind 21 dBm, also würde 0 dB auf 0 dBm gelegt.

1.4 Akustische Größen

Wie in der Elektrik gibt es auch in der Akustik lineare und logarithmische (dB-)Größen; da Schall nichts anderes als bewegte Luftteilchen sind, sind diese Größen häufig aus der Mechanik übernommen.

Die Schalleistung P [in Watt] gibt die akustische Leistung an, die von einem Musikinstrument oder einem Lautsprecher abgestrahlt wird. Sie darf nicht mit der elektrischen Leistung verwechselt werden, die ein Lautsprecher aufnimmt. Die Schall-leistung ist in der Praxis nicht von besonderem Interesse.

Die Schallintensität J gibt die Schalleistung an, die eine Fläche von $1\,m^2$ „durchfließt". Demnach gilt:

$$J = \frac{P}{A} \quad [in\ \frac{W}{m^2}]$$

Die so genannte Reizschwelle, welche als die kleinste Lautstärke definiert ist, die ein Mensch noch wahrnehmen kann, liegt bei $1000\,Hz$ bei einer Schallintensität von $10^{-12}\,W/m^2$, die sog. Schmerzschwelle bei $1\,W/m^2$.

Der Schalldruck p gibt die Kraft an, welche die Schallwellen auf eine Fläche von $1\,m^2$ ausüben. Demnach gilt:

$$p = \frac{F}{A} \quad [in\ \frac{N}{m^2}]$$

Der Zusammenhang zwischen Schalldruck und Schallintensität lautet

$$p = \sqrt{\frac{J}{H}}$$

wobei H der spezifische Schallwellenmitgang ist, der in Luft bei $20°C$ und einem Luftdruck von $1\,bar$ $2,45 \times 10^{-3}\,m^3/Ns$ beträgt.

Der Schalldruck der Reizschwelle beträgt demnach

$$p_0 = \sqrt{\frac{J_0}{H}} = \sqrt{\frac{10^{-12}\ \frac{N}{sm}}{2,45 \cdot 10^{-3}\ \frac{m^3}{Ns}}} = 2,02 \cdot 10^{-5}\ \frac{N}{m^2}$$

der Schalldruck der Schmerzschwelle beträgt $20,2\,N/m^2$.

Die Lautstärke Λ[in Phon] ist stark frequenz- und pegelabhängig und steht deshalb in keinem linearen Zusammenhang mit Schallintensität oder Schalldruck. Deshalb wird mit der Lautstärke (im physikalischem Sinne) in der Beschallungstechnik recht selten gearbeitet.

Wenn von der Lautstärke gesprochen wird, ist in der Regel der Schallpegel L gemeint. Die Lautstärke wird mit dem griechischem Buchstabe *groß Lambda* abgekürzt.

Der Schallpegel L [in dB] ist ein logaritmisches Maß für die Schallintensität, es gilt

$$L = 10 \cdot \lg \frac{J_1}{J_0} = 10 \cdot \lg \frac{J}{10^{-12} \frac{W}{m^2}}$$

J_0 ist dabei die Reizschwelle. Demnach wäre die Schmerzschwelle bei einem Schallpegel von 120 dB. Obwohl der Schallpegel ein absolutes Maß ist, wird dem dB kein weiterer Buchstabe angehängt. Da der Wirkungsgrad von Lautsprechern (in gewissen Grenzen) nahezu konstant ist, haben elektrische Verstärkungen und die daraus erfolgenden Schallpegeländerungen den gleichen dB-Wert. Wird also bei einem Schallpegel von 100 dB der Fader am Mischpult um 10 dB nach oben geschoben, so beträgt der Schallpegel dann 110 dB.

Auch der Schalldruck lässt sich in einen Schallpegel umrechnen; wegen des quadratischen Zusammenhangs lautet die Formel dann

$$L = 20 \cdot \lg \frac{p}{p_0} = 20 \cdot \lg \frac{p}{2{,}02 \cdot 10^{-5} \frac{N}{m^2}}$$

Der manchmal verwendete Begriff „Schalldruckpegel" ist nichts anderes als der Schallpegel. Wie schon bei Spannung und Leistung haben auch hier Schalldruck und Schallintensität den gleichen dB-Wert.

Der Wirkungsgrad [in dB/1W/1m]

Unter dem Wirkungsgrad versteht der Physiker das Verhältnis von abgegebener zu aufgenommener Leistung. Da die Schallleistung in der Beschallungstechnik kaum von Interesse ist, spricht man vom Wirkungsgrad als dem Schallpegel, den ein Lautsprecher im Abstand von einem Meter erzeugt.

Man darf die Angabe *1 Watt* allerdings nicht zu wörtlich nehmen, vielmehr ist damit die Spannung gemeint, die an Nennimpedanz 1W ergeben würde, also bei 4Ω 2V und bei 8Ω 2,8V. Da der Impedanzgang eines Lautsprechers alles andere als linear ist, müsste ansonsten bei der Wirkungsgradmessung permanent die am Speaker anliegende Spannung verändert werden.

Auch die „Belastbarkeit" gibt nur die Spannung an, die an der Speaker maximal angelegt werden darf, also beispielsweise 56V und nicht (bei Resonanzfrequenz) 140V. Es ist halt gebräuchlich, diese Angaben in Watt zu machen; auch eine Endstufe gibt eher eine konstante Spannung denn eine konstante Leistung.

1.5 Einige akustische Gesetze

In diesem Kapitel sollen noch einige akustische Gesetzmäßigkeiten vorgestellt werden:

Pegelabnahme bei Entfernungszunahme

Vergrößert man den Abstand zu einer Schallquelle, so wird die gleiche Schallleistung auf eine größere Fläche verteilt. Bei einer Zunahme der Entfernung x wird die Schallleistung auf eine x^2-mal so große Fläche verteilt; dementsprechend sinkt die Schallintensität.

(Bitte beachten Sie, dass dieser Zusammenhang nur im so genannten Fernfeld gilt, wenn also die Entfernung deutlich größer ist als die Abmessungen der Schallquelle. Bei einzelnen Lautsprechern ist diese Bedingung schon nach wenigen Metern erfüllt, bei PA-Wänden und bei Linienstrahlern sieht das jedoch schon ganz anders aus.)

$$J_1 = \frac{J_0 \cdot s_0^2}{s_1^2}$$

Für das Rechnen mit Schallpegeln gilt, dass eine Zunahme der Entfernung um $x\,dB$ den Schallpegel um $2x\,dB$ verringert. Erzeugt ein Lautsprecher beispielsweise in einem Abstand von $1\,m$ einen Schallpegel von $115\,dB$, so erzeugt er in einem Abstand von $10\,m$ ($+10\,dB$) einen Schallpegel von $95\,dB$, in einem Abstand von $20\,m$ ($+13\,dB$) einen Schallpegel von $89\,dB$ und in einem Abstand von $50\,m$ ($+17\,dB$) einen Schallpegel von $81\,dB$.

Bei Entfernungen über $200\,m$ wird die oben angegebene Formel zu ungenau (zunehmender Einfluss der Luftdämpfung) und sollte nicht mehr verwendet werden. Außerdem sollten Entfernungen über $100\,m$ sowieso nicht mehr zentral, sondern dezentral beschallt werden.

Addition von Schalldrücken

Sind mehrere Schallquellen vorhanden, so addieren sich die Momentanwerte ihrer Schalldrücke:

$$p_{ges}(t) = p_1(t) + p_2(t) + p_3(t) \dots$$

Werden Signale gleicher Frequenz addiert, so können auch die Effektivwerte addiert werden, sofern die Phasenwinkel berücksichtigt werden:

$$p_{ges} = p_1 \cdot \cos\alpha_1 + p_2 \cdot \cos\alpha_2 + p_3 \cdot \cos\alpha_3 \dots$$

Sind von Signalen nur die Schallpegel bekannt, so müssen diese in Schalldrücke umgerechnet werden. Für die Praxis sollte man aber folgende Zusammenhänge im Kopf haben:

1. Verdoppelt man die Zahl der Schallquellen, die ein Signal gleicher Frequenz mit gleichem Pegel und gleicher Phasenlage abstrahlen, so erhöht sich der Schallpegel um 6 dB. Macht ein Subwoofer beispielsweise 120 dB und stellt man einen baugleichen, phasenrichtig angeschlossenen dazu, so ist der Gesamtpegel 126 dB.

2. Haben zwei gleich laute Schallquellen den Phasenwinkel 180°, sind also gegenphasig (z.B. ein verpolter Lautsprecher), so ist der (theoretische) Schallpegel 0 dB, man hört also nichts. Verpolte Lautsprecher sind deshalb zu vermeiden.

Beispiel für die Anwendung: Eine Lautsprecherbox gibt im Bass-Bereich einen Schallpegel von 120 dB ab. Um einen höheren Schalldruck zu erzielen, wird ein Sub-Bass darunter gestellt, der einen Schallpegel von 125 dB abgibt. Wie hoch ist der Gesamtpegel, wenn die Boxen gleichphasig abstrahlen?

Schalldruck Fullrange

$$p_1 = p_0 \cdot 10^{\frac{L_1}{20}} = 2 \cdot 10^{-5} \cdot 10^{\frac{120}{20}} = 20 \, \frac{N}{m^2}$$

Schalldruck Subwoofer

$$p_2 = p_0 \cdot 10^{\frac{L_2}{20}} = 2 \cdot 10^{-5} \cdot 10^{\frac{125}{20}} = 63 \, \frac{N}{m^2}$$

Gesamtschalldruck

$$p_{ges} = p_1 + p_2 = 20 \, \frac{N}{m^2} + 63 \, \frac{N}{m^2} = 83 \, \frac{N}{m^2}$$

Gesamtpegel

$$L_{ges} = 20 \cdot \lg \frac{p_{ges}}{p_0} = 20 \cdot \lg \frac{83 \, \frac{N}{m^2}}{2 \cdot 10^{-5} \, \frac{N}{m^2}} = 126 \, dB$$

Empfindung von Schallpegelerhöhung

Eine Lautstärkeerhöhung von 10 Phon empfindet der Mensch subjektiv als Lautstärkeverdopplung. Näherungsweise gilt, dass eine Schallpegelerhöhung von 10 dB als Verdopplung empfunden wird. Auf die Elektroakustik bezogen heißt das: Eine Endstufe von 1000 W macht nur doppelt so laut wie eine Endstufe von 100 W (und eigentlich nicht mal das, wenn die thermische Kompression berücksichtigt wird).

Gehörschäden

Die Gehörbelastung ist das Produkt aus Schallintensität und Einwirkdauer. Für Konzertbesucher gilt 0,016 Wh/m^2 als noch akzeptabler Wert, in der Arbeitswelt werden nur 0,0025 Wh/m^2 zugelassen. Umgerechnet auf Schallpegel bedeutet dies, dass bei einer Einwirkdauer von einer Stunde ein Schallpegel von 102 dB ungefährlich ist (für Konzertbesucher, die nicht täglich dem Lärm ausgesetzt sind). Bei einer Verdopplung der Einwirkzeit verringert sich der zulässige Pegel um 3 dB, bei einer Halbierung der Einwirkzeit erhöht er sich um 3 dB.

Man sollte bedenken, dass ein Schallpegel von 112 dB die Einwirkdauer auf sechs Minuten verkürzt, subjektiv gegenüber 102 dB nur als Lautstärkeverdopplung empfunden wird. Gehörschäden sind nicht heilbar, und trotz aller Messtechnik ist das Ohr noch das wichtigste Entscheidungskriterium des Tontechnikers. Nicht nur im Interesse des Publikums, sondern vor allem im eigenen Interesse sollte man aus einer Anlage nicht rausholen, was der Limiter hergibt.

1.6 Grundlagen der Elektrik

Elektrik ist die Lehre vom Strom. Da in der Tontechnik ausschließlich elektrische Signalbearbeitung verwendet wird, sind elementare Grundlagenkenntnisse der Elektrik unabdingbar.

Der geschlossene Stromkreis

Bild 1.11 zeigt den Schaltplan eines geschlossenen Stromkreises. Wir sehen hier vier Elemente: eine Spannungsquelle (Batterie) mit der Spannung U, einen Widerstand R, sowie zwei Leitungen von der Spannungsquelle zum Widerstand: eine Hin- und eine Rückleitung.

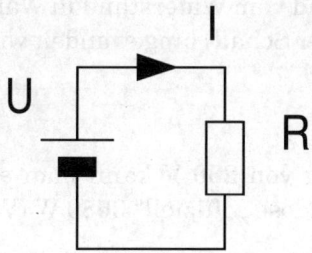

Bild 1.11:
Geschlossener
Stromkreis

In der Hin- und in der Rückleitung fließt ein Strom I. Dieser Strom lässt sich mit Hilfe des Ohm'schen Gesetzes bestimmen:

$$R = \frac{U}{I}$$

Aus einer Spannung von 230 V (Volt) und einem Strom von 4,35 A (Ampere, wir werden später sehen, warum gerade 4,35) errechnet sich ein Widerstand von 52,87 Ω (Ohm):

$$R = \frac{U}{I} = \frac{230\,\text{V}}{4,35\,\text{A}} = 52,87\,\Omega$$

Der Widerstand ist also der Quotient aus Spannung durch Strom. Um die Spannung oder den Strom zu berechnen, muss das Ohm'sche Gesetz entsprechend umgestellt werden:

$$U = R \cdot I$$

$$I = \frac{U}{R}$$

Wir haben vorhin besprochen, dass 1 dBm der Spannung entspricht, die benötigt wird, an einem Widerstand von 600 Ω die Leistung von 1 mW zu erzeugen. Diese Spannung beträgt 0,775 V. Wie hoch ist nun der Strom, der dabei fließt?

$$I = \frac{U}{R} = \frac{0,775\,\text{V}}{600\,\Omega} = 0,0013\,\text{A} = 1,3\,\text{mA}$$

Leistungswandler wie beispielsweise Glühlampen oder Lautsprecher haben keinen besonders hohen Wirkungsgrad und setzen den größeren Teil der elektrischen Leistung in Wärme um.

Um die Leistung P zu berechnen, welche von der Spannungsquelle abgegeben und vom Widerstand in Wärme (und vielleicht auch etwas Licht oder Schall) umgewandelt wird, verwendet man die folgende Formel:

$$P = U \cdot I$$

Bei einer Spannung von 230 V kann man aus einer mit 16 A abgesicherten Steckdose „offiziell" 3680 W (Watt) ziehen.

$$P = 230\,\text{V} \cdot 16\,\text{A} = 3680\,\text{W}$$

Für diese Formel gelten die folgenden Auflösungen:

$$U = \frac{P}{I}$$

$$I = \frac{P}{U}$$

Ein Mischpultnetzteil hat eine Leistungsaufnahme von 400 W (an 230 V Netzspannung). Welcher Strom fließt?

$$I = \frac{P}{U} = \frac{400\,\text{W}}{230\,\text{V}} = 1,74\,\text{A}$$

Wenn man das Ohm'sche Gesetz in die Leistungsformel einsetzt, dann erhält man folgende Auflösungen:

$$P = \frac{U^2}{R} \quad \Rightarrow \quad R = \frac{U^2}{P} \quad \Rightarrow \quad U = \sqrt{P \cdot R}$$

$$P = I^2 \cdot R \quad \Rightarrow \quad R = \frac{P}{I^2} \quad \Rightarrow \quad I = \sqrt{\frac{P}{R}}$$

Beispiel: Welche Spannung (Effektivwert) gibt eine Endstufe ab, welche 600 W an 4 Ω liefert?

$$U = \sqrt{P \cdot R} = \sqrt{600\,\text{W} \cdot 4\,\Omega} = 48{,}99\,\text{V}$$

Serien- und Parallelschaltung

In der Praxis besteht ein Stromkreis meist aus mehr als einem Widerstand. Mehrere Widerstände lassen sich parallel oder in Reihe schalten. Der häufigste Fall ist eine gemischte Schaltung, also eine Schaltung, in der sowohl Reihen- als auch Parallelschaltungen vorkommen.

Bild 1.12 zeigt eine Reihenschaltung von zwei Widerständen, R_1 und R_2. Durch beide Widerstände fließt derselbe Strom, die Summe der Spannungen, die an ihnen abfällt, ergibt die Spannung der Spannungsquelle. Der Gesamtwiderstand berechnet sich wie folgt:

$$R_{ges} = R_1 + R_2$$

Schaltet man mehr als zwei Widerstände in Reihe, so ergibt sich auch hier der Gesamtwiderstand als Summe der Einzelwiderstände:

$$R_{ges} = R_1 + R_2 + \dots + R_n$$

Wie die Formel zeigt, ist der Gesamtwiderstand gleich der Summe der Einzelwiderstände – es können dabei beliebig viele Widerstände in Reihe geschaltet werden.

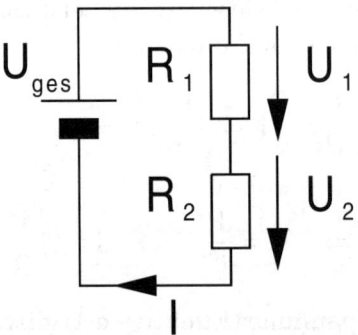

Bild 1.12:
Reihenschaltung

Im folgenden Beispiel sollen der Gesamtwiderstand einer Reihenschaltung von zwei Widerständen mit $10\,\Omega$ und $20\,\Omega$ sowie der Strom, der bei einer Spannung von $12\,V$ fließt, berechnet werden.

$$R_{ges} = R_1 + R_2 = 10\,\Omega + 20\,\Omega = 30\,\Omega$$

$$I = \frac{U}{R_{ges}} = \frac{12\,V}{30\,\Omega} = 0{,}4\,A$$

$$U_1 = R_1 \cdot I = 10\,\Omega \cdot 0{,}4\,A = 4\,V$$

$$U_2 = R_2 \cdot I = 20\,\Omega \cdot 0{,}4\,A = 8\,V$$

$$U_1 + U_2 = 4\,V + 8\,V = 12\,V$$

An den Widerständen fallen Spannungen von $4\,V$ und $8\,V$ ab. Diese beiden Teilspannungen ergeben die Versorgungsspannung von $12\,V$. Dies folgt aus der sogenannten Maschenregel:

In einer Serienschaltung ist die Summe der
Einzelspannungen gleich der Gesamtspannung.

Werden zwei gleich große Widerstände in Reihe geschaltet, dann ist der Gesamtwiderstand doppelt so hoch wie einer der Widerstände. Eine Reihenschaltung von zwei Lautspechern mit einer Impedanz von jeweils $8\,\Omega$ würde einen Gesamtwiderstand von $16\,\Omega$ ergeben.

Bild 1.13 zeigt eine Parallelschaltung von Widerständen.

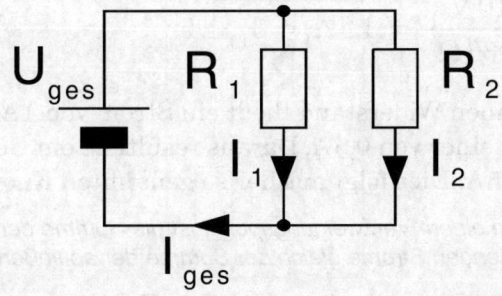

Hier berechnet sich der Gesamtwiderstand wie folgt:

$$R_{ges} = \frac{1}{\dfrac{1}{R_1} + \dfrac{1}{R_2}}$$

Und bei mehreren Widerständen:

$$R_{ges} = \frac{1}{\dfrac{1}{R_1} + \dfrac{1}{R_2} + \dfrac{1}{R_3} + ... + \dfrac{1}{R_n}}$$

Das folgende Beispiel berechnet eine Parallelschaltung von zwei Widerständen zu $10\,\Omega$ und $20\,\Omega$.

$$R_{ges} = \frac{1}{\dfrac{1}{10\,\Omega} + \dfrac{1}{20\,\Omega}} = \frac{1}{\dfrac{2+1}{20\,\Omega}} = \frac{20}{3}\,\Omega = 6{,}33\,\Omega$$

$$I_1 = \frac{10\,V}{10\,\Omega} = 1\,A$$

$$I_2 = \frac{10\,V}{20\,\Omega} = 0{,}5\,A$$

$$I_{ges} = \frac{10\,V}{6,33\,\Omega} = 1,5\,A = I_1 + I_2$$

Durch den einen Widerstand fließt ein Strom von 1 A, durch den anderen einer von 0,5 A. Daraus resultiert ein Gesamtstrom von 1,5 A. Dies folgt aus der so genannten Knotenregel:

An einem Verzweigungspunkt ist die Summe der zufließenden Ströme gleich der Summe der abfließenden.

Zuletzt wollen wir noch eine gemischte Schaltung von vier Widerständen rechnen:

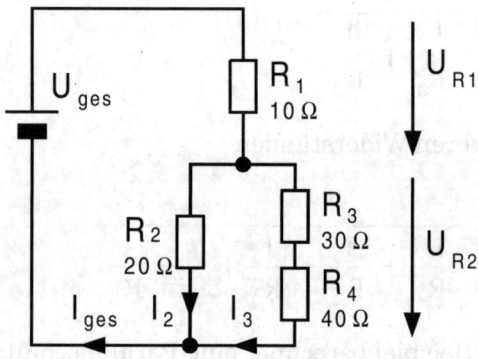

Bild 1.14: Gemischte Schaltung

Die Spannung U_{ges} betrage 10 V, die Widerstände haben Werte von 10 Ω (R_1), 20 Ω (R_2), 30 Ω (R_3) und 40 Ω (R_4).

Der Gesamtwiderstand berechnet sich wie folgt:

$$R_{ges} = R_1 + (R_2 \| (R_3 + R_4))$$

$$R_{ges} = R_1 + \cfrac{1}{\cfrac{1}{R_2} + \cfrac{1}{R_3 + R_4}}$$

$$R_{ges} = 10\,\Omega + \cfrac{1}{\cfrac{1}{20\,\Omega} + \cfrac{1}{70\,\Omega}} = 25,55\,\Omega$$

Somit fließt folgender Strom:

$$I_{ges} = \frac{U_{ges}}{R_{ges}} = \frac{10\,V}{25,55\,\Omega} = 0,391\,A = 391\,mA$$

Die Spannung U_{R1} berechnet sich wie folgt:

$$U_{R1} = I_{ges} \cdot R_1 = 391\,mA \cdot 10\,\Omega = 3,91\,V$$

Somit fällt an R_2 folgende Spannung ab:

$$U_{R2} = U_{ges} - U_{R1} = 10\,V - 3,91\,V = 6,09\,V$$

Somit berechnen sich für I_2 und I_3:

$$I_2 = \frac{U_{R2}}{R_2} = \frac{6,09\,V}{20\,\Omega} = 304\,mA$$

$$I_3 = \frac{U_{R2}}{R_3 + R_4} = \frac{6,09\,V}{70\,\Omega} = 87\,mA$$

$$I_{ges} = I_2 + I_3 = 304\,mA + 87\,mA = 391\,mA$$

Leitungswiderstände

In der Praxis haben nicht nur Verbraucher wie Lampen oder Motoren Widerstände, sondern auch Leitungen. Während in der Elektronik und bei Signalleitungen solche Leitungswiderstände oft vernachlässigt werden können, spielen sie bei Lautsprecherleitungen eine nicht zu unterschätzende Rolle. Dieser Widerstand berechnet sich wie folgt:

$$R = \frac{l}{A \cdot \gamma} = \frac{l}{A \cdot 56\,\dfrac{m}{mm^2 \cdot \Omega}}$$

Dabei ist l die Länge der (einfachen) Leitung in Meter, A der Querschnitt in mm^2 und γ der spezifische Leitwert, bei Kupfer 56 m/mm$^2\Omega$.

In der Praxis hat diese Formel zwei Unzulänglichkeiten: Erstens bekommen normal begabte Menschen eine Division durch 56 allenfalls auf einem Blatt Papier oder mit den Taschenrechner hin, nicht aber im Kopf.

Nun gibt es jedoch Situationen, in denen man mit einer langen Leitung auf der Bühne steht und genau dort eine solche Rechnung durchführen muss. Hier verwendet man dann näherungsweise einen spezifischen Leitwert von 50 m/mm$^2\Omega$ und kommt dadurch auf geringfügig höhere Leitungswiderstände. Da jedoch an den Steckverbindern ohnehin noch Übergangswiderstände hinzukommen, ist diese Näherung recht unkritisch.

Zum Zweiten hat eine Leitung meist eine Hin- und eine Rückleitung (mit Ausnahme von Drehstromleitungen, die uns als Tontechniker ohnehin nur am Rande interessieren). Der Leitungswiderstand tritt nun sowohl im Hin- als auch im Rückleiter auf und ist im Endeffekt doppelt so groß (genauer gesagt, die Leitungslänge verdoppelt sich). Somit kann in der Praxis mit folgender Näherungsformel gerechnet werden:

$$R \approx \frac{l}{A \cdot 25}$$

Wenn die Möglichkeit besteht, also wenn ein Taschenrechner zur Hand ist, sollte man jedoch genau rechnen. Auch dazu ein Beispiel: Welchen Leitungswiderstand hat eine Leitung der Länge 50 m und dem Querschnitt 1,5 mm^2 ?

$$R = \frac{l}{A \cdot \gamma} = \frac{2 \cdot 50\,\mathrm{m}}{1,5\,\mathrm{mm}^2 \cdot 56 \dfrac{\mathrm{m}}{\mathrm{mm}^2 \cdot \Omega}} = 1,19\,\Omega$$

Nehmen wir einmal an, dass über eine solche Leitung eine Box angeschlossen werden soll, die als Delay-Line arbeitet. Nehmen wir weiter an, dass an dieser Box 200 W Leistung ankommen.

Wie hoch ist die am Verstärker reingesteckte Leistung, und wie viel Prozent dabei bleiben buchstäblich „auf der Strecke"?

$$I = \sqrt{\frac{P}{R}} = \sqrt{\frac{200\,W}{4\,\Omega}} = 7,07\,A$$

$$P = I^2 \cdot R = 7,07^2\,A^2 \cdot 1,19\,\Omega = 59,5\,W$$

$$\frac{59,5\,W}{259,5\,W} = 23\,\%$$

Das Problem wäre dabei noch gar nicht mal so sehr der Strecken-verlust, grob über den Daumen macht das 1dB aus. Viel interes-santer ist der Dämpfungsfaktor (siehe auch Kapitel 7.1). Wäh-rend dieser am Endstufenausgang problemlos Werte von 250 und mehr ausweisen kann und mit 5m 2,5mm²-Leitung immer noch bei etwa 45 liegt, sinkt er bei dieser langen Leitungslänge auf 3,3. Das heißt, die Endstufe „kontrolliert" den Lautsprecher nicht mehr, vielmehr regt sie den Lautsprecher nur noch zu einem ge-wissen „Eigenleben" an, dementsprechend sinkt die Klang-qualität, insbesondere die Impulswidergabe. (Das Thema Kapa-zitäten und Induktivitäten haben wir dabei noch gar nicht ange-schnitten ...)

Der langen Rede kurzer Sinn: Lautsprecherleitungen sollten vor allem möglichst kurz sein und dann auch noch einen hohen Quer-schnitt aufweisen.

Wenn wir gerade beim Thema Leitungswiderstände sind: Leser des Buches *Lichttechnik für Bühne und Disco* (so viel Schleich-werbung muss jetzt sein ...) kennen ja bereits den technischen Aufbau des *Theatersommers am Kap*: In der „Pommesbude" wur-de die Technikzentrale aufgebaut, auf derselbigen stand ein 1-kW-Verfolger. Die nächste Steckdose war etwas weiter entfernt, so dass zwei Kabeltrommeln in Reihen geschaltet wurde. Bei ei-nem Querschnitt von 1mm² ergibt sich so ein Leitungswider-stand von etwa 4Ω.

Solange dort nur etwa 500W Elektronik (Mischpult, CD-Player usw.) dranhingen, war das auch gar kein Problem. Schaltete man allerdings nun den Verfolger ein, dann sank die Spannung noch einmal zusätzlich um 18 V, und dies war für das Mischpult zu wenig, und es fing an zu brummen.

Mit dem folgenden Diagramm können die Leitungswiderstände in Abhängigkeit von Länge und Querschnitt ermittelt werden:

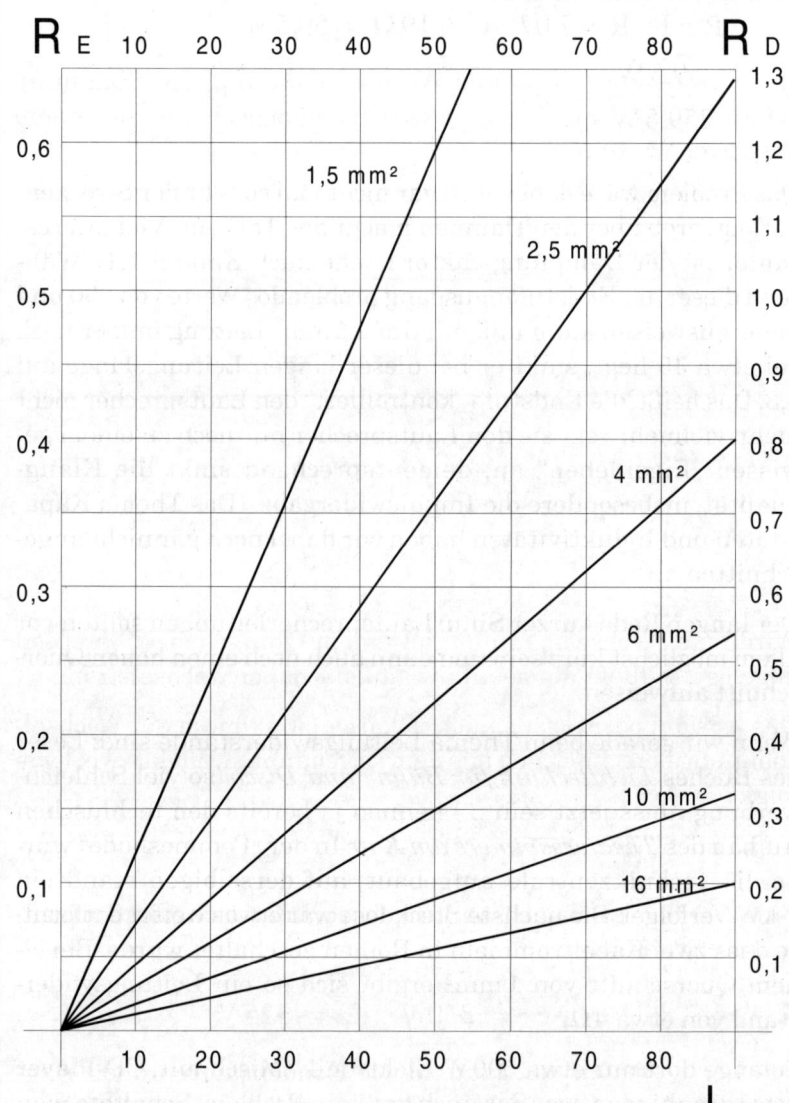

Bild 1.15:
Diagramm
Leitungswiderstände

Auf der linken Seite finden Sie die Widerstände bei einfachen Leitungen (oder gleichmäßig belasteten Drehstromleitungen), auf der rechten Seite Kabel mit Hin- und Rückleiter.

Wechselspannung

Das Stromnetz liefert uns Wechselspannung, die Spannung schwankt also sinusförmig zwischen einem positiven und einem negativen Maximum.

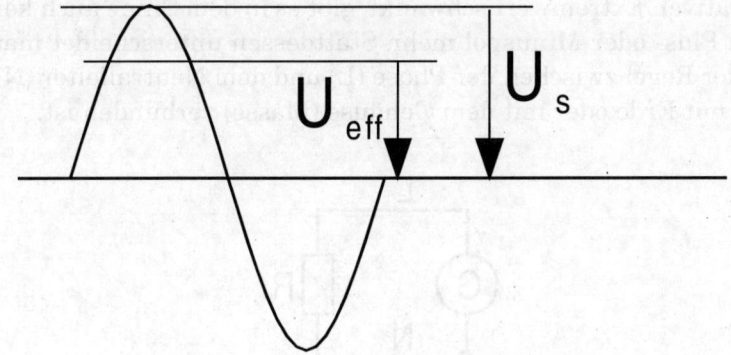

Bild 1.16:
Wechselspannung

Wird eine Wechselspannung an einem Ohm'schen Widerstand angelegt, so fließt ein ebenfalls sinusförmiger Wechselstrom.

Das (sowohl positive als auch negative) Maximum der Wechselspannung berechnet sich aus dem so genannten Effektivwert wie folgt:

$$U_s = U_{eff} \cdot \sqrt{2}$$

Für die Netzwechselspannung berechnet sich die Spitzenspannung wie folgt:

$$U_s = U_{eff} \cdot \sqrt{2} = 230\,\text{V} \cdot \sqrt{2} = 325\,\text{V}$$

Das heißt, elektrische Bauteile wie Kondensatoren und Triacs müssen mit mindestens dieser Spannung dimensioniert werden.

43

Was ist nun der Effektivwert? Dies ist die Spannung, die – an einen Ohm'schen Widerstand angelegt – denselben Effekt hat wie eine Gleichspannung derselben Größe. Wenn eine Wechselspannung gemessen wird, dann wird stets der Effektivwert gemessen.

Auch in der Tontechnik arbeiten wir immer mit Effektivwerten: Egal, ob eine Signalspannung (0,775 V) oder eine Leistung (400 W) angegeben wird, es ist niemals der Spitzen-, sondern immer nur der Effektivwert. Beachten Sie dies, wenn Sie mit einem Oszilloskop messen.

Da die Spannung ständig zwischen einem positiven und einem negativen Extremwert schwankt, gibt es in dem Sinne auch keinen Plus- oder Minuspol mehr. Stattdessen unterscheidet man in der Regel zwischen der Phase (L) und dem Neutralleiter (N), der mit Erde oder mit dem Gehäuse (Masse) verbunden ist.

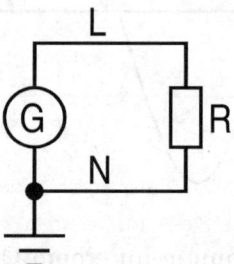

Bild 1.6.7:
Wechselstromkreis

Bild 1.2.8 zeigt die Belegung einer Schuko-Steckdose (Schuko steht für Schutzkontakt):

Bild 1.6.8:
Schuko-Steckdose

Auf den beiden Stiftbuchsen liegen Phase (L) und Nullleiter (N). Auf dem Federkontakt oben und liegt die Schutzerde (PE, *protection earth*).

Da die Schukodose symmetrisch aufgebaut ist, können Phase und Nullleiter auch vertauscht sein. Um herauszufinden, welcher Anschluss nun die Phase ist, kann man einen Phasenprüfer verwenden oder mit einem Messgerät die Spannung gegen die Schutzerde messen.

Um in einem Schuko-Kabel die einzelnen Adern auseinanderhalten zu können, erhalten diese Isolierungen unterschiedlicher Farbe. Tabelle 1.2 gibt Aufschluss darüber, welche Ader welche Farbe hat.

	neue Norm	alte Norm
Phase (L)	schwarz oder braun	schwarz
Nullleiter (N)	blau	grau
Schutzerde (PE)	grün-gelb	rot

Tabelle 1.2 Farbkennzeichnung der Adern

Wenn wir gerade beim Thema *Schutzleiter* sind: Es gibt immer noch „Spezialisten", die meinen, eine Brummschleife durch Unterbrechen des Schutzleiters entfernen zu müssen. Dies ist leider mit erheblichen Gefahren verbunden, und zwar nicht nur, wenn irgendein Gerät defekt werden sollte, sondern auch schon im „Normalbetrieb". Und es gibt wirklich andere Mittel und Wege, hier Abhilfe zu schaffen.

Leitungen

Eine Leitung verbindet zwei elektrische Geräte miteinander. Eine Mikrofonleitung beispielsweise verbindet ein Mikrofon mit dem Mischpult, eine Lautsprecherleitung den Lautsprecher mit der Endstufe. Was ist daran so aufregend, dass man dem ein ganzes Kapitel widmen müsste?

Nun, Leitungen machen in der Praxis den meisten Ärger. Sie verdrecken mit Abstand am schnellsten, sind am häufigsten defekt und unterliegem dem höchsten Schwund. Sie sind zu kurz oder nicht in ausreichender Menge vorhanden, haben die falschen Steckverbinder und sind oft so verlegt, dass sie an den Gordischen Knoten erinnern. Leitungen fangen zudem auch noch die meisten Störungen ein.

In der PA-Technik verwendet man die Begriffe Leitung und Kabel synonym – korrekt wäre Leitung

2.1 Symmetrische und unsymmetrische Leitungsführung

Wie in Kapitel 1 ausgeführt, braucht man für elektrischen Strom einen Hin- und einen Rückleiter. In der Gleichstromtechnik spricht man vom Plus- und Minus-Leiter, in der Wechselstromtechnik von Phase und Masse.

Bei Lautsprecherleitungen wird hier oft eine zweiadrige Litzenleitung verwendet, bei denen eine Ader die Phase führt und die andere die Masse. Welche Ader was tut, ist prinzipiell egal, vorausgesetzt, der Anschluss an die Steckverbinder erfolgt einheitlich. Zu diesem Zweck ist eine Ader gekennzeichnet.

Lautsprecherleitungen sind bezüglich Einstreuungen ziemlich unkritisch: Sie führen einen hohen Pegel und sind mit sehr geringer Impedanz abgeschlossen.

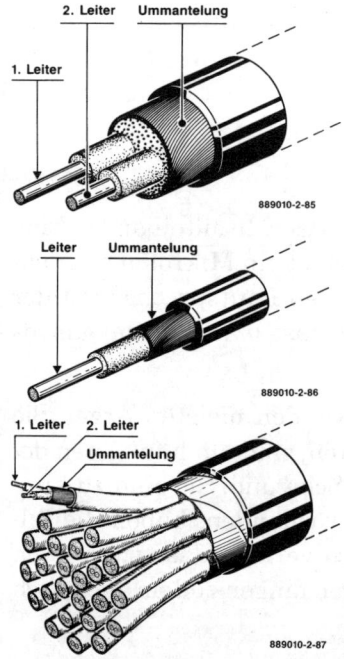

*Bild 2.1:
Symmetrische und
unsymmetrische
Leitung sowie eine
Multicore-Leitung*

Signalleitungen arbeiten mit deutlich niedrigerem Pegel und einer deutlich höheren Impedanz, deswegen müssen sie abgeschirmt werden. Eine Abschirmung kann mit leitender Folie oder einem Drahtgeflecht erfolgen und wirkt auf die Leitung wie eine Faraday'scher Käfig – Einstreuungen können (theoretisch) nicht auf die innen liegende Leitung gelangen.

Im einfachsten Fall besteht eine solche Leitung aus dem Innenleiter und der Abschirmung, wobei der Innenleiter das Signal führt und die Abschirmung auf Masse liegt. Für Leitungen von kurzer Länge und hohem Pegel ist eine solche unsymmetrische Leitungsführung völlig ausreichend und in der Praxis auch gebräuchlich. Alle Leitungen, die mit Cinch-Steckern oder Mono-Klinkenstecker versehen sind, arbeiten mit unsymmetrischer Leitungsführung. (Leitungen mit Stereo-Klinkensteckern können ein Mono-Signal symmetrisch führen, können aber auch anders verwendet werden.) In Bild 2.1 sehen Sie in der Mitte eine Leitung für unsymmetrische Signalführung.

Für lange Leitungen und/oder für kleine Signalpegel verwendet man die symmetrische Signalführung. Dazu wird das Signal einmal mit korrekter und einmal mit inverser Phasenlage geführt, beide Leitungen werden gemeinsam abgeschirmt. Eine solche Leitung sehen Sie in Bild 2.1 oben. Welchen Vorteil hat nun diese doppelte Signalführung?

Sehen wir uns die Abbildung 2.2 an: Oben wird das Signal unsymmetrisch geführt. Nun tritt eine Störung auf. Diese wird zwar von der Abschirmung gegen Masse abgeleitet, schlägt aber ein wenig auf den Innenleiter durch. (Es ist für die folgende Ausführung völlig unerheblich, ob die Abschirmung nicht ganz perfekt ist oder ob durch den Leitungswiderstand der Abschirmung die Störung über die Masseleitung hervorgerufen wird. Wir bleiben hier bei der ungenügenden Abschirmung, weil sie anschaulicher ist.)

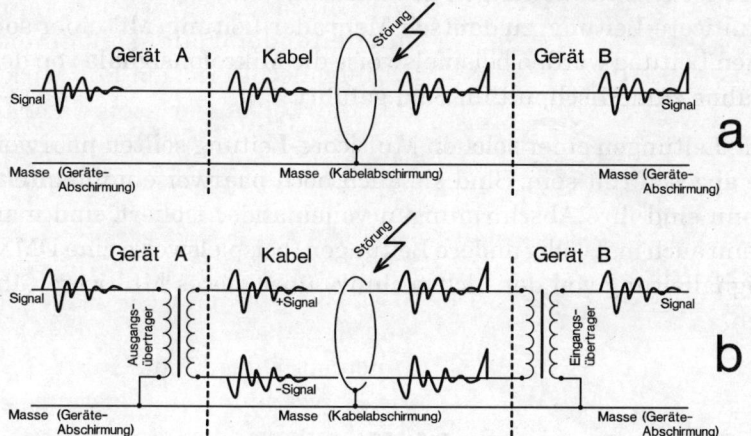

Bild 2.2:
Unsymmetrische und
symmetrische Signalführung

Bei einer symmetrischen Signalführung wird nun das Signal einmal mit korrekter und einmal mit invertierter Phasenlage auf die beiden Innenleiter gegeben. Die Einstreuung erfolgt auch hier, sie tritt aber auf beiden Leitungen gleichphasig auf. Am Empfänger wird nun die Differenz zwischen den beiden Innenleitern gebildet. Da die Einstreuung – im Gegensatz zum Nutzsignal – gleichphasig vorliegt, fällt sie bei dieser Differenzbildung vollständig heraus.

Es stellt sich nun die Frage, wozu man überhaupt noch eine Abschirmung benötigt. Zum einen erfolgt eine Einstreuung auf die beiden Innenleiter nicht völlig gleichmäßig, auch wenn die beiden Innenleiter miteinander verdrillt sind. Zum anderen erfolgt auch die Differenzbildung nicht perfekt. Elektronische Differenz-Eingangsstufen, die mit Widerständen von 1% Toleranz bestückt sind, erreichen eine Unsymmetriedämpfung von ungefähr 40dB, Studioübertrager von (frequenzabhängig) über 60dB. Dies wäre in der Praxis oft zu wenig. Wenn man jedoch Abschirmung und symmetrische Leitungsführung kombiniert, dann erhält man einen hervorragenden Störspannungsabstand.

Multicore

In Bild 2.1 sehen wir unten noch eine Leitung, in der viele symmetrische Einzelleitungen zusammengefasst sind. Dies ist eine Multicore-Leitung, zu deutsch Mehrader-Leitung. Mit einer solchen Leitung werden beispielsweise die Mikrofonsignale von der Bühne zum Mischpult im Saal geführt.

Die Leitungen einer solchen Multicore-Leitung sollten paarweise abgeschirmt sein. Sind sie auch noch paarweise ummantelt, dann sind ihre Abschirmungen voneinander isoliert, und man kann auch mal völlig andere Leitungen (beispielsweise eine DMX-Signalleitung von der Lichttechnik) über dieses Multicore führen.

2.2 Die Brummschleife

Ein Gitarrist beschwert sich beim Techniker, dass er jedes Mal, wenn er mit den Lippen den Mikrofonkorb berührt, einen elektrischen Schlag bekommt. Der Techniker kommt auf die Bühne, berührt vorsichtig den Mikrofonkorb. Nichts passiert. Daraufhin feuchtet er seinen Finger an, doch auch jetzt spürt er nichts. „Muss wohl an deiner Gitarre liegen.“

Es liegt nicht an der Gitarre; es liegt daran, dass ein Techniker zur Bekämpfung einer Brummschleife irgendwo den Schutzleiter aufgetrennt hat. Diese mit den VDE-Bestimmungen unvereinbare Vorgehensweise ist nicht nur dann bedenklich, wenn ein Defekt vorliegt und der Schutzleiter mal gebraucht wird; schon im „Normalbetrieb" können an der aufgetrennten Stelle Spannungen in der Größenordnung von einigen hundert Volt anliegen.

Die Brummschleife ist nichts anderes als eine Induktionsschleife, wie in Bild 2.3 dargestellt. Eine Leiterschleife mit dem Flächeninhalt A befindet sich in einem Magnetfeld.

Die in der Leiterschleife induzierte Spannung beträgt demnach

$$U_{ind} = N \cdot A \cdot B' \cdot \cos \alpha$$

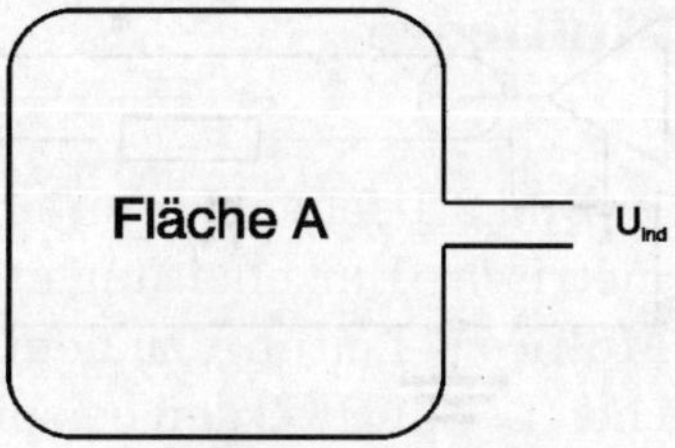

Dabei ist N die Anzahl der Windungen (hier nur eine), A die von der Leiterschleife umschlossene Fläche, B' die Ableitung der magnetischen Flussdichte nach der Zeit und cos α der Winkel zwischen der Fläche A und dem Magnetfeld. Das Magnetfeld mit der Flussdichte B wird durch Elektrogeräte und Kabel erzeugt und ändert sich mit der Netzfrequenz; somit ist die Ableitung der Flussdichte

$$B' = 2 \cdot \pi \cdot f \cdot B \cdot \cos \varphi$$

Wie eine Brummschleife in der Praxis auftritt, zeigt Bild 2.4. Ein Mischpult ist mit einem Verstärker über das Multicore verbunden. Eine zweite Verbindung besteht

Bild 2.3:
Induktionsschleife

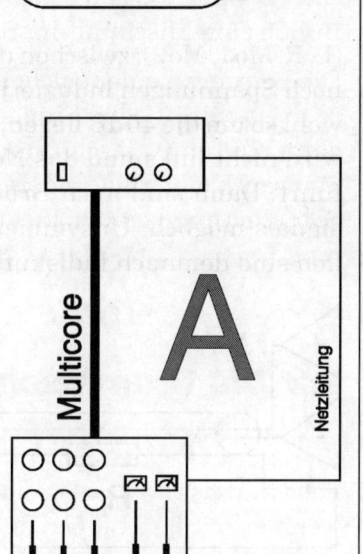

Bild 2.4:
Brummschleife in
der Praxis

über den Schutzleiter des Netzkabels, da beide Geräte geerdet sind. Zwischen diesen beiden Leitungen liegt die Fläche A. Das immer vorhandene Magnetfeld induziert in dieser Leiterschleife einen Strom, der bei einer Fläche von einigen wenigen Quadratmetern in der Größenordnung von einem mA liegt. Was nun weiter passiert, hängt im Wesentlichen von der Art der Leitungsführung zwischen Mischpult und Verstärker ab.

Bild 2.5 zeigt das Blockschaltbild einer unsymmetrischen Leitungsführung, also eine Leitung mit Innenleiter und Abschirmung. Die Abschirmung hat einen Leitungswiderstand von rund 1 Ohm, in dem der induzierte Strom eine Spannung erzeugt. Diese Spannung liegt in der Größenordnung von einem mV, der Störabstand bei rund 60 dB.

51

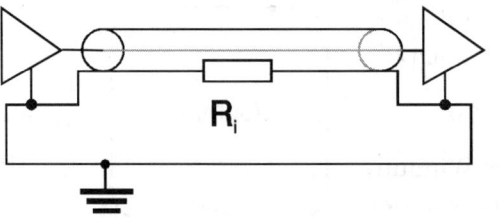

Bild 2.5:
Unsymmetrische
Leitungsführung

Nun sind PA-Anlagen ja leider nicht so schön übersichtliche Gebilde wie in Bild 2.4. Zwischen Mischpult und Verstärker laufen meist vier Leitungen (L, R, Mo1, Mo2), zwischen den einzelnen Leitungen werden auch noch Spannungen induziert usw. Der Gesamtstörabstand dürfte wohl so um die 40 dB liegen, immer vorausgesetzt, das Multicore wird nicht links und das Netzkabel rechts durch den Raum geführt. Dann sind auch Brummspannungen oberhalb des Nutzsignals möglich. Unsymmetrische Leitungen über lange Strekken sind demnach indiskutabel.

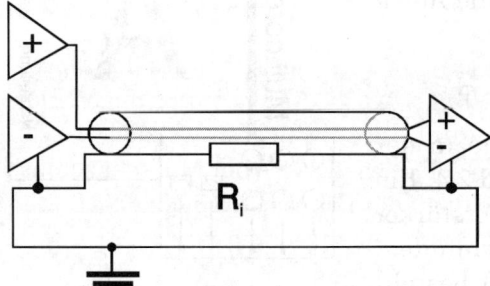

Bild 2.6:
Symmetrische
Leitungsführung

Bild 2.6 zeigt das Blockschaltbild einer elektronisch symmetrierten Leitungsführung. Der Ausgangsverstärker stellt von einem Signal zwei gegenphasige Signale her, die beide zum Eingangsverstärker geführt werden, der dann die Differenz der beiden Signale bildet. Da beide Signale gleichphasig mit der Brummspannung überlagert werden, löschen sich die Brummanteile theoretisch völlig aus.

In der Praxis werden Metallfilmwiderstände mit 1 % Toleranz verwendet, auch sonst verhalten sich die beiden Ausgangs- und Eingangsverstärker nicht völlig identisch. Deshalb liegt die Gleichtaktunterdrückung, also die Dämpfung von gleichphasigen Signalen, nur bei rund 40 dB. Damit ist ein Fremdspannungsabstand von rund 80 dB zu erreichen, der aber bei ungünstigen Bedingungen auch wesentlich niedriger liegen kann. 80 dB sind bei einem Maximalpegel von 140 dB immerhin noch 60 dB, also in Spielpausen durchaus noch hörbar.

Werden nun, wie Bild 2.7 zeigt, in den Ausgang und den Eingang je ein Übertrager eingefügt, so ist die Brummschleife

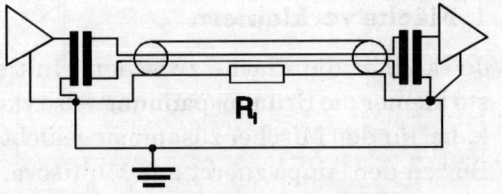

*Bild 2.7:
Trafosymmetrische
Leitungsführung*

mit Sicherheit beseitigt. Übertrager haben bei einer Frequenz von 50 Hz Gleichtaktunterdrückungen von deutlich über 80 dB. Sind Aus- und Eingänge mit Übertragern ausgestattet, so kann das Signal auch über eine unabgeschirmte Zwei- Draht- Klingelleitung geführt werden.

Zur Not reicht auch ein Übertrager am Eingang, wenn der Ausgang ein brauchbares elektronisch symmetriertes Signal liefert; brauchbar heißt hier, dass der Betrag der beiden Phasen um nicht mehr als 0,1 % differiert.

Sind Ein- oder Ausgänge trafosymmetriert, so muss der Masseanschluss der Buchsen (also dort, wo die Abschirmung angeschlossen wird) direkt an den Punkt angeschlossen werden, wo der Schutzleiter aufs Gehäuse gelegt wird. Wird der Masseanschluss an die Schaltung gelegt, so fließt der Brummstrom über die Leiterbahnen und erzeugt dort Brummspannungen.

Weitere Maßnahmen gegen die Brummschleife

Übertrager sind die einzig brauchbare Maßnahme gegen Brummschleifen. Sie haben allerdings den Nachteil, dass sie nicht während des Gigs eingebaut werden können. Sind DI-Boxen vorhanden, dann können mit diesen die Verbindungen trafosymmetriert werden, denn schließlich ist eine DI-Box nichts anderes als ein Übertrager im Gehäuse. Wenn auch das nicht mehr geht, gibt es einige Methoden, mit denen die Brummschleife zwar nicht beseitigt, aber doch etwas gemildert werden kann:

1. Fläche verkleinern

Je kleiner die Fläche zwischen Multicore und Netzkabel, desto kleiner die Brummspannung. Also werden Multicore und Netzkabel für den Mischer zusammengeklebt, die Kabel von der Stage-Box zu den Amps zuerst ans Multicore, dann ans Netzkabel der Amps geklebt, auch am Frontplatz wird die Fläche so klein wie möglich gehalten. In kleinen Clubs die Verstärker direkt unters Mischpult.

2. Magnetfeld vermindern

Also alle entbehrlichen elektrischen Verbraucher abschalten oder weiter weg stellen.

3. Zweite Leiterschleife

Der in der Brummschleife fließende Strom erzeugt seinerseits wieder ein Magnetfeld, welches dem erzeugenden Magnetfeld entgegengerichtet ist. Deshalb fließt bei einer Leerlaufspannung von einigen hundert Volt auch nur ein Kurzschlussstrom von einigen Milliampere.

Legt man nun neben Multicore und Netzleitung eine zweite kurzgeschlossene Leiterschleife, so wird auch in dieser ein Strom induziert, der dem Magnetfeld entgegenwirkt; in der Folge wird der Strom in beiden Leitern schwächer, die erzeugte Brummspannung nimmt ab.

4. Leitung parallel schalten

Die induzierte Spannung ist proportional dem Leiterwiderstand der Abschirmung des Multicores. Wird nun eine sehr niederohmige Leitung, beispielsweise ein Starkstromkabel mit allen fünf Leitern parallel zur Abschirmung geschaltet, so reduziert sich der Widerstand zwischen Mischpult und Verstärker und somit auch die Brummspannung.

Bild 2.8 zeigt, wie der Bühnenaufbau sinnvollerweise aussieht: Stromverteiler und Stagebox werden so nah wie möglich zusammengestellt; die Leitungen zu den Verstärkern und zum Mischpult werden direkt neben die Signalleitungen gelegt. Auch die Leitungen von den Instrumenten zur Stagebox werden direkt neben die Netzleitung der Backline gelegt. Einzig bei Mikrofonen ist die Leitungsführung egal.

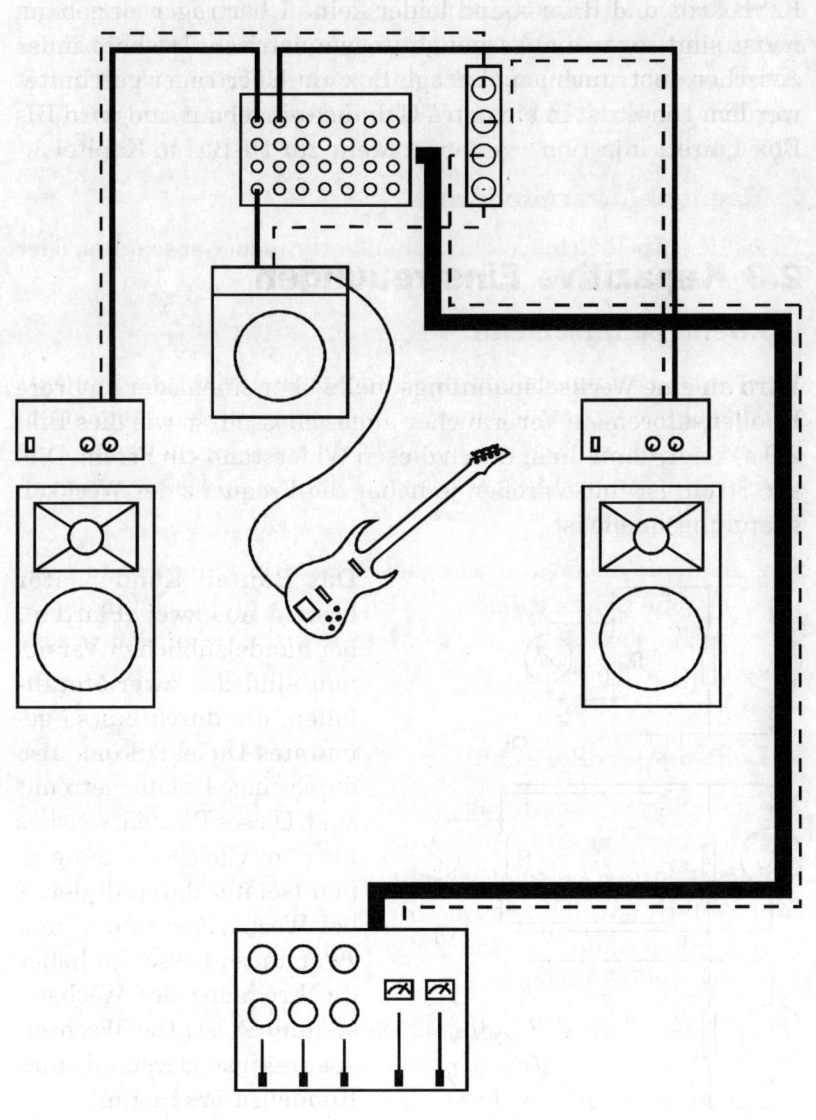

Bild 2.8:
Sinnvoller
Bühnenaufbau

DI-Box

In vielen Instrumenten, die direkt abgenommen werden – also Keyboards und Bass – sind leider keine Übertrager eingebaut, meist sind sogar die Ausgänge unsymmetrisch. Deshalb muss zwischen Instrument und Stage-Box ein Übertrager geschaltet werden. Dieser ist in ein extra Gehäuse eingebaut und wird DI-Box („direct injection") genannt. Mehr zur DI-Box in Kapitel 3.

2.3 Kapazitive Einstreuungen

Wird an eine Wechselspannungsquelle über einen oder mehrere Kondensatoren ein Verbraucher angeschlossen, so wie dies Bild 2.9 a) zeigt, dann fließt durch diesen Widerstand ein Strom. Dieser Strom ist umso größer, je höher die Frequenz der Wechselspannungsquelle ist.

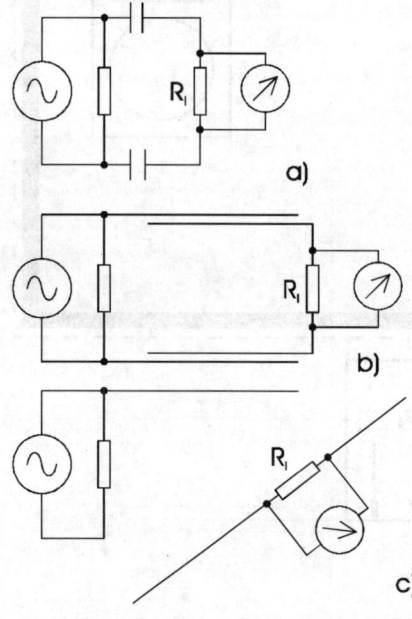

Bild 2.9: Kapazitive Einstreuung

Das Bauteil Kondensator besteht aus zwei „Platten", bei handelsüblichen Versionen sind das zwei Metallfolien, die durch ein so genanntes Dielektrikum, also durch einen Isolator getrennt sind. Dieses Bauteil, welches für reine Gleichspannung einen Isolator darstellt, leitet bei Wechselspannung, und zwar umso besser, je höher die Frequenz der Wechselspannung ist. Der Wechselspannungswiderstand eines Kondensators beträgt

$$X_c = \frac{1}{2 \cdot \pi \cdot f \cdot C}$$

Nun ist es nicht unbedingt notwendig, dass bei einem Kondensator zwei „Platten" verwendet werden; auch zwei Drähte, die sich zwar nicht berühren, aber eine gewisse Strecke parallel geführt werden, haben eine Kapazität und leiten Wechselstrom. Die Kapazität ist zwar recht klein und der Wechselstromwiderstand damit sehr groß, aber es fließt immerhin ein messbarer Strom. Bild 2.9 b zeigt so eine Anordnung.

Das Ganze funktioniert leider immer noch, wenn die Drähte nicht mehr parallel liegen, wie in Bild 2.9 c gezeigt. Des Weiteren sind sehr viele Wechselstromleitungen, nämlich die Netzleitungen verlegt, und auch die Radio- und Fernsehsender sorgen genauso wie Amateurfunker oder ein Sendermikro dafür, dass immer ein gewisses elektromagnetisches Feld vorhanden ist. Auch Leitungen, in welche diese Felder einstreuen können, sind im Bühnenbetrieb reichlich vorhanden: von der Mikrofonleitung bis zum Boxenkabel.

Diese Einstreuungen lassen sich durch so gennante Abschirmungen vermindern. Um den Leiter wird ein Geflecht aus Einzeldrähten oder eine Alufolie gelegt, so dass die Einstreuungen gegen Erde abgeleitet werden. Problematisch wird es dann, wenn diese Abschirmung als Masseleitung verwendet wird: Durch den Widerstand der Abschirmung können die Einstreuungen nie ganz abgeleitet werden, die verbleibenden Spannungen verursachen dann Störungen.

Bild 2.10 zeigt, in welcher Größenordnung dann Einstreuungen zu erwarten sind und den dazugehörigen Messaufbau. Wie das Diagramm recht eindeutig zeigt, sollte der Innenwiderstand der Signalleitung so klein wie möglich sein; dies heißt, dass möglichst kurze Leitungen mit einem möglichst hohen Querschnitt verwendet werden.

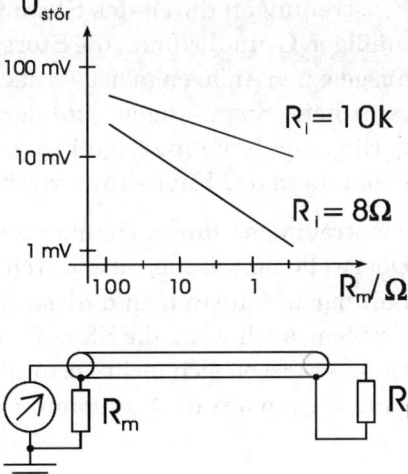

Bild 2.10:
Höhe der Einstreuung in der Abhängigkeit vom Widerstand der Abschirmung und vom Innenwiderstand der Signalquelle (in dem Feld, das bei der Messung zufälligerweise vorhanden war)

57

Des Weiteren werden bei niedrigen Innenwiderständen der Signalquelle auch die Störspannungen kleiner. Aus diesem Grund sind Einstreuungen in Lautsprecherleitungen kein Problem: Es sind nicht nur die Nutzspannungen um einige Dimensionen größer als bei Signalleitungen, durch den niedrigen Innenwiderstand von Lautsprecher und Endstufe werden auch Einstreuungen kurzgeschlossen.

Bei anderen unsymmetrischen Signalleitungen sollten die Innenwiderstände, zumindest des jeweiligen Ausgangsverstärkers, so klein wie möglich gehalten werden. Außerdem sollten Leitungen über längere Strecken konsequent symmetrisch, nach Möglichkeit sogar trafosymmetriert betrieben werden. Zum einen hat dann die Abschirmung keine Verbindung zu den Signalleitungen mehr und kann dann auch etwas höhere Widerstände haben, zum anderen vermindert sich die Störspannung noch um die Unsymmetriedämpfung: Da die Einstreuungen gleichphasig sind und so ziemlich die gleiche Spannung haben, löschen sie sich an den Eingangs-Differenzverstärkern aus. Dies funktioniert umso besser, je geringer die Differenz der Eingangswiderstände der beiden Signalleitungen sind.

Die kapazitiven Einstreuungen lassen sich grob in drei Klassen einteilen: Einstreuungen durch das Stromnetz, Einstreuungen durch Dimmer und Hochfrequenzeinstreuungen.

Einstreuungen durch das Stromnetz verursachen einen gleichmäßigen Grundbrumm, die Störspannungen sind bei vernünftig ausgelegten Anlagen meist vernachlässigbar. Das Stromnetz führt zwar hohe Spannungen, und der Abstand zu den Leitungen ist gering, durch die niedrige Frequenz ist aber der Wechselstromwiderstand der Kapazität zwischen den Leitungen gering.

Einstreuungen durch Dimmer zeichnen sich durch einen hohen Oberwellenanteil aus, also durch hohe Frequenzen. Da auch die Leitungen nah sind, sind diese Einstreuungen das meist größte Problem, auch wenn die Störspannungen nicht ganz so groß sind. Dimmer lassen sich nicht vernünftig entstören, eine gute Entstörung vermindert die Störspannungen nur um rund 10 bis 20 dB.

Abhilfe kann hier vor allem eine konsequent symmetrische Leitungsführung schaffen, die aber vor allem bei der Backline nicht vorhanden ist. Dimmer stören in erster Linie in Gitarrenkabel ein, da hier die Leitungen unsymmetrisch, die Nutzspannungen klein, die Innenwiderstände groß und die Kabel oft von mäßiger Qualität sind.

Um die Störfelder so klein wie möglich zu halten, sollten die Leitungen von den Dimmern zu den Lampen so kurz wie möglich und so weit wie möglich von gefährdeten Leitungen entfernt sein. 6er-Bars mit eingebautem Dimmer sind in dieser Hinsicht eine sehr zu begrüßende Idee.

Hochfrequenzeinstreuungen werden im Equipement demoduliert, über die PA läuft dann der nächste Mittelwellensender oder ein Amateurfunker. HF-Einstreuungen treten von Ort zu Ort sehr unterschiedlich auf und hängen auch von der Tages- und Jahreszeit ab: Abends ist mit stärkeren Einstreuungen zu rechnen als tagsüber.

In professionellen PA-Anlagen sind HF-Einstreuungen meist kein Problem, weil die Eingänge mit Tiefpassfiltern ausgerüstet sind. Hochfrequenz ist vor allem bei nichtprofessionellen Geräten, zum Beispiel bei zweckentfremdeten HiFi-Verstärkern (die mit dem sagenhaft weiten Frequenzgang), bei der Backline und bei schlechten Kabeln zu befürchten. Das Problem bei HF-Einstreuungen ist, dass sie, sobald sie einmal demoduliert sind, sich nicht mehr vom Nutzsignal trennen lassen. Es muss also die ganze Anlage „dicht" sein.

Aus diesem Grund sollte die PA-Company immer einen Satz hochwertiger Klinkenkabel dabei haben, um den Schrott, den die Musiker bisweilen dabei haben, ersetzen zu können.

Werden HiFi-Geräte zweckentfremdet (was man aus diversen Gründen nicht tun sollte), dann sollten sie unbedingt mit HF-Filtern ausgerüstet werden. Manche unprofessionelle Endstufe verstärkt an langen Eingangskabeln den nächsten Mittelwellensender (oder fängt gar an, selbst zu schwingen); bis man gemerkt hat, was Sache ist, sind längst alle Hochtöner abgeraucht.

Bei Einstreuungen durch einen Amateurfunker in der Nähe lässt sich eventuell die vorübergehende Abschaltung des Gerätes erreichen. Undichte Gitarreneffekte lassen sich manchmal mit Alu-Folie abschirmen. Auf den Kalauer mit der symmetrischen, nach Möglichkeit trafosymmetrischen Leitungsführung möchte ich hier nicht noch mal eingehen.

2.4 Störungen im Stromnetz

Die von Dimmern erzeugten Störungen werden nicht nur kapazitiv, sondern auch übers Stromnetz übertragen. Bild 2.11 zeigt, wie eine Netzschwingung mit Stör-Peak aussieht. Diese Peaks sind meist so schmal, dass sie auf einem Oszilloskop kaum sichtbar sind.

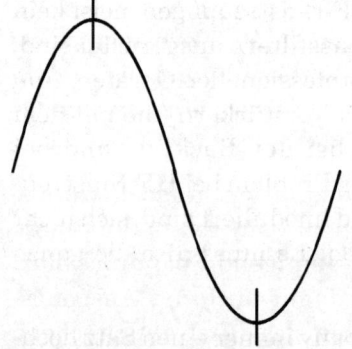

Bild 2.11: Peaks auf dem Stromnetz durch Dimmer mit Phasenanschnittschaltung

Gestört werden vor allem Geräte mit schlechten Netzteilen. Bei vernünftig ausgelegten und großzügig gesiebten Netzteilen sind Netz-Peaks in der Regel kein Thema. Problematisch dagegen können Röhren-Verstärker, eine zweitklassige Backline und billige Steckernetzteile sein. Wo es der freie Platz erlaubt, sollte ein großer Elko zum Siebelko parallel geschaltet werden.

Netzfilter vermindern vor allem den Hochfrequenzanteil des Peaks, neigen aber manchmal zum Nachschwingen, so dass die Störung nicht mehr ein scharfes Knacken, sondern eher ein Brummen ist, was in der Regel noch viel mehr stört. Auch eine lange Netzleitung wirkt als Netzfilter; da hier die Kapazität der Leitung vor allem mit deren Innenwiderstand den Tiefpass bildet, schwingt dieses „Netzfilter" nicht nach. Störungen können durch eine dazwischengeschaltete Kabeltrommel manchmal deutlich vermindert werden.

Die Stromkreise von Ton und Licht sollten so früh wie möglich, also nahe am Hausanschluss getrennt werden, vor allem bei langen Leitungslängen. Dies kann beispielsweise dadurch geschehen, dass der Strom fürs Licht von den Steckdosen auf der Bühne, der für den Ton aus dem Keller geholt wird. Bei Open-Air-Veranstaltungen ist es sinnvoll, mit zwei kleineren Aggregaten als mit einem gemeinsamen zu arbeiten.

Über- und Unterspannung

Zu den Störungen im Stromnetz gehören auch extreme Spannungsabweichungen. Überspannungen können dann auftreten, wenn der Nulleiter einer Drehstromleitung falsch angeschlossen ist oder der Regler eines Aggregats versagt. Vor allem falsch angeschlossene Drehstromleitungen sorgen immer wieder für Ausfälle, und die Erfahrung zeigt, dass man sich auch auf von Elektrikern gelegte Leitungen nicht verlassen kann.

Wird bei einer Drehstromleitung der Nullleiter falsch angeschlossen, so liegen zwei Phasen auf 400 V; diese Spannung darf in Geräten, die sich road-tauglich nennen, nicht mehr Schaden als den einer defekten Sicherung verursachen.

Unterspannungen können durch unzulässig lange Leitungslängen oder durch überlastete Aggregate auftreten. Sie führen dazu, dass der Ladeelko nicht mehr genügend Spannung führt und die Versorgungsspannung und damit auch das Ausgangssignal brummt. Diese Störungen lassen sich durch entsprechend ausgelegte Schaltnetzteile vermeiden.

Ein Sonderfall der Unterspannung ist die fehlende Spannung, beispielsweise, weil beim Einschalten einer Endstufe eine Sicherung gekommen ist oder weil jemand über ein Netzkabel stolpert. Abgesehen davon, dass dies ohnehin ärgerlich ist, ist bei manchen Geräten auch das Einschalten problematisch, weil dann enorme Peaks an den Ausgängen auftreten können. Eigentlich sollte jedes Gerät mit einer Einschaltverzögerung ausgestattet sein, wie dies bei professionellen Endstufen längst üblich ist.

2.5 Steckverbinder

Leitungen werden allenfalls bei Festinstallationen direkt ange-schraubt oder angelötet – ansonsten verwendet man sinnvoller-weise Steckverbinder.

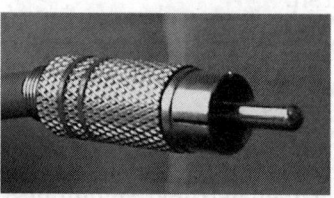

Bild 2.12:
Cinch-Stecker

Cinch

Der Cinch-Stecker („Zinsch") kommt aus der HiFi-Branche und hat dort inzwischen den DIN-Ste-cker fast völlig verdrängt.

Der Cinch-Stecker erlaubt nur unsymmetrische Leitungsführung. Sollen Stereo-Signale übertragen werden, dann sind zwei Lei-tungen einzusetzen. Der Cinch-Stecker ist in der PA-Branche vor allem bei Geräten üblich, die aus dem HiFi-Bereich kommen, beispielsweise CD- oder Minidisk-Player. Seine Kontaktsicherheit genügt professionellen Ansprüchen, allerdings kann er nicht ver-riegelt werden, und meist taugt die Zugentlastung nicht viel.

Bei normalen Cinch-Steckern hat beim Einstecken zunächst der Stift Kontakt (welcher die Phase führt), dann der Ring (mit der Masse), was zu ziemlichen Schaltgeräuschen führen kann. Die Firma Neutrik stellt Cinch-Stecker her, deren Ring über eine Feder nach vorne geschoben wird und deshalb zuerst Kontakt bekommt. Bei anderen Steckern kann man sich dadurch behel-fen, dass man zunächst den Ring des Steckers gegen die Buchse hält und dann zunächst den anderen Stecker der Stereo-Leitung steckt.

Klinke

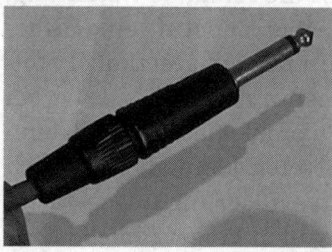

Bild 2.13:
Klinkenstecker

Der Klinkenstecker kommt aus der Telefontechnik, er wurde zunächst in Handvermittlungen eingesetzt. Ihn gibt es als Mono- und Stereo-Stecker mit den Durchmessern 6,35 mm sowie 2,5 und 3,5 mm.

Die letzten beiden Größen sollte man im PA-Bereich vermeiden, sie machen auf Dauer nichts als Ärger. Über Stereo-Klinkenstecker werden nicht nur Stereo-Signale, sondern auch symmetrische Signale und Insert-Leitungen geführt.

Fast alle unsymmetrischen Signale werden in der PA-Technik mit Klinkensteckern geführt, manchmal auch symmetrische und Lautsprecher-Signale. Leider hat dieser Steckverbinder keine Verriegelung (bis auf eine Buchse, welche die Firma Neutrik herstellt, die eine recht brauchbare Klemmvorrichtung hat). Bei billigen Exemplaren taugt auch die Zugentlastung nichts, allein die (leider nicht ganz billigen) Klinkenstecker der Firma Neutrik haben eine Spannzangenzugentlastung, die den Einsatz im professionellen Bereich erlaubt.

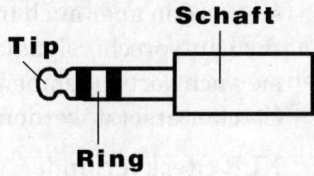

symmetrische Leitungen		Insertstecker "alte Norm"	
Tip	heiß	Tip	Return
Ring	kalt	Ring	Send
Schaft	Masse	Schaft	Masse
Stereo-Signale		Insertstecker "neue Norm"	
Tip	links	Tip	Send
Ring	Rechts	Ring	Return
Schaft	Masse	Schaft	Masse

Bild 2.14: Belegung eines Stereo-Klinkensteckers

Bild 2.14 zeigt die Anschlussbelegung eines Stereo-Klinkensteckers. Einem Mono-Stecker fehlt der *Ring*, und somit ist die Belegung eindeutig: Auf dem *Tip* liegt das Signal, auf dem *Schaft* die Masse.

Beim Stecken eines Klinkensteckers werden die einzelnen Leitungen kurzgeschlossen. Deshalb sollte man Lautsprechersignale nicht über solche Steckverbinder leiten.

XLR

Die Abkürzung XLR steht für *schield* (x), *life* und *return*. Es handelt sich dabei um ein Stecksystem, das von der Firma *Canon* eingeführt wurde, weswegen diese Stecker manchmal auch Canon-Stecker genannt werden. In der Tontechnik ist hauptsächlich der dreipolige XLR-Stecker gebräuchlich, es gibt aber auch Ausführungen mit vier, fünf oder sieben Pins.

Bild 2.15
XLR-Stecker
(male)

Bild 2.16
XLR-Stecker
(female)

Mit XLR-Steckern werden vor allem symmetrische Signale (Mikrofone) geführt, sie werden aber auch immer noch häufig für Lautsprechersignale eingesetzt (wenn sie auch dort zunehmend durch Speakon-Stecker ersetzt werden).

XLR-Steckverbinder werden fast ausschließlich in professioneller Qualität hergestellt, die Stecker haben also ein trittfestes Metallgehäuse, die Zugentlastung verdient ihren Namen, Kontaktschwierigkeiten sind selten, und die Stecker lassen sich verriegeln. Als „Standard" hat sich der XLR-Steckverbinder der Firma Neutrik durchgesetzt, der sich völlig ohne Werkzeug öffnen und wieder schließen lässt und der eine sehr brauchbare Spannzangen-Zugentlastung hat. (Inzwischen wird das System von anderen Herstellern nachgebaut.)

In der Regel werden die Leitungen am Stecker festgelötet. Bis $1,5\,mm^2$ geht das zumindest bei der dreipoligen Steckverbindern recht einfach, $2,5\,mm^2$ wird schwierig, $4\,mm^2$ bekommt man weder richtig in das Gehäuse noch in die Pins.

Bei XLR-Steckverbindern spricht man von „Männchen" (*male*, mit sichtbaren Pins) und „Weibchen" (*female*, mit den Löchern). Die Männchen werden für den Signalausgang, die Weibchen für den Signaleingang verwendet.

Vorsicht: In der Lichttechnik – also bei DMX-Leitungen – ist das exakt anders herum. Hier wird im Leistungsbereich mit Spannungen gearbeitet, die gefährlich sind. Von daher werden Ausgänge immer berührungssicher, also mit Weibchen ausgelegt, und dieses Prinzip hat man auch bei Signalleitungen beibehalten.

Die fehlende Berührungssicherheit der Ausgänge ist dann problematisch, wenn XLR-Steckverbinder für Lautsprecherleitungen verwendet werden: Bei heute verwendeten Verstärkern können Spannungen über 100 V auftreten, die man besser über die berührungssicheren Speakon-Verbinder führt.

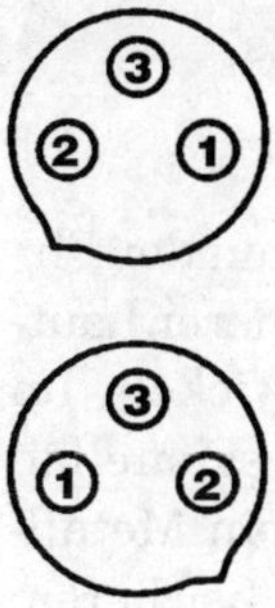

Signalkabel ("europäisch"):

	1	Masse
XLR	2	kalt
Steckerseite male	3	heiß
Lötseite female		

Signalkabel ("amerikanisch")

	1	Masse
XLR	2	heiß
Buchsenseite female	3	kalt
Lötseite male		

Lautsprecher

1	Masse
2	heiß
3	nicht belegt

Bild 2.17
Anschlußbelegung
XLR-Steckverbinder

Werden Lautsprecher-Signale geführt, dann ist Pin eins stets die Masse und Pin zwei ist „heiß". Manchmal sind hier auch Pin zwei und drei verbunden.

Bei Signalleitungen gibt es zwei verschiedene „Normen". In der (weiter verbreiteten) „amerikanischen Norm" ist Pin zwei heiß und Pin drei kalt (führt also das gegenphasige Signal), während nach der „europäischen Norm" Pin drei heiß und Pin zwei kalt ist.

Die gemeinsame Verwendung von Geräten, die mit unterschiedlichen „Normen" arbeiten, macht seltener Probleme, als man zunächst vermuten würde: Wird ein Gerät wie beispielsweise ein

65

Equalizer angeschlossen, und wird dieser sowohl eingangs- wie ausgangsseitig symmetrisch angeschlossen, dann ist es völlig unerheblich, nach welcher „Norm" das Gerät arbeitet: Eine Phasendrehung am Eingang (welche durch unterschiedliche „Normen" entsteht) hebt sich am Ausgang wieder auf.

In vielen Fällen macht auch eine Phasendrehung des Signals nicht wirklich ein Problem. Problematisch ist dies nur bei Stereo-Signalen, bei denen der eine Kanal eine Phasendrehung erfährt und der andere nicht.

Zum Problem wird die Sache auch dann, wenn XLR-Stecker nur unsymmetrisch angeschlossen werden. Wenn das eine Gerät ein Signal nur auf der zwei ausgibt und das andere Gerät nur an der drei entgegennimmt, dann geht halt überhaupt nichts.

Speakon

Der Speakon-Stecker wurde von der Firma Neutrik als berührungssicherer Lautsprecher-Steckverbinder entwickelt. Im Gegensatz zu anderen professionellen Steckverbindern besitzt er kein Metallgehäuse, sondern eins aus bruchsicherem Kunststoff, was ihm den Spitznamen „Gardena-Stecker" einbrachte.

Bild 2.18:
Speakon-Stecker

Den Speakon-Stecker gibt es in vier- und achtpoliger Ausführung, wobei die vierpolige Ausführung deutlich weiter verbreitet ist. Oft wir dieser Steckverbinder nur zweipolig eingesetzt, 2+ und 2- bleiben dann einfach unbelegt.

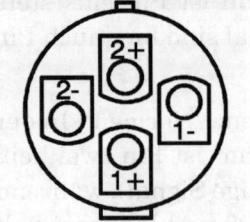

Bild 2.19:
Anschlussbelegung
Speakon-Stecker

Zur Montage benötigt man einen Inbus-Schlüssel, zur Not kann man die Leitung auch einfach festlöten.

Der Speakon-Stecker lässt sich ohne Werkzeug öffnen und schließen, die Spannzangen-Zugentlastung hält das Kabel wirklich sicher, und der Berührungsschutz ist so perfekt, dass man große Schwierigkeiten hat, das Ausgangssignal zu messen.

Etwas gewöhnungsbedürftig ist die Handhabung der Stecker der ersten Generation mit dem Verriegelungsring (siehe Bild 2.18): Zunächst muss sichergestellt werden, dass der Ring hinten ist (wenn man den Stecker von der Kabelseite her betrachtet, dann muss der Ring entgegen dem Uhrzeigersinn gedreht werden). Anschließend wird der Stecker gesteckt („Nasen" beachten) und etwa 30° im Uhrzeigersinn gedreht – erst jetzt wird der Kontakt geschlossen. Nun dreht man den Sicherungsring etwa 90° im Uhrzeigersinn. Der Stecker selbst kann nun nicht mehr zurückgedreht werden und ist somit verriegelt.

EP-Stecker

EP-Steckverbinder werden in Ausführungen von vier, sechs oder acht Polen für Lautsprecherleitungen eingesetzt. Diese Steckverbinder sind XLR-Steckverbindern recht ähnlich, sie sind jedoch deutlich größer und erlauben auch den Anschluss von Leitungen mit hohem Querschnitt.

Bild 2.20:
EP4-Stecker

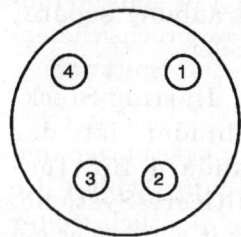

EP4

Buchsenseite female
Lötseite male

Belegung

1 Bass heiß
2 Bass kalt
3 Höhen kalt
4 Höhen heiß

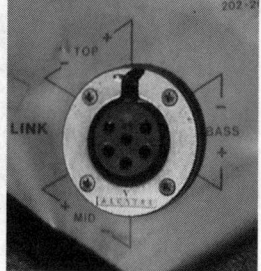

Bild 2.21:
EP4-Buchse

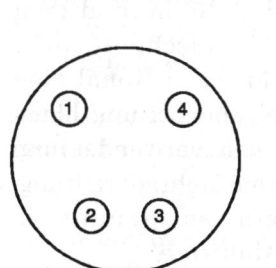

EP4

Stiftseite male
Lötseite female

Bild 2.22:
EP6-Buchse

Bild 2.23: Anschlussbelegung EP4

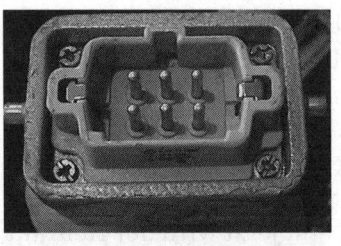

Bild 2.24:
6-poliger
Harting-Stecker

Harting

Als „Harting-Stecker" bezeichnet man Industrie-Multipin-Steckverbinder, die unter anderem von der Firma Harting hergestellt werden. Gebräuchlich sind diese Steckverbinder für alle möglichen Multicore-Systeme: Angefangen von 6-poligen Systemen für Lautsprecher-Leitungen über die in der Lichttechnik weit verbreiteten 16-poligen Systemen bis hin zu den 64-poligen Systemen für das Tonmulticore. Harting-Stecker zeichnen sich durch eine hohe Stabilität, durch brauchbare Verriegelung und Zugentlastung sowie durch hohe Kontaktsicherheit aus. Die höher belastbaren Systeme (Bild 2.24) werden geschraubt, die Systeme für Steuerleitungen (Bild 2.25) werden gelötet oder gecrimpt.

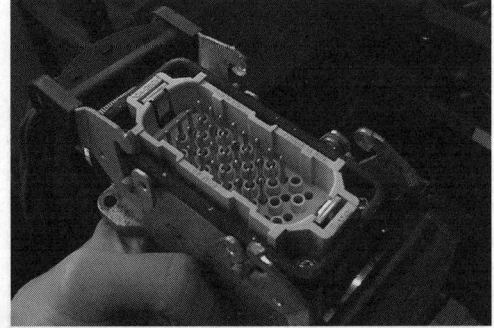

Bild 2.25:
Stecker für
Siderack-Multicore

In der Regel werden die Gehäuse, die so genannten Einsätze und die Kabelverschraubung separat geliefert.

Der Harting-Steckverbinder ist der Standard für Tonmulticore-Systeme. Damit man zwischen der Bühne und dem Saalmischpult nicht für jeden Kanal eine eigene Leitung legen muss, verwendet man eine Mehraderleitung, ein so genanntes Multicore.

Bild 2.26:
Stagebox mit zwei
Abgängen

68

Auf der Bühne steht eine Stagebox, das ist eine Box mit vielen XLR-Buchsen und einem oder mehreren Harting-Buchsen. (Es gibt auch Multicore-Systeme, bei denen die Stagebox fest am Kabel ist, eine solche Lösung macht jedoch früher oder später Ärger.)

Soll an einer Stagebox sowohl das Front- als auch das Monitorpult betrieben werden, dann braucht die Stagebox zwei Abgänge, also zwei Harting-Buchsen. Sollen wei-

Bild 2.27:
Multicore-Trommel

tere Mischpulte angeschlossen werden, beispielsweise für eine Rundfunkübertragung, dann sollte man über eine aktive Split-box nachdenken, denn durch die vielen parallel geschalteten Mischpulteingänge sinkt die Impedanz, mit der die Mikrofone belastet werden.

Auf der anderen Seite des Multicores findet man die so genann-te Aufsplittung oder Peitsche. Darunter versteht man ein Harting-Anbau- oder Stecker-Gehäuse, aus dem viele Leitungen mit XLR-Steckern kommen. (Auch hier gibt es Lösungen mit einer Peit-sche direkt am Multicore, und auch diese sollte man vermeiden.)

Sollen alle Mikrofone direkt in eine zentrale Stagebox gesteckt werden, kann dies zu einem ziemlichen Kabelgewirr auf der Bühne führen. Abhilfe schaffen hier so genannte Sub-Multicore. Dies sind Multicore-Systeme mit etwa acht bis zwölf Kanälen und einer Länge, die einmal quer über die Bühne reicht. Stellt man die Stagebox beispielsweise am Monitorplatz auf, dann könn-te man Sub-Multicore beispielsweise zum Schlagzeug und zum Keyboarder legen.

Werden die Controller der PA an den Frontplatz gestellt, dann muss man meist mit sechs oder acht Wegen zurück zur Bühne. Dafür wird meist ein eigenes Multicore-System verwendet, wel-ches man Return-Multicore nennt.

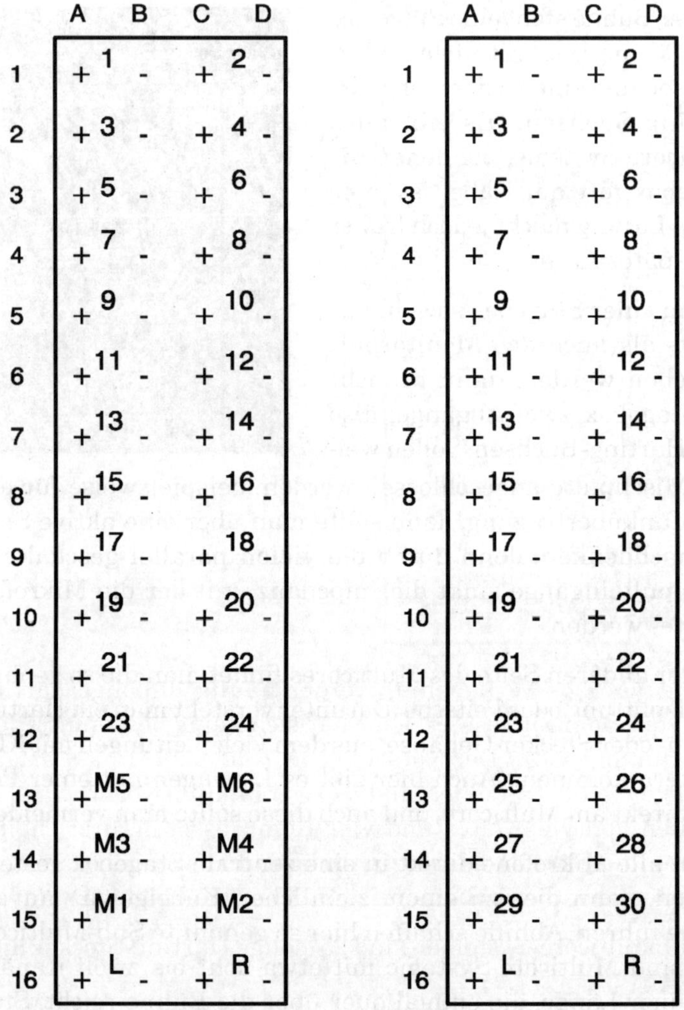

	A	B	C	D			A	B	C	D
1	+ 1	-	+ 2	-	1		+ 1	-	+ 2	-
2	+ 3	-	+ 4	-	2		+ 3	-	+ 4	-
3	+ 5	-	+ 6	-	3		+ 5	-	+ 6	-
4	+ 7	-	+ 8	-	4		+ 7	-	+ 8	-
5	+ 9	-	+ 10	-	5		+ 9	-	+ 10	-
6	+ 11	-	+ 12	-	6		+ 11	-	+ 12	-
7	+ 13	-	+ 14	-	7		+ 13	-	+ 14	-
8	+ 15	-	+ 16	-	8		+ 15	-	+ 16	-
9	+ 17	-	+ 18	-	9		+ 17	-	+ 18	-
10	+ 19	-	+ 20	-	10		+ 19	-	+ 20	-
11	+ 21	-	+ 22	-	11		+ 21	-	+ 22	-
12	+ 23	-	+ 24	-	12		+ 23	-	+ 24	-
13	+ M5	-	+ M6	-	13		+ 25	-	+ 26	-
14	+ M3	-	+ M4	-	14		+ 27	-	+ 28	-
15	+ M1	-	+ M2	-	15		+ 29	-	+ 30	-
16	+ L	-	+ R	-	16		+ L	-	+ R	-

Bild 2.28
Belegung eines 64-poligen Harting-Steckers

Bild 2.28 zeigt zwei übliche Belegungen eines 64-poligen Harting-Steckers. In der linken Skizze werden 24 Eingangskanäle, 2 Return-Kanäle und 6 Monitor-Kanäle verwendet. Der typische Einsatz ist der 24-Kanal-Mischer mit Monitormix vom Frontpult aus.

In der rechten Skizze fehlen die Monitor-Kanäle, dafür ist die Zahl der Eingangskanäle auf 30 erhöht. Diese Variante findet man häufig beim Einsatz von Monitorpulten.

	A	B	C	D
1	S	R (L)	S	R (R)
2	S	R (G1)	S	R (G2)
3	S	R (G3)	S	R (G4)
4	S	R (C1)	S	R (C2)
5	S	R (C3)	S	R (C4)
6	S	(I)	L	R (I)
7	S	(II)	L	R (II)
8	S	(III)	L	R (III)
9	S	R (M1)	S	R (M2)
10	L	R (Ca)	L	R (CD)

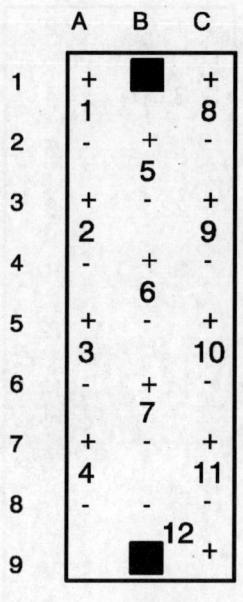

Bild 2.29:
Siderack-Verkabelung
und Sub-Multicore

Für die Siderack-Verkabelung werden häufig 40-polige Harting-Steckverbinder eingesetzt. Hier hat sich keine bestimmte Belegung durchgesetzt. Der Vorschlag in Bild 2.29 (links) erlaubt Equalizer in den Summen und in zwei Monitorwegen, das Einschleifen von vier Gates und vier Kompressoren, drei Digital-Effekte, die jeweils Stereo zurückgeführt werden sowie ein Cassettendeck (beziehungsweise DAT) sowie einen CD-Player.

Bei Submulticore-Systemen sind 25-polige Harting-Stecker nicht unüblich.

Signalquellen

In diesem Kapitel wollen wir uns mit den Geräten beschäftigen, welche uns die Signale für die Bearbeitung und die Wiedergabe liefern. Genaugenommen sind Signalquellen die Instrumente der Musiker, Geräte wie Mikrofone sind Schallwandler, CD-Player sind Wiedergabegeräte. Da solche Geräte jedoch die für die weitere Bearbeitung nötigen elektrischen Signale liefern, hat sich der Begriff „Signalquellen" eingebürgert.

Signalquellen lassen sich grob in drei Kategorien einteilen:

■ Mikrofone wandeln Schall in elektrische Schwingungen um. Sie sind die häufigsten und wichtigsten Signalquellen.

■ Elektrische Instrumente wie Keyboards oder E-Drums liefern gleich elektrische Signale, die jedoch in aller Regel die Verwendung einer DI-Box benötigen – diese soll hier besprochen werden (das Instrument selbst fällt nicht in den „Hoheitsbereich" des Tontechnikers und soll deshalb keine nähere Beachtung finden).

■ Wiedergabegeräte wie CD-Player oder computergestützte Geräte geben davor aufgenommene Signale wieder. Diese interessieren uns insoweit, als diese über eine PA verstärkt wiedergegeben werden sollen.

3.1 Mikrofone

Mikrofone haben die Aufgabe, akustische Schwingungen in elektrische Schwingungen umzuwandeln. Man könnte annehmen, dass sie diese Aufgabe möglichst unverfälscht durchführen sollen, doch gerade in der PA-Technik werden gerne Mikrofone eingesetzt, die alles andere als einen linearen Frequenzgang haben und sich dadurch besonders für eine ganz bestimmte Aufgabe eignen.

Mikrofone lassen sich nach den verschiedensten Kriterein einteilen:

▪ Beim Funktionsprinzip gibt es neben Tauchspulenmikrofonen, Bändchenmikrofonen und Kondensatormikrofonen auch noch Prinzipien, die in der PA-Technik (zu Recht) nicht eingesetzt werden, beispielsweise Kohlemikrofone, Kontaktmikrofone oder piezo-elektrische Wandler.

▪ Es gibt die Richtcharakteristiken Kugel, Acht, Niere, Super-Niere, Hyper-Niere und Keule. Studio-Mikrofone lassen oft eine Umschaltung der Richtcharakteristik zu, in der PA-Technik ist dies unüblich.

▪ Mikrofone können Druckempfänger oder Gradientenempfänger sein.

▪ Es gibt Mikrofone zum Halten in der Hand, zur Verwendung auf einem Stativ, zum „auf den Boden legen" oder „an die Backe zu kleben". Dementsprechend sind die Größe, die Bauform und die Gehäuse-Materialien unterschiedlich.

▪ Es gibt Features wie eine schaltbare Bass-Absenkung, Brumm-kompensationsspulen oder Ein-Aus-Schalter.

Wenn wir einmal die 9,95-Euro-Mikrofone aus dem Kaufhaus außen vor lassen und nur professionelle Mikrofone betrachten, dann ist eine Unterscheidung in gute und schlechte Mikrofone so gut wie unmöglich, es gibt nur Mikrofone, die für eine bestimmte Aufgabe gut oder weniger gut geeignet sind.

Geeignete Mikrofone müssen auch überhaupt nicht teuer sein. Wenn man mal einen Stapel Rider statistisch auswertet, dann sind die gefragtesten Mikrofone das SM 57 und das SM 58 von Shure, und beide liegen preislich in der Größenordnung von 100 Euro. Einen Konzert-Mitschnitt wollte ich aber mit diesen Mikrofonen nicht machen.

Funktionsprinzipien

Bewegt man einen elektrischen Leiter in einem Magnetfeld, dann wird in diesem eine Spannung induziert. Dieses Prinzip nutzen die dynamischen Mikrofone, nämlich das Bändchenmikrofon und das Tauchspulenmikrofon.

Bild 3.1 zeigt ein Bändchenmikrofon: In einem Magneten gibt es einen Luftspalt, und in diesem befindet sich ein Metallbändchen, das durch den eintreffenden Schall zum Schwingen angeregt und in dem somit eine Spannung induziert wird.

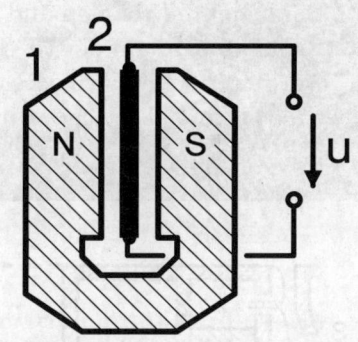

Bild 3.1:
Bändchen-
mikrofon

Bändchen haben eine sehr geringe Ausgangsspannung, aber auch eine sehr geringe Impedanz. Oft schaltet man einen Übertrager dahinter, um die Spannung auf ein brauchbares Niveau zu bringen.

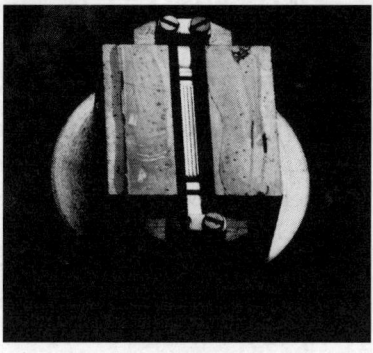

Bild 3.2:
Bändchen-
mikrofon
Beyerdynamic M 160

Bild 3.3 zeigt das Prinzip eines Tauchspulenmikrofons: In einem Magneten ist ein Luftspalt angebracht. In diesem Luftspalt schwingt eine Spule, die mit einer Membran mechanisch verbunden ist. Durch die vielen Windungen ist hier die Ausgangsspannung höher, allerdings auch die Ausgangsimpedanz. Letztere liegt in der Größenordnung von etwa $200\,\Omega$, die Parallelschaltung von zwei Mischpulten (Front- und Monitorpult) sollte somit kein Problem sein.

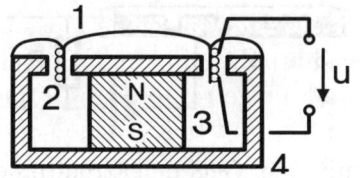

Bild 3.3:
Tauchspulen-
mikrofon

Dynamische Mikrofone haben „von Haus aus" einen mittenlastigen Frequenzgang, der mit Hilfe von Trichtern und Resonatoren linearisiert (oder anderweitig gestaltet) wird.

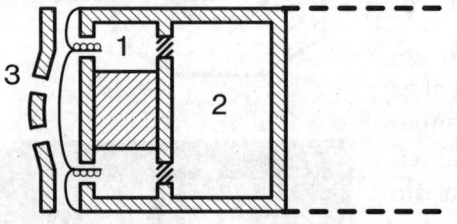

Bild 3.5:
Mit drei Resonatoren
wird der
Frequenzgang
beeinflusst

Am Rande bemerkt: Ein dynamisches Mikrofon arbeitet nach dem gleichen Prinzip wie ein dynamischer Lautsprecher. Prinzipiell könnte man einen Lautsprecher auch als Mikrofon verwenden (das wird beispielsweise in Wechselsprechanlagen auch gemacht), man kann mit einem dynamischen Mikrofon auch Musik wiedergeben – wenn auch nicht laut. Wenn der Harting-Stecker eines Multicore-Systems schon reichlich „abgenudelt" ist, dann bekommt man ihn mit etwas Gewalt auch falsch herum gesteckt. Wenn man dann versucht, mit einer CD die Anlage einzuhören, dann kann es vorkommen, dass die Musik aus den Mikrofonen für Bassdrum und Snare kommt.

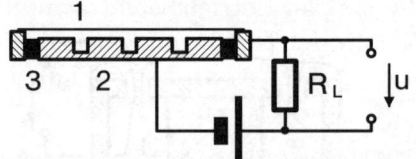

Bild 3.6:
Kondensator-
mikrofon

Bild 3.6 zeigt das Prinzipschaltbild eines Kondensatormikrofons: Eine leitende Membran bildet mit einer Gegenelektrode einen Kondensator, der über einen sehr hochohmigen Widerstand mit einer Gleichspannung beaufschlagt wird. Drückt nun eine Schallwelle die Membran in Richtung der Gegenelektrode, dann sinkt die Kondensatorspannung, im umgekehrten Fall steigt sie.

Somit kann man eine Wechselspannung an diesem Kondensator abnehmen. Allerdings benötigt man eine Spannung, mit welcher der Kondensator aufgeladen werden kann, und man braucht einen Impedanzwandler, da die Ausgangsimpedanz dieser Spannungsquelle sehr hoch ist. Hierfür kommen eigentlich nur Feldeffekt-Transistoren und Röhren in Frage, da die nachfolgende Stufe einen Eingangswiderstand im $M\Omega$-Bereich benötigt.

Um diesen Impedanzwandler mit Strom zu versorgen, könnte man eine Batterie verwenden. Da diese in der Praxis jedoch Probleme machen, verwendet man die so genannte Phantomspeisung: Dabei wird über zwei Widerstände oder über die Mittenanzapfung eines Eingangsübertragers der

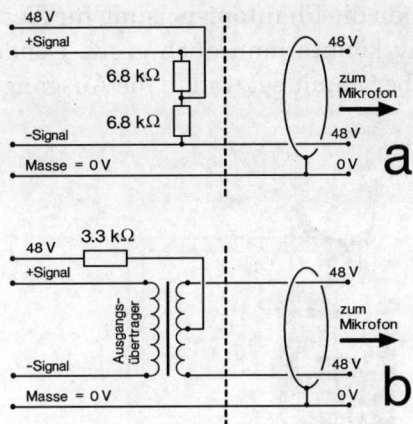

Bild 3.7:
Phantomspeisung

Pluspol einer Spannung von 48 V auf die beiden Signalleitungen gelegt, während der Minuspol auf die Abschirmung kommt. Mit einer ähnlichen Schaltung wird am Mikrofon die Spannung wieder entnommen.

Die Phantomspeisung hat gegenüber anderen Verfahren, beispielsweise der Tonaderspeisung, den Vorteil, dass man an solche Buchsen problemlos dynamische Mikrofone anschließen kann. Beide Signalleitungen liegen auf exakt dem gleichen Potential, somit wird noch nicht einmal der Betrieb beeinträchtigt, geschweige denn besteht die Gefahr der Zerstörung eines dynamischen Mikrofons (immer vorausgesetzt, es wird korrekt angeschlossen).

Was Probleme bereiten kann, sind angeschlossene elektronische Geräte, beispielsweise CD-Player mit XLR-Ausgängen (oder entsprechenden Adaptern) oder Drahtlos-Empfänger. Elektronische Ausgangsstufen funktionieren normalerweise nicht mehr, wenn man die Ausgänge auf 48 V legt, manchen Operationsverstärker bekommt man auf diese Weise „durchgeschossen".

Von daher ist es sicher nicht verkehrt, solche Geräte mit Ausgangsübertragern nachzurüsten (das hilft auch gegen Brummschleifen ...) oder wenigstens Dioden einlöten, welche solche Spannungen gegen die Versorgungsspannung ableiten. Wegen der Widerstände, mit denen die Phantomspeisung auf die Signalleitungen gelegt wird, kann maximal ein Strom von 7 mA fließen, das steckt jede Diode weg. (Im Gegensatz zu Ausgangsübertragern funktioniert der Ausgang erst dann wieder, wenn man die Phantomspeisung für diesen Kanal abschaltet. Alternativ könnte man auch große Kondensatoren in Reihe schalten, aber damit setzt man die Ausgangsdämpfung deutlich herab.)

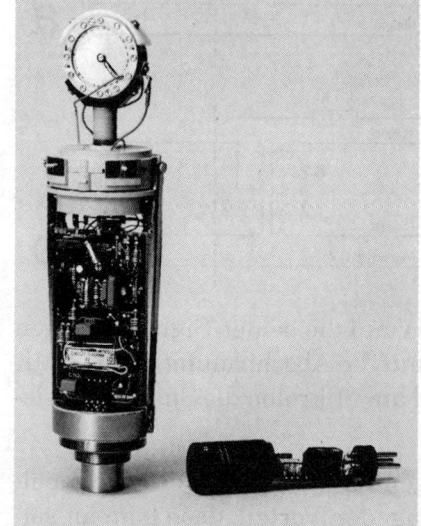

Bild 3.8:
Links das U 87 von Neumann mit Großmembran-Kapsel, rechts das KM 100, ebenfalls von Neumann, mit Kleinmemran-Kapsel

Man unterscheidet bei Kondensator-Mikrofonen Großmembran- und Kleinmembran-Kapseln. Kleinmembrankapseln klingen aufgrund ihres geringen Gewichtes und ihrer kleinen Abmessungen sehr neutral, allerdings auch ein wenig kalt. Großmemran-Kapseln klingen deutlich wärmer. Großmembran-Kapseln werden häufig mit umschaltbarer Richtcharakteristik gebaut. Damit werden sie aber teuer, und da sie mechanisch auch etwas empfindlich sind, werden sie eher im Studio als auf der Bühne eingesetzt. Wenn Sie sich in Bild 3.8 das Mikrofon mit Großmembran-Kapsel ansehen, dann wird Ihnen auffallen, dass die Membran nicht längs, sondern quer zur Mikrofonachse eingebaut ist. Dementsprechend ist das Mikrofon zu positionieren.

Mikrofone mit umschaltbarer Richtcharakteristik werden in der Regel als Doppelmembran-Mikrofone gebaut und benötigen dann weitere Zuleitungen, somit werden sie nicht mehr über 3-pol-XLR-Kabel angeschlossen und haben meist ein eigenes Speisegerät.

Die Richtcharakteristik

Baut man eine Membran vor ein geschlossenes Gehäuse, dann erhält man einen Druckempfänger, also ein Mikrofon, das ausschließlich den Schalldruck in eine elektrische Spannung wandelt. Solche Mikrofone nehmen den Schall von allen Seiten gleich stark auf, allein bei den hohen Frequenzen tritt direkt nach hinten eine gewisse Unempfindlichkeit auf, weil hier das Mikrofongehäuse den Schall „abschattet". Eine solche Richtcharakteristik nennt man *Kugel*, weil die räumliche Darstellung des Polardiagramms eine Kugel ergeben würde.

Solange die Membran klein und leicht ist, erreicht man mit diesen Mikrofonen sehr lineare Frequenzgänge, weswegen sie auch bevorzugt als Messmikrofone eingesetzt werden. Wegen der fehlenden Richtwirkung werden sie jedoch auf der Bühne sonst nicht eingesetzt.

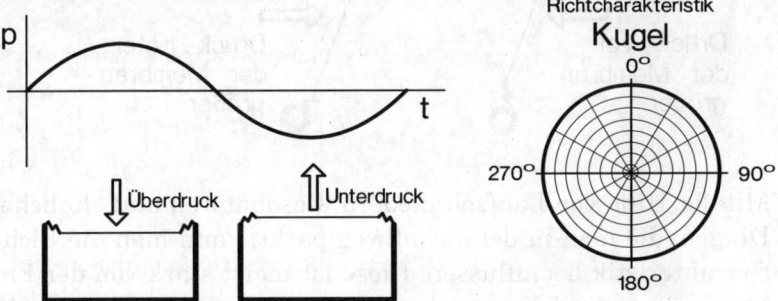

Bild 3.9:
Druckempfänger

Das Gegenstück zum Druckempfänger ist der Gradientenempfänger, auch Druckdifferenzempfänger genannt. Hier wird der Druckunterschied zwischen Vorder- und Rückseite der Membran in eine Spannung gewandelt. In seiner reinsten Bauform hat ein Druckdifferenzempfänger die Richtcharakteristik einer Acht: Schall, der von vorne oder von hinten auf die Membran trifft, lenkt diese aus. Je nach dem, von welcher Richtung der Schall kommt, ist die Auslenkung nach vorne oder nach hinten, dementsprechend ändert sich auch die Phasenlage des Signals. Schall, der exakt von der Seite kommt, lenkt die Membran überhaupt nicht aus.

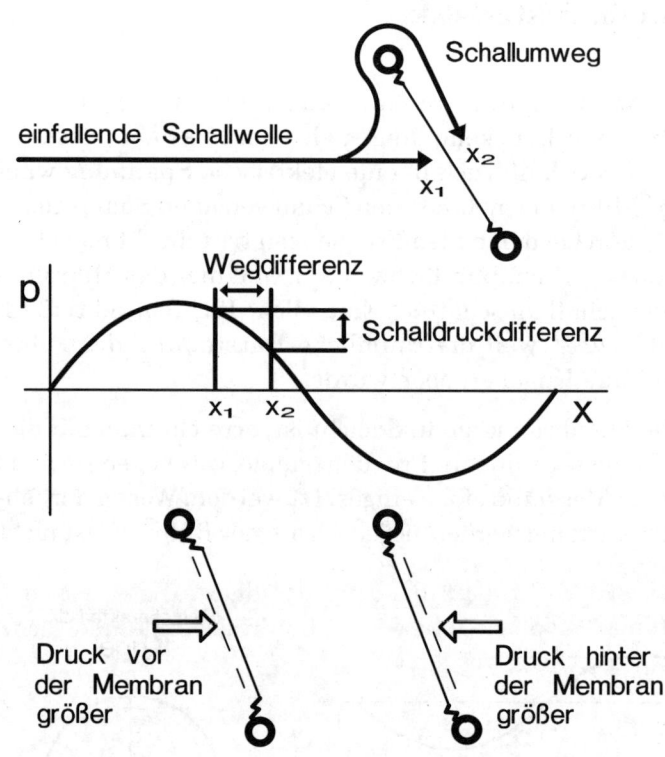

Bild 3.10:
Druckgradienten-
empfänger

Mit der Hilfe von Laufzeitgliedern, Resonatoren und ähnlichen Dingen, die man in den Schallweg packt, kann man die Richtcharakteristik beeinflussen. Diese ist meist stark von der Frequenz abhängig, folgt aber bestimmten Grundmustern, die man nach ihrer Form als *Acht, breite Niere, Niere, Superniere* oder *Hyperniere* bezeichnet.

Eine Niere ist dadurch gekennzeichnet, dass sie nach hinten maximal unempfindlich ist. Wird so ein Mikrofon beispielsweise für den Gesang eingesetzt (Shure SM 58), dann empfiehlt sich die Verwendung von Wedges, da dann der Monitor-Sound aus der Richtung kommt, in der das Mikrofon die minimale Empfindlichkeit hat, somit ist die Rückkopplungsgefahr gering.

Anders bei der Supernieren-Charakteristik (Shure Beta 58): Hier ist die Empfindlichkeit zur Seite geringer als nach hinten, so

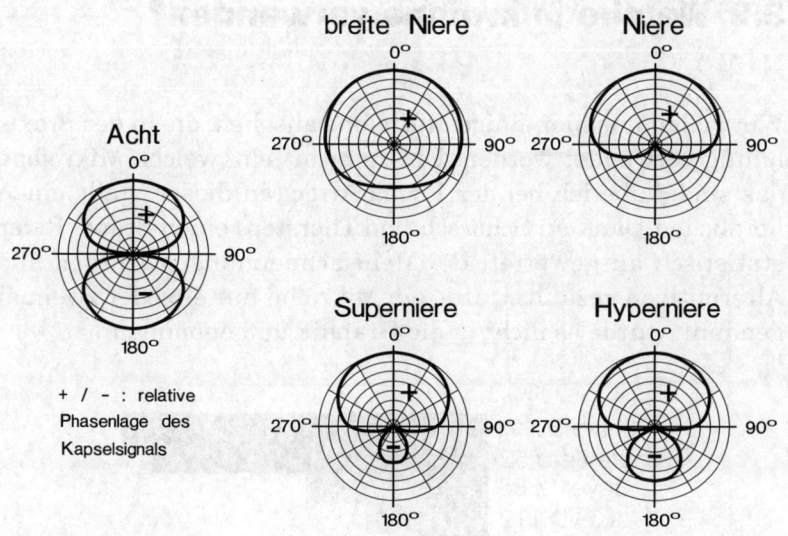

Bild 3.11:
Verschiedene Richt-
charakteristiken

dass man besser mit Side-Fills als mit Wedges arbeitet. (In der Regel wird man beides kombinieren, die Frage ist dann, welche Boxen lauter gemacht werden.)

Bild 3.12 zeigt ein reales Polardiagramm bei verschiedenen Frequenzen: Im Tieftonbereich hat das Mikrofon keine nennenswerte Richtwirkung, bewegt sich irgendwo zwischen Kugel und breiter Niere. Mit zunehmender Frequenz nähert

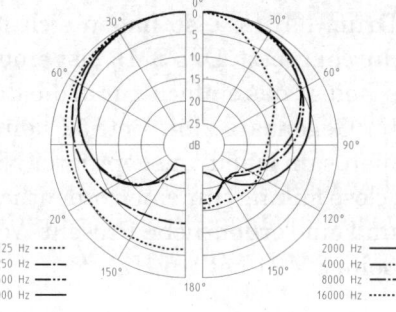

Bild 3.12:
Polardiagramm eines
Sennheiser MD 412

sich die Richtcharakteristik einer Niere an, um dann langsam in einer Superniere überzugehen.

Damit ein Mikrofon überhaupt eine Richtwirkung haben kann, muss es Schall von hinten aufnehmen können. Manche Gesangsmikrofone – beispielsweise das sehr verbreitete SM 58 von Shure – verführen dazu, den Mikrofonkorb hinten zuzuhalten. Dadurch verliert das Mikrofon seine Richtwirkung im Mitteltonbereich, was zu Rückkopplungen führen kann.

81

3.2 Welche Mikrofone verwenden?

Wir wollen uns hier einige Mikrofone ansehen, die in der Praxis häufig verwendet werden. Um zu ermitteln, welche Mikrofone das sind, habe ich bei der Firma Artec (an dieser Stelle einen herzlichen Dank an Schorsch und Thorsten) einen Stapel Rider statistisch ausgewertet. Bei Mehrfachnennungen wurden alle Alternativen gezählt, wurde ein Mikrofon nur ein oder zweimal genannt, wurde es nicht in die Graphik aufgenommen.

Bild 3.13:
Mikrofone an der
Bass-Drum

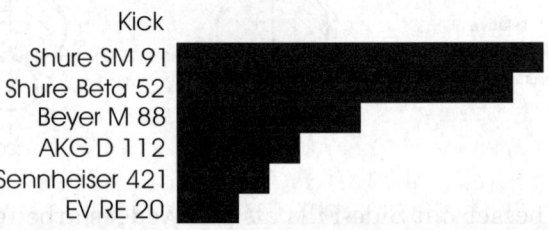

Waren vor einigen Jahren noch das D112 von AKG und das RE20 von ElectroVoice die angesagtesten Mikrofone an der Bass-Drum („Kick"), so haben sich nun zwei Mikrofone von Shure durchgesetzt. Das SM91 ist eine Grenzflächenmikrofon (Bodenscheibe), das einfach nur in die Bass-Drum gelegt wird, es braucht im Gegensatz zum Beta52 kein Stativ. Beiden Mikrofonen gemeinsam ist ein ausgeprägter Nahbesprechungseffekt, der beim „close miking" für einen ordentlichen Pegel im Bass-Bereich sorgt, und eine ordentliche Present-Anhebung, beim Beta52 bei 4kHz, beim SM91 bei 10kHz.

Bild 3.14: Mikrofone an der Snare

Etwas „langweilig" sieht es dagegen bei der Snare aus: Hier ist das Shure SM57 gefragt, die beiden Alternativen, das Beta57 von Shure und das MD421 von Sennheiser, haben nur aufgrund von Mehrfachnennungen ihren Weg in die Statistik gefunden.

Hi-Hat
AKG C 451
Shure SM 81
Any condenser

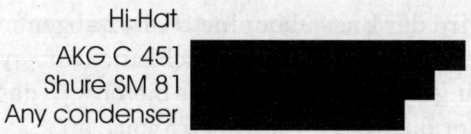

Bild 3.15:
Mkrofone an der
Hi-Hat

Für die Hi-Hat ist eine gute Höhenwidergabe wichtig, deshalb sind hier meist Kondensator-Mikrofone gefordert, beispielsweise das C 451 von AKG oder das SM 81 von Shure. Oft heißt es auch nur *any condenser*.

Toms
Shure SM 57
Sennheiser 421
Shure SM 98
AKG C 418

Bild 3.16:
Mikrofone an den
Toms

An den Toms verwendet man entweder die Stativ-Mikrofone SM 57 von Shure oder MD 421 von Sennheiser, oder aber Clip-Mikrofone wie das SM 98 von Shure oder das C 418 von AKG.

Overhead
Shure SM 81
any condenser
AKG C 414
AKG C 451

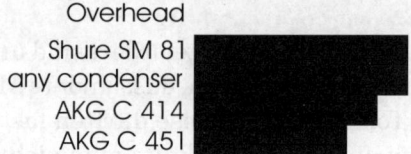

Bild 3.17:
Overhead-
Mikrofone

Für Overhead-Mikrofone, welche ja hauptsächlich die Becken aufnehmen sollen, gilt das Gleiche wie für die Hi-Hat.

Guitar
Shure SM 57
Sennheiser 509

Bild 3.18:
Mikrofone für die
Gitarre

An der Gitarre findet man neben dem „Universal-Klassiker" SM 57 von Shure auch noch das MD 509 (oder inzwischen das e 609) von Sennheiser.

Bass
DI
Sennheiser 421
EV RE 20

Bild 3.19:
Mikrofone am
Bass

In der Regel wird der Bass über eine DI-Box abgenommen, manche Bass-Verstärker haben dafür gleich eine trafo-symmetrierte XLR-Buchse eingebaut. Als Alternative bieten sich das MD421von Sennheiser oder das RE20 von ElectroVoice an.

Bild 3.20:
Mikrofone für den
Gesang

Auch der Gesang ist fest in den Händen der Firma Shure: Am häufigsten wird immer noch der Klassiker SM58 gefordert, gefolgt von seinem Nachfolger, dem Beta58. Wenn es „etwas Besseres" sein darf, dann sieht man den Ruf nach dem Kondensator-Mikrofon Beta87.

Fazit

Wenn hier bestimmte Mikrofone gefordert sind und andere nicht, dann hat dies nichts damit zu tun, dass andere Mikrofone nichts taugen. An den Toms beispielsweise dürften fast alle Mikrofone gut klingen, auch an der Gitarre kann man nicht viel falsch machen, Unterschiede zwischen den einzelnen Mikrofonen lassen sich in aller Regel mit der Klangreglung ausgleichen.

Wenn „die Branche" hier sehr konservativ ist, dann hat dies zwei Gründe: Zum einen ist dies Rücksicht auf die PA-Companies: Wo käme man hin, wenn in jedem Mikrofon-Sortiment allein 17 Mikrofone für die Snare liegen müssten – und es gibt deutlich mehr als 17 Mikrofone, die an der Snare gut klingen.

Zum anderen kennt jeder Tontechniker die gebräuchlichsten Mikrofone, weiß, wo er sie einsetzt und welche Filter man schon mal „blind" einstellen kann.

Wer eine PA-Company betreibt, sollte sich an diesen Standard halten. Wer jedoch eine feste Band betreut, der sollte ruhig ein wenig experimentieren: Es gibt viele andere gute Mikrofone.

Shure SM91

Der Vorteil eines Grenz-
flächenmikrofons an der
Bass-Drum ist die einfa-
che Handhabung: Kabel
angeschlossen und in die
Bass-Drum gelegt – fertig.
Für andere Instrumente
eher nicht geeignet.

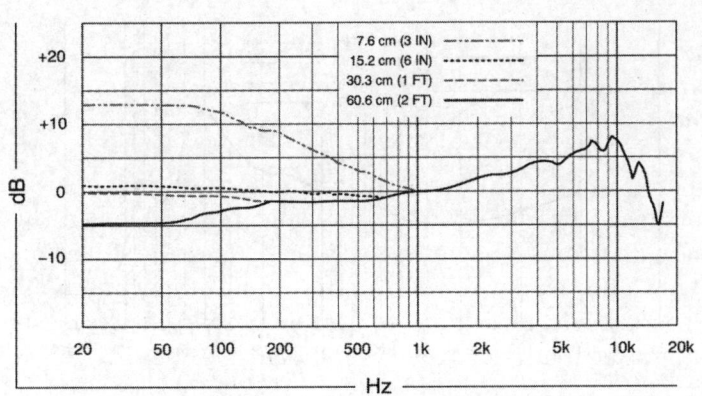

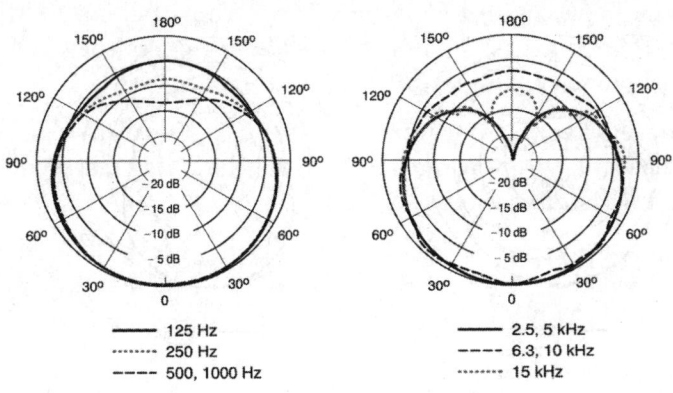

Prinzip:
Kondensator
Charakteristik:
Halbniere
Preis ca.:
350,–
Verwendung:
Bass-Drum

85

Shure Beta 52

Das Shure Beta 52 ist speziell für den Einsatz an der Bass-Drum hin entzerrt: Die Presenz-Anhebung bei 4 kHz hebt den „Klick" deutlich heraus. Durch den ausgeprägten Nahbesprechungseffekt ist die Positionierung etwas kritisch.

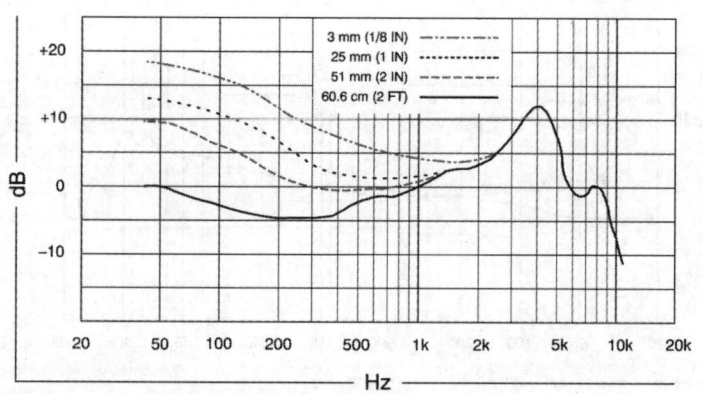

Prinzip:
Dynamisch
Charakteristik:
Superniere
Preis ca.:
250,–
Verwendung:
Bass-Drum

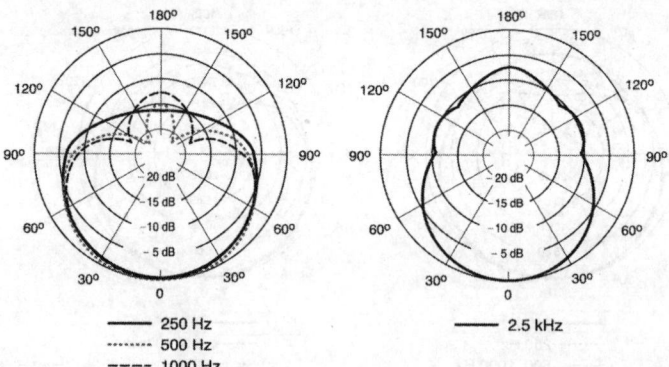

Shure SM81

Das SM81 ist ein Kondensator-Mikrofon mit Nieren-Charakteristik, das gerne für Hi-Hat und Overhead eingesetzt wird. Ein schaltbarer Hochpass hat eine Flankensteilheit von wahlweise 6 db/Oktave oder 18 dB/Oktave.

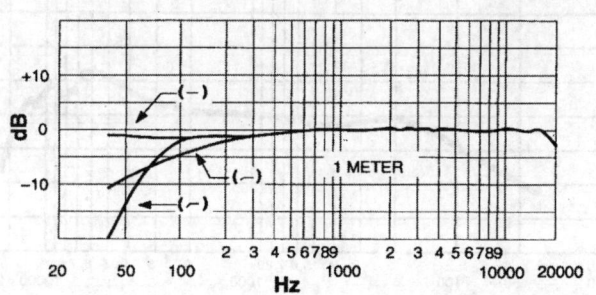

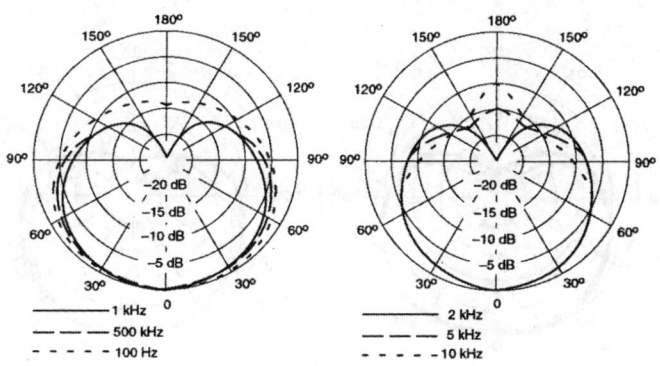

Prinzip:
Kondensator
Charakteristik:
Niere
Preis ca.:
500,–
Verwendung:
Hi-Hat,
Overhead

87

Shure SM57

Der Klassiker an Snare und Gitarre
schlechthin, dem noch nicht einmal sein
Nachfolger Beta57 den Rang streitig
machen konnte. Anhebung von etwa 6
dB bei einer Frequenz von 6kHz.

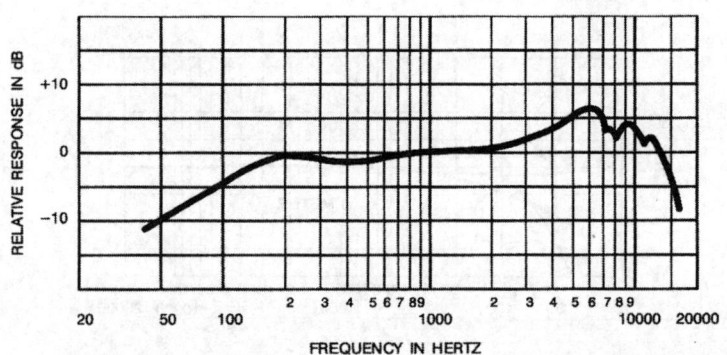

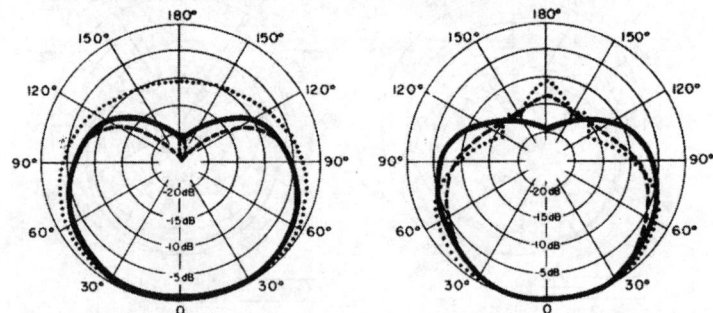

Prinzip:
Dynamisch
Charakteristik:
Niere
Preis ca.:
150,–
Verwendung:
Snare, Toms,
Gitarre

88

Shure Beta 57

Der Nachfolger des Shure SM 57 konnte sich bislang noch nicht so richtig gegen seinen Vorgänger durchsetzen.

Hat im Gegensatz zum SM 57 eine Supernieren-Charakteristik und eine geringere und andere Präsenz-Anhebung.

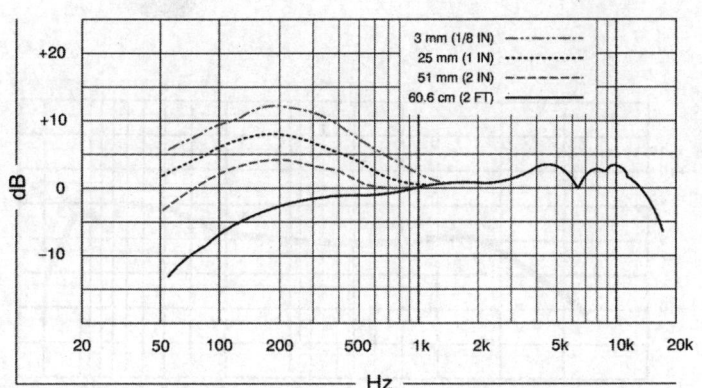

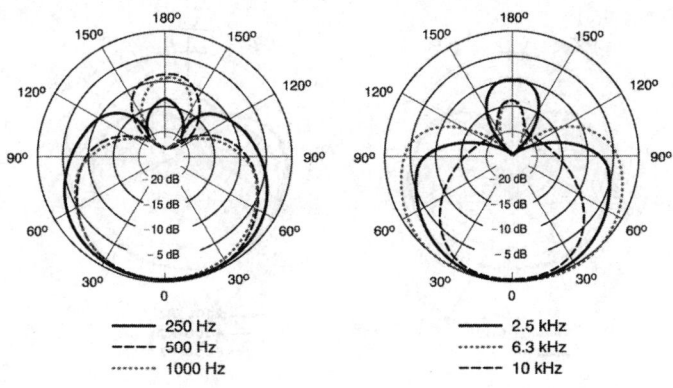

Prinzip:
Dynamisch
Charakteristik:
Superniere
Preis ca.:
200,–
Verwendung:
Snare

89

Shure SM58

Das Shure SM58 ist der Klassiker der Gesangsmikrofone und ähnlich legendär wie das SM57. Im Gegensatz zum Beta58 hat es Nieren-Charakteristik und eignet sich somit eher für Monitoring mit Wedges.

Kleiner Tip am Rande: Hin und wieder neue Mikrofonkörbe spendieren ...

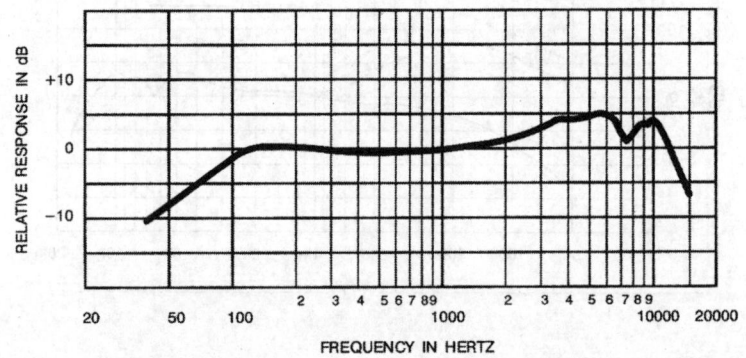

Prinzip:
Dynamisch
Charakteristik:
Niere
Preis ca.:
150,–
Verwendung:
Gesang

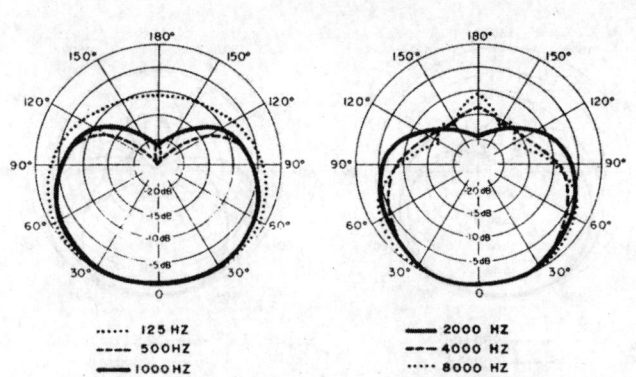

...... 125 HZ
---- 500 HZ
—— 1000 HZ

—— 2000 HZ
--- 4000 HZ
...... 8000 HZ

90

Shure Beta 58

Der Nachfolger des SM 58 hat eine Supernieren-Charakteristik und eignet sich somit mehr zum Monitoring mit Side-Fills.
Im Gegensatz zum SM 58 einen nach oben
hin leicht erweiterten Frequenzbereich.

Bei beiden 58ern besteht das Problem, dass
man gerne den Korb hinten zuhält, was die
Richtwirkung der Mikrofone verschlechtert
und somit Rückkopplungen auslösen kann.

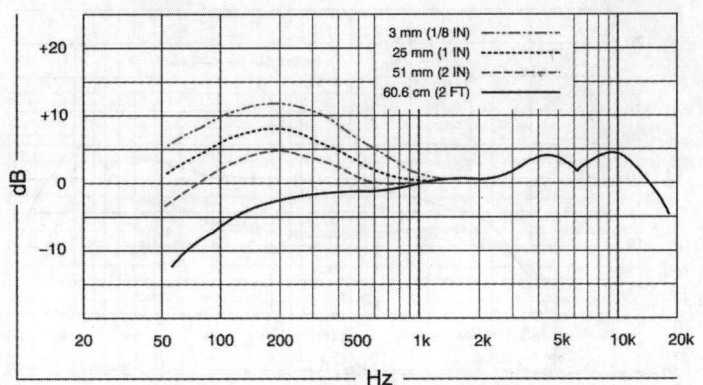

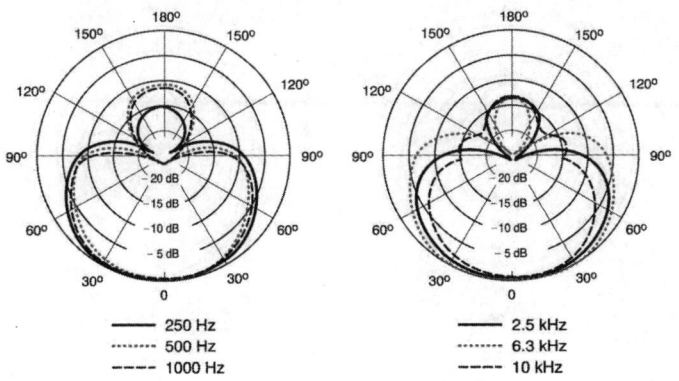

Prinzip:
Dynamisch
Charakteristik:
Superniere
Preis ca.:
200,–
Verwendung:
Gesang

91

Shure Beta87A

Die leidige Frage, ob lieber Wedges und damit Nieren-Charakteristik oder lieber Side-Fills und somit Superniere, wird durch das Beta87 ein wenig entschärft: Das Beta87A hat Supernieren-Charakteristik, das Beta87C Nieren-Charakteristik.

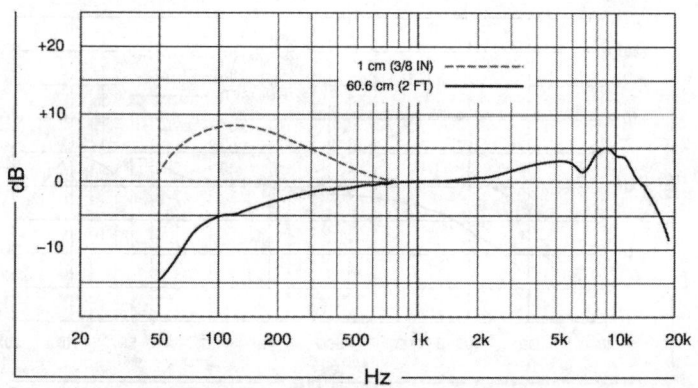

Prinzip:
Kondensator
Charakteristik:
Superniere
Preis ca.:
450,–
Verwendung:
Gesang

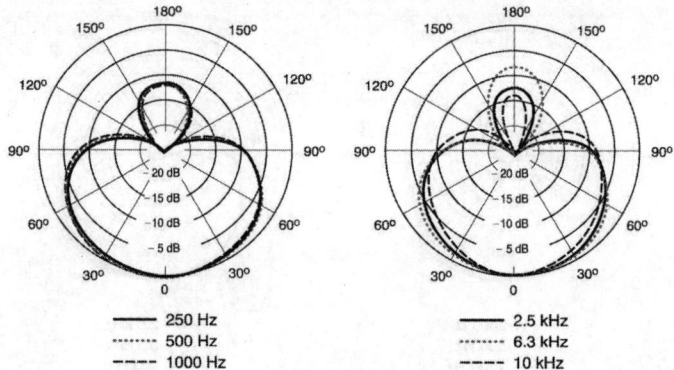

Shure Beta 87 C

Ansonsten handelt es sich um klanglich sehr hochwertige Mikrofone, deren Richtcharakteristik – wie bei Kondensator-Mikrofonen üblich – wesentlich frequenzunabhängiger ist als bei dynamischen Mikrofonen.

Durch die Bauform besteht weniger die Gefahr, dass man den Korb hinten zuhält.

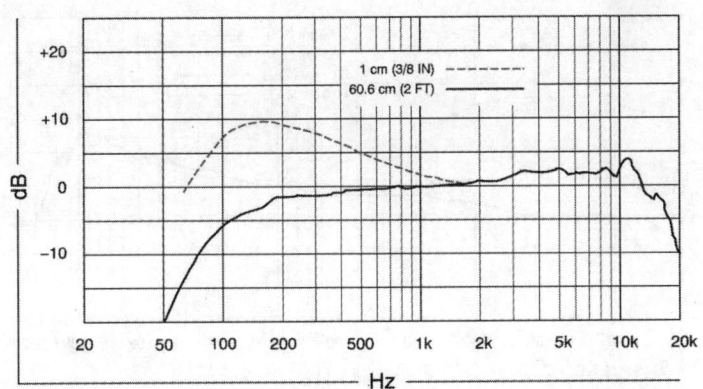

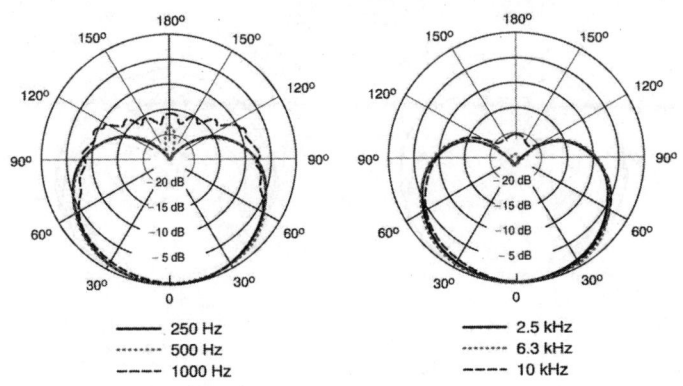

Prinzip:
Kondensator
Charakteristik:
Niere
Preis ca.:
450,–
Verwendung:
Gesang

93

Shure Beta 98

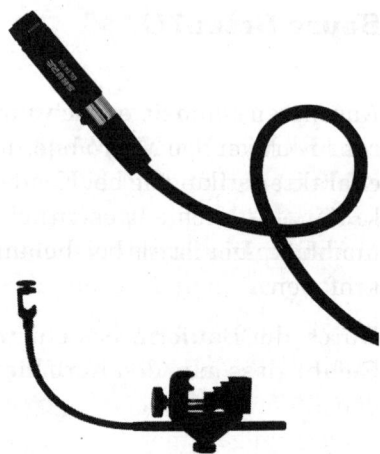

Das Shure Beta 98 ist ein Miniatur-Mikrofon, für das es Klemm- und Schwanenhals-Halterungen gibt. Es eignet sich somit für die unauffällige Abnahme von Toms, aber auch für Klarinetten und Saxophone.

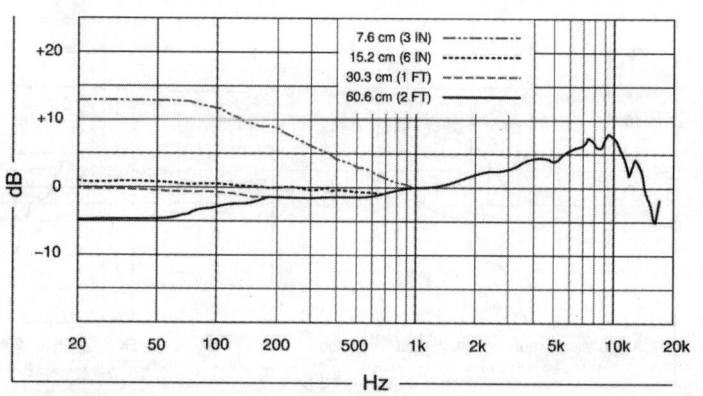

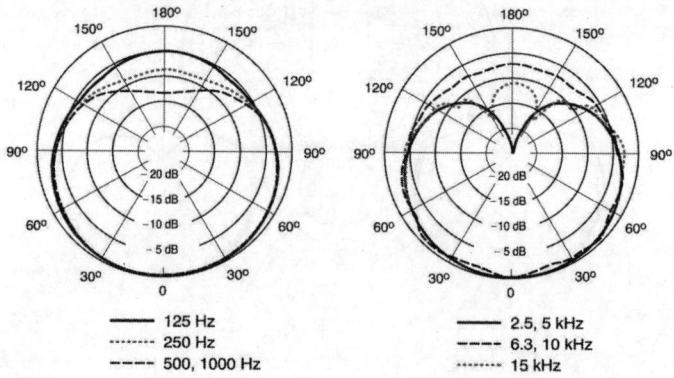

Prinzip:
Kondensator
Charakteristik:
Superniere
Preis ca.:
300,–
Verwendung:
Toms, Bläser

Beyerdynamic M88

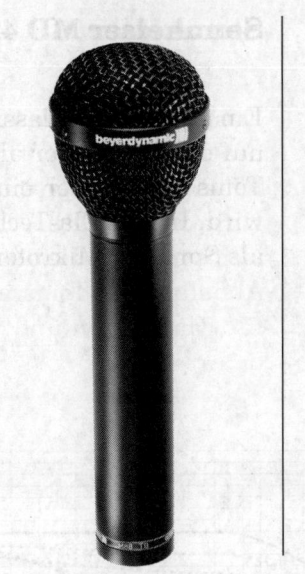

Das M88 ist ein vergleichsweise lineares Mikrofon. Ein Nahbesprechungseffekt ist vorhanden, aber längst nicht so ausgeprägt wie bei einigen Shure-Modellen. Die Präsenzanhebung setzt sehr weich ein und ist sehr zurückhaltend.

Steht selten als Gesangsmikrofon in den Ridern, ist aber als solches hervorragend geeignet.

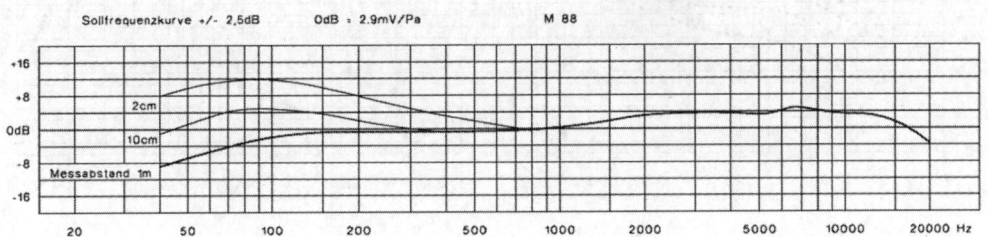

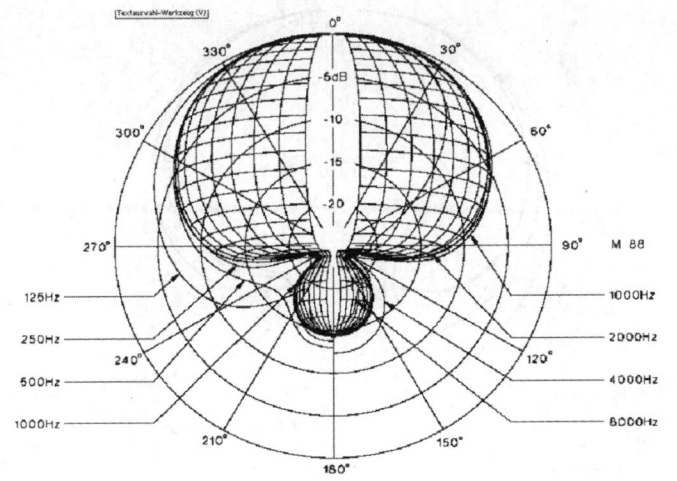

Prinzip:
Dynamisch
Charakteristik:
Hyperniere
Preis ca.:
350,–
Verwendung:
Gesang, Bass-Drum

95

Sennheiser MD 421

Ein universaler Klassiker, der
auf der Bühne vor allem für
Toms und Bläser eingesetzt
wird. In der Ela-Technik oft
als Sprecher-Mikrofon.

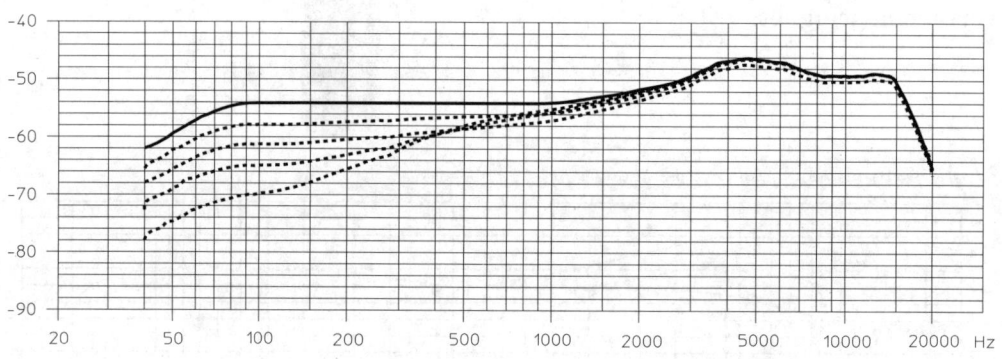

Prinzip:
Dynamisch
Charakteristik:
Niere
Preis ca.:
350,–
Verwendung:
Snare, Toms,
Bläser, Bass,
universal

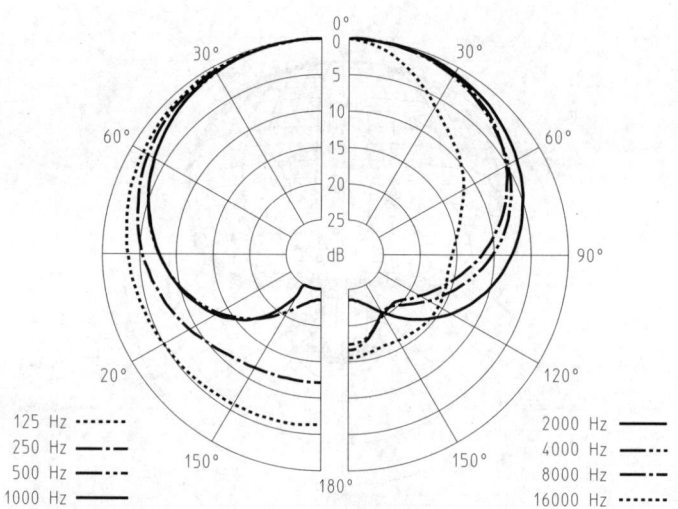

125 Hz
250 Hz
500 Hz
1000 Hz

2000 Hz
4000 Hz
8000 Hz
16000 Hz

Sennheiser e 609

Die 09-Mikrofone (409, 509, inzwischen 609) von Sennheiser werden gerne für Gitarren verwendet. Das 609 hat im Mitten- und Höhenbereich einen sehr linearen Frequenzgang und im Bassbereich einen moderaten Nahbesprechungseffekt.

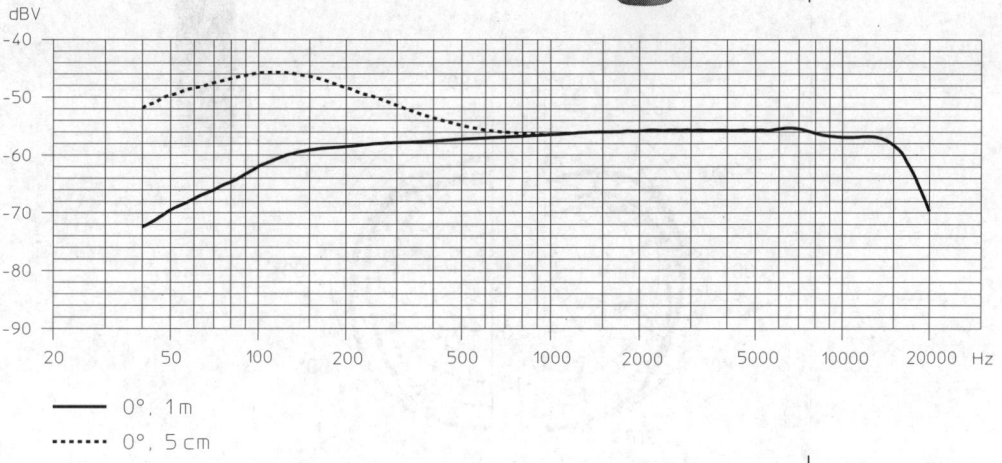

— 0°, 1 m

······· 0°, 5 cm

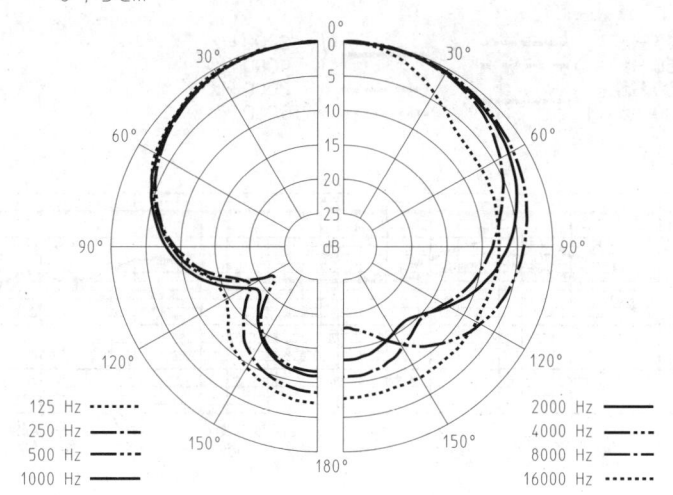

125 Hz ·······
250 Hz —·—
500 Hz —··—
1000 Hz ——

2000 Hz ——
4000 Hz ·····
8000 Hz —·—
16000 Hz ·······

Prinzip:
Dynamisch
Charakteristik:
Superniere
Preis ca.:
150,–
Verwendung:
Gitarre

97

AKG D112

Das D112 wird gerne an der
Bass-Drum verwendet.
Leichte Bass- und Präsenz-
Anhebung, keine ausgepräg-
te Richtwirkung.

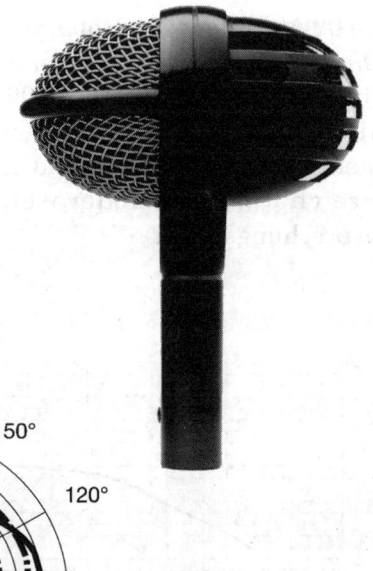

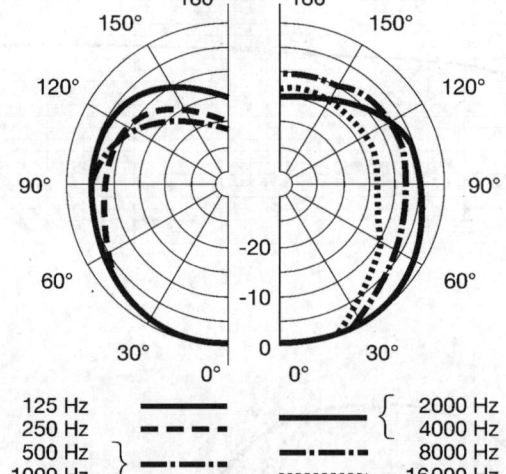

125 Hz	———	{	2000 Hz	———
250 Hz	– – –		4000 Hz	
500 Hz	} –·–·–		8000 Hz	–·–·–
1000 Hz	}		16000 Hz	·········

Prinzip:
Dynamisch
Charakteristik:
breite Niere
Preis ca.:
270,–
Verwendung:
Bass-Drum

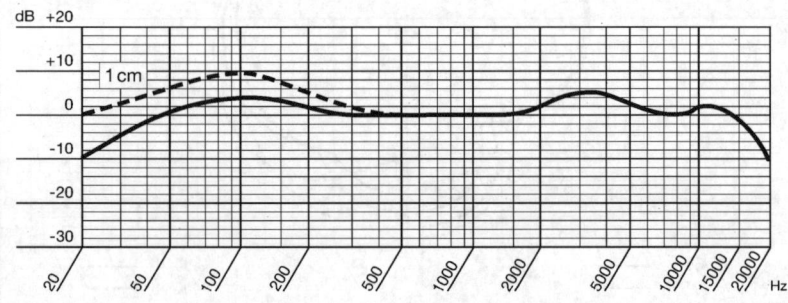

AKG C 414

Beim C 414 von AKG lässt sich die Richtcharakteristik zwischen *Kugel*, *Niere*, *Hyperniere* und *Acht* umschalten. Beachten Sie bitte, dass die Einsprechrichtung quer zur Längsachse des Mikrofons liegt.

Das C 414 wird vor allem für Overhead-Abnahme verwendet.

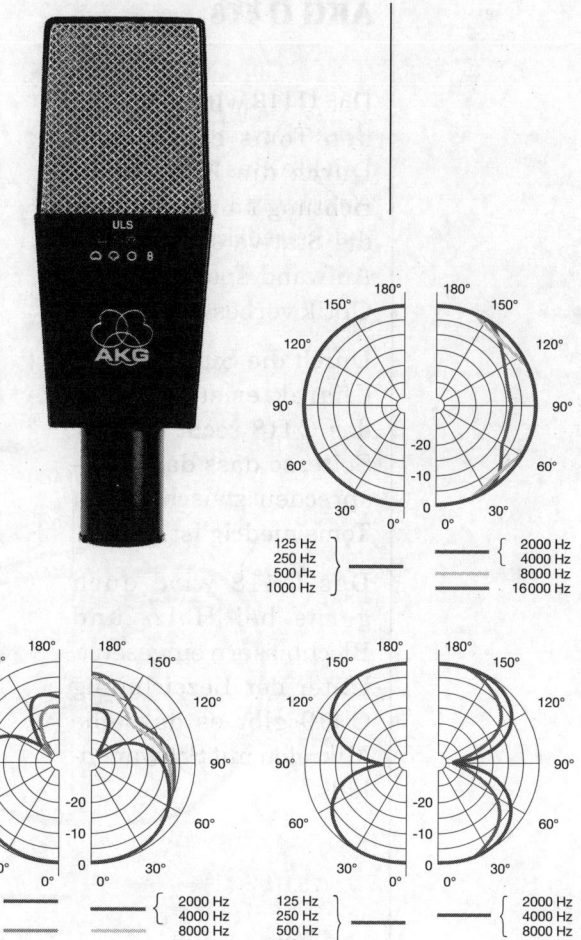

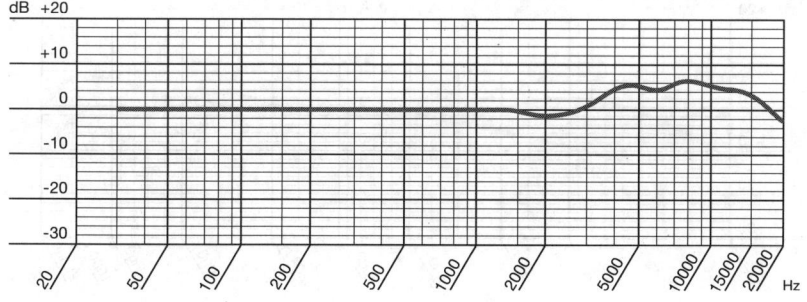

Prinzip:
Kondensator
Charakteristik:
umschaltbar
Preis ca.:
950,–
Verwendung:
Overhead

99

AKG C 418

Das C 418 wird gerne an den Toms eingesetzt. Durch die Klemmvorrichtung kann man sich die Stative sparen, was Aufwand spart und die Optik verbessert.

Durch die Supernieren-Charakteristik trennt das C 418 recht gut zur Seite, so dass das Übersprechen zwischen den Toms niedrig ist.

Das C 418 wird auch gerne bei Holz- und Blechbläsern eingesetzt. Unter der Bezeichnung C 419 gibt es dasselbe Mikrofon mit Schwanenhals.

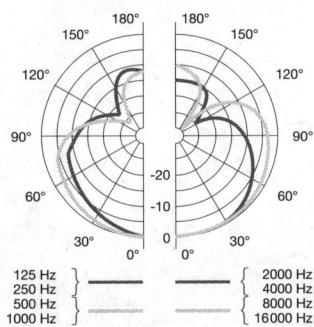

Prinzip:
Kondensator
Charakteristik:
Hyperniere
Preis ca.:
200,–
Verwendung:
Toms, Bläser

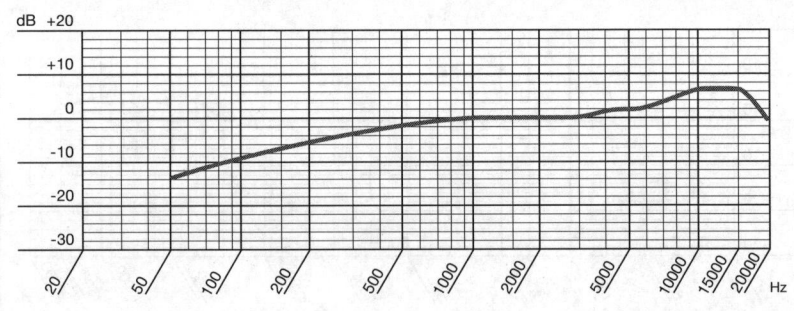

AKG C 451

Das C 451 von AKG ist ein Klein-
membran-Kondensatormikrofon, das
gerne an der Snare und für die Overhead-Abnahme verwendet wird.
Durch eine schaltbare Vordämpfung
(10 oder 20 dB) können auch sehr laute Quellen aufgenommen werden.

Des Weiteren besitzt das Mikrofon einen zuschaltbaren Hochpass mit den
Eckfrequenzen 75 und 150 Hz.

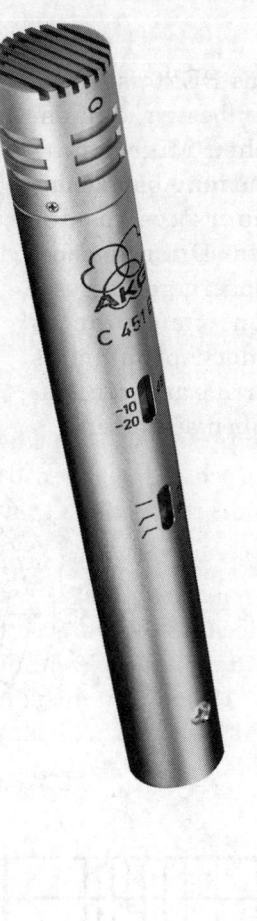

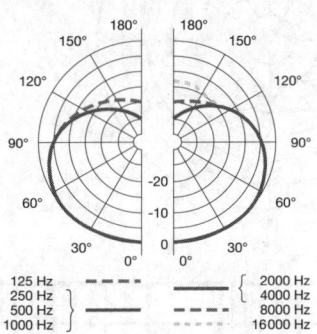

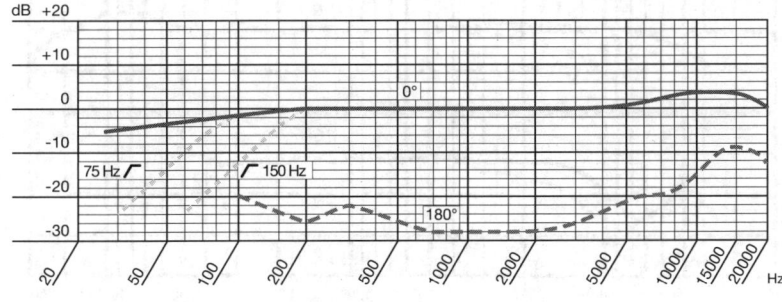

Prinzip:
Kondensator
Charakteristik:
Niere
Verwendung:
Hi-Hat, Oberhead

101

ElectroVoice RE 20

Das RE 20 ist eines
der besten dynami-
schen Mikrofone –
und mit Abstand das
teuerste. An der
Bass-Drum und bei
Bläsern gerne gese-
hen, man kann es
jedoch problemlos
für alle anderen Auf-
gaben einsetzen.

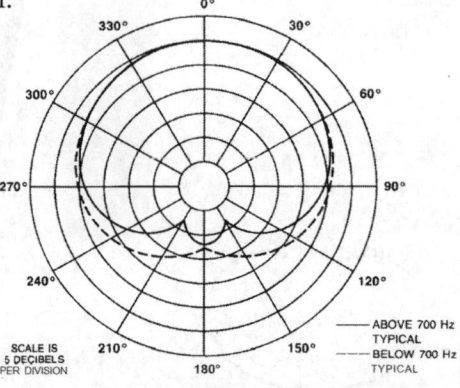

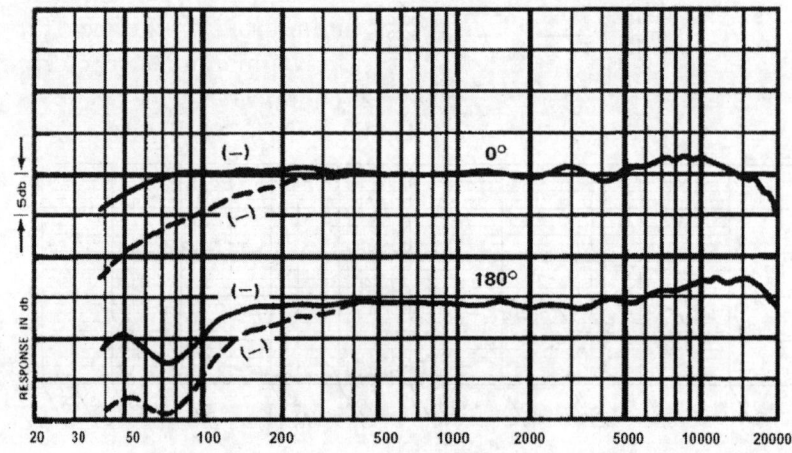

Prinzip:
Dynamisch
Charakteristik:
Niere
Preis ca.:
800,–
Verwendung:
Bass-Drum,
Bläser,
eigentlich alles

Neumann KMS 105

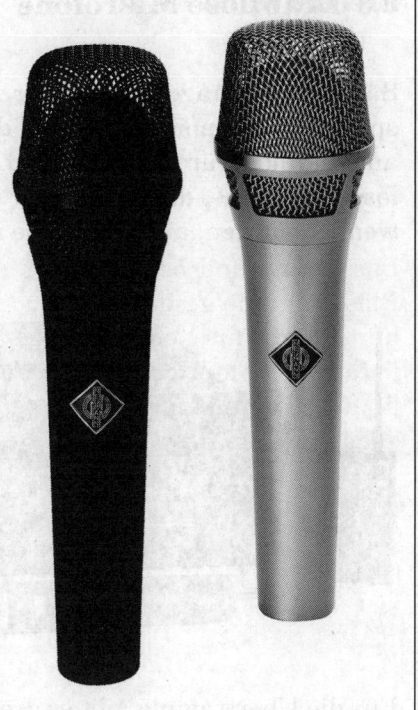

Normalerweise stellt Neu-
mann sehr gefragte Studio-
Kondensator-Mikrofone her.
Mit dem KMS 150 hat man
das gesammelte Know-How
auf einen Gesangsmikrofon
übertragen. So kommt bei-
spielsweise als Feuchtig-
keitsschutz kein Schaum-
stoff, sondern mehrere Lagen Gaze zum Einsatz, was
zu klareren Höhen führt.

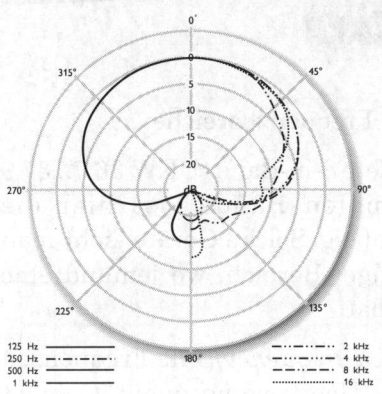

Leichte Präsenzanhebung,
die erst bei 12 kHz liegt.

Und der Preis: Für ein Büh-
nenmikrofon recht hoch, für
ein Neumann fast schon ein
Schnäppchen.

Prinzip:
Kondensator
Charakteristik:
Superniere
Preis ca.:
500,–
Verwendung:
Gesang

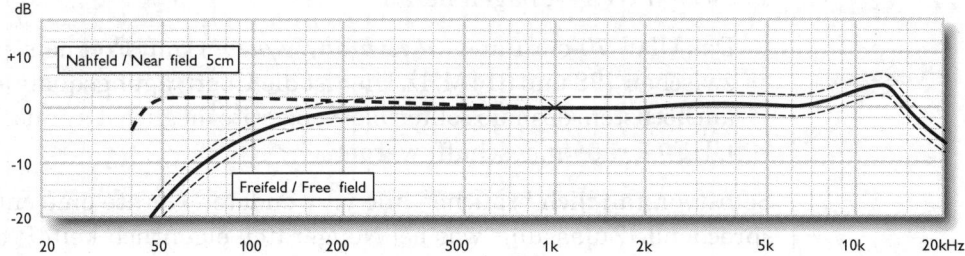

3.3 Drahtlose Mikrofone

Sänger und Sängerinnen – vor allem jene, die kein Instrument spielen – wollen sich meist auf der Bühne „austoben", ein Kabel am Mikrofon wäre dabei störend. Aus diesem Grund haben drahtlose Mikrofone, die anfänglich vor allem beim Fernsehen verwendet wurden, auf der Bühne ihren festen Platz gefunden.

Bild 3.13:
UHF-Anlage
von Shure

Für die Übertragung gibt es drei Frequenzbereiche:

■ Das heute kaum noch verwendete 8-m-Band (UKW, 36,7...37,9 MHz). Aufgrund der schmalen Bänder ist hier die Übertragungsqualität recht lausig. Solche Geräte sieht man manchmal noch im Low-Budget-Bereich, wo jemand eine Altanlage günstig erstanden hat.

■ Das VHF-2-m-Band (*very high frequency*) mit Frequenzen zwischen 174 und 233 MHz. Die Übertragungsqualität genügt hier professionellen Ansprüchen, reicht aber nicht ganz an die von UHF-Anlagen heran.

■ Das UHF-70-cm-Band (*ultra high frequency*) mit Frequenzen zwischen 798 und 814 MHz. Hier ist die Übertragungsqualität am höchsten, deshalb sollten als Neugeräte möglichst nur noch UHF-Geräte angeschafft werden.

Selbstverständlich brauchen alle verwendeten Geräte eine entsprechende Zulassung, was bei Neugeräten eigentlich kein Problem mehr ist.

Taschen- und Handsender

Auf der Bühne werden drahtlose Mikrofone vor allem als Gesangsmikrofone eingesetzt. Hier wird der Sender, die Mikrofonkapsel und die Batterie in ein Handgehäuse eingebaut. Bei einer innenliegenden Antenne muss dabei zwingend ein Kunststoff-Gehäuse verwendet werden, weil ansonsten das Sendesignal vom Gehäuse abgeschirmt würde.

Mehrere Hersteller bieten Aufsteckmodule an, die auf ein vorhandenes Mikrofon aufgesteckt werden können – ansonsten wäre man durch die Wahl des Mikrofons bereits auf den Hersteller der Anlage festgelegt.

Möchte der Künstler beide Hände frei haben, dann kann ein Kopfbügel-Mikrofon eingesetzt werden, welches dann an einen Taschensender angeschlossen wird. Solche Taschensender gibt es auch für den Anschluss an Gitarren, diese stellen jedoch keine Spannung zur Speisung von Kondensator-Mikrofonen zur Verfügung.

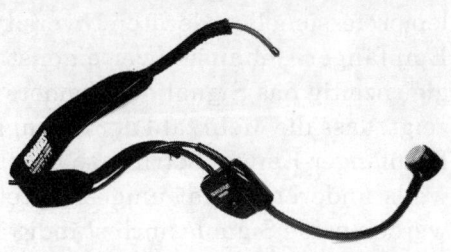

Bild 3.14:
Nackenbügel-
Mikrofone
Shure WH 20

Im Theater- und Musical-Bereich werden gerne Miniatur-Mikrofone verwendet, die man den Spielern möglichst unauffällig irgendwo ins Gesicht klebt. Leider setzen sich diese Mikrofone im Laufe der Zeit mit Schweiß und Schminke zu und klingen dann dumpf. Zunächst lässt sich das durch Reinigen des Korbes beheben, irgendwann aber muss das Mikrofon getauscht werden, zumal auch die dünnen Leitungen naturgemäß nicht die stabilsten sein können und zu knacken beginnen.

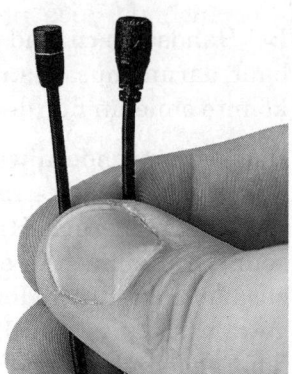

Bild 3.15:
Mikroport-Mikrofone
Sennheiser
MKE 2

Ein kleiner Tip am Rande: Man kann die Lebensdauer von „Mikroport-Strippen" deutlich erhöhen, wenn man unter die Kapsel ein Stück Pflaster klebt, welches den Schweiß und die Schminke etwas abhält. Wenn man dann der Maske noch erzählt, wie schrecklich teuer und empfindlich diese Mikrofone sind und auch die Künstler zu besonderer Vorsicht ermahnt, dann kann man Einsatztage im unteren dreistelligen Bereich erreichen.

Diversity

Bei der Übertragung über eine Funkstrecke kann es immer wieder mal zu Störungen kommen. Deshalb verwendet man bei allen professionellen Geräten Diversity-Empfänger: Dabei sind im Empfänger-Gehäuse zwei eigenständige Empfänger, welche gleichzeitig das Signal des Senders empfangen. Die Erfahrung zeigt, dass die Mehrzahl der Störungen nur einen dieser beiden Empfänger-Kanäle betrifft, so dass im Störungsfall auf den jeweils anderen Kanal umgeschaltet werden kann (manchmal werden beide Signale auch ständig addiert).

Antennen

Bei Handsendern sind die Antennen fest in das Gehäuse eingebaut, darum muss man sich keine Gedanken mehr machen, hier könnte ohnehin nur der Hersteller optimieren.

Bei Taschensendern wird die Sendeleistung entweder über das Mikrofonkabel abgestrahlt, oder aus dem Sender hängt ein Draht als Antenne heraus. Hier besteht die Gefahr, dass der Künstler sein Gerät einfach in die Tasche steckt und damit die Antenne zusammenknüllt, wodurch eine optimale Abstrahlung nicht mehr gewährleistet ist. Auch die Idee, zu langes Mikrofonkabel um das Sendergehäuse herum zu wickeln, geht nicht unbedingt mit den Erfordernissen einer optimalen HF-Abstrahlung konform.

Einzelne Empfänger werden normalerweise mit zwei Teleskop-(VHF) oder Stabantennen (UHF) geliefert. Steht der Empfänger auf der Bühne, beispielsweise am Monitorplatz, dann sollte das bei normalen Verhältnissen überhaupt kein Problem sein, und auch am Frontplatz funktioniert der Empfänger meist einwandfrei.

Die Verwendung mehrerer Empfänger würde jedoch zu einem ziemlichen „Antennenwald" führen. Hier setzt man dann einen Antennen-Splitter ein, der das über zwei Antennen aufgenommene Signal an mehrere Empfänger verteilt. Bessere Geräte arbeiten hier aktiv, also mit einem eingebauten Verstärker, der die einzelnen Ausgänge voneinander entkoppelt.

Bei großen Bühnen oder schwierigen Empfangsverhältnissen stellt man gerne auf die linke und auf die rechte Bühnenseite einen Empfänger und speist die Signal in den ersten beziehungsweise zweiten Diversity-Kanal. Da auch lange Leitungen nicht gerade das empfangene Signal verbessern, sollten weit vom Splitter aufgestellte Antennen bereits einen eingebauten Aufholverstärker haben.

Im Theater wird selten mit einem Monitormischer gearbeitet. Steht die Empfängeranlage auf der Bühne, dann sieht kein Tontechniker auf die Anzeige und sorgt im Zweifelsfall dafür, dass Geräte wieder angeschaltet oder Batterien gewechselt werden. Hier kann es helfen, ein kleines, billiges Kamera-Modul auf das Empfänger-Rack zu richten und das Bild am Frontplatz anzuzeigen. Steht das Empfängerrack am Frontplatz, dann kann man über Richtantennen nachdenken, wenn der Empfang Probleme machen sollte.

Batterien

Es ist ziemlich peinlich, wenn der Sender wegen einer leeren Batterie während der Show ausfällt. Deswegen wird oft für jede neue Show eine neue Alkali-Mangan-Batterie eingesetzt. „Angebrochene" Batterien werden dann während der Proben oder in weniger wichtigen Geräten (bsp. Messgeräte) aufgebraucht.

Gerade im Theater- und Musical-Bereich, wo leicht mal ein dutzend Sender zusammenkommen können, ist dies jedoch eine ziemliche Verschwendung, zumal sich irgendwann auch keine Sekundärverwendung finden lässt. Die Verwendung von Akkus ist letztlich kaum unzuverlässiger, erfordert aber eine größere Sorgfalt:

- Problem bei Akkus ist der Memory-Effekt. Vereinfacht ausgedrückt verringert sich die Kapazität eines Akkus, wenn dieser regelmäßig nicht vollständig entladen wird. Um solche Effekte zu vermeiden, gibt es Ladegräte, welche vor einem Ladevorgang zunächst eine vollständige Entladung durchführen. Andere Ladegeräte wirken diesem Effekt mit Hochstrom-Impulsen entgegen. Was auch immer eingesetzt wird: Das Ladegerät sollte dem Memory-Effekt entgegenwirken.

- Jeder Akku bekommt eine eindeutige Nummer, damit man ihn jederzeit identifizieren kann. In regelmäßigen Abständen wird jeder Akku von einem Ladegerät geladen, welches dabei die Kapazität misst (www.elv.de). Das Ergebnis wird in eine Tabelle eingetragen. Sobald der Akku zu sehr „schwächelt", wird er für andere Aufgaben eingesetzt.

- Die Tiefentladung verkürzt deutlich die Lebensdauer von Akkus. Deshalb keine Geräte angeschaltet lassen. Manche Ladegeräte entladen die Akkus, wenn sie vom Netz genommen werden. Insbesondere bei Anlagen, die saisonal eingesetzt werden, können hier böse Überraschungen auftreten, wenn man nach einigen Monaten wieder nach den Akkus schaut.

  Generell sollten Akkus immer nur geladen gelagert werden, und eigentlich sollte man sie wenigstens einmal im Quartal einem Entlade-Lade-Vorgang unterziehen.

- Es wird für jeden Sender-Typ gemessen, nach welcher Zeit er mit einem frisch geladenen Akku aussteigt. Für diese Messung wird – sicher ist sicher – ein Signal übertragen. Von dieser Messung zieht man einen Sicherheitsabschlag von etwa 30 % ab. Bei längeren Veranstaltungen muss dann halt in der Pause gewechselt werden.

- Je höher die Temperatur, desto höher die Selbstentladung. Bei „brüllender Hitze" kann es schon einmal vorkommen, dass Akkus nur noch ein Drittel der normalen Lebensdauer haben.

- Prinzipiell sollte man Akkus eher langsam (14 Stunden) als schnell (1 Stunde) laden. Für den Fall, dass mal das Laden vergessen wurde, sollten die Ladegeräte die Möglichkeit der Schnellladung haben – moderne Akkus sind ohnehin dafür ausgelegt.

- Sind mehrere Akkus in Reihe geschaltet, wie dies bei 1,5-V-Zellen eigentlich immer der Fall ist, dann sollten diese Akkus immer gemeinsam geladen und gemeinsam entladen werden, damit sie sich gleichmäßig abnutzen. Auch dafür ist die Nummerierung der Akkus nötig.

3.4 DI-Boxen

Musikinstrumente wie Gitarren, Bassverstärker oder Keyboards haben in der Regel unsymmetrische Ausgänge, in der Regel als Klinkenbuchse. Dies mag im Projektstudio funktionieren, auf der Bühne würde man sich mit unsymmetrischer Leitungsführung jedoch zu viele Störungen einfangen. Deshalb verwendet man einen Übertrager (Trafo) zur Symmetrierung. Dabei werden die Signale gleich galvanisch getrennt, so dass auch Brummschleifen wirksam vermieden werden. Einen solchen Übertrager, mit den dazugehörenden Buchsen in ein kleines, handliches Gehäuse eingebaut, nennt man DI-Box.

Bild 6.16 zeigt das Schaltbild einer solchen, einfachen DI-Box. Der Masseanschluss der XLR-Buchse ist dabei mittels eines Schalters mit dem Gehäuse

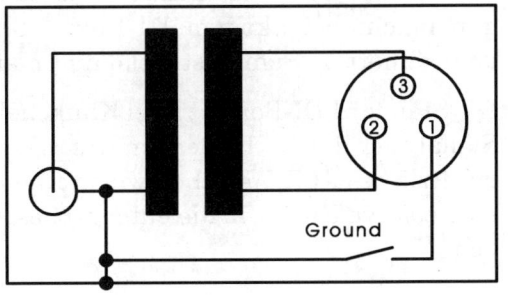

Bild 3.16:
Prinzipschaltbild
einer DI-Box

verbunden. Geräte, die direkt oder indirekt mit dem Schutzleiter verbunden sind, dürfen keine zusätzliche Masseverbindung über die Signalleitung haben, sonst entsteht eine Brummschleife: Der Schalter ist hier zu öffnen. Geräte ohne Schutzleiterverbindung – akustische Gitarren beispielsweise oder Geräte der Schutzklasse 2 – benötigen dagegen einen Masseanschluss zur Ableitung von Einstreuungen: Hier ist der Schalter zu schließen.

Bild 3.17:
Passive DI-Box

In der Praxis macht man sich selten Gedanken über die Schutzleiterverbindung der betreffenden Geräte, man probiert beide Schalterstellungen, und was weniger brummt, ist richtig.

Passive DI-Boxen transformieren die angelegte Spannung in der Regel herunter – anders ist es nicht möglich, bei einer geringen Ausgangsimpedanz eine erträglich hohe Eingangsimpedanz zu erhalten. Eine Alternative dazu besteht darin, in die DI-Box einen kleinen Verstärker einzubauen. Dieser benötigt dann allerdings eine Stromversorgung, entweder über Batterien (die immer im ungünstigsten Moment leer sind) oder über Phantomspeisung.

DI-Boxen sind in der Regel für Line-Pegel ausgelegt. Muss man sie parallel zu einer Lautsprecherbox betreiben, dann sollten sie einen Abschwächer besitzen, denn andernfalls würde der Übertrager übersteuern und somit verzerren. Weitere Features wie ein schaltbarer Hochpass oder ein Phasenwender sind dagegen eher überflüssig – solche Sachen stellt man besser am Mischpult ein. Allenfalls ein Tiefpass zur Vermeidung von HF-Einstreuungen macht bei aktiven DI-Boxen Sinn, denn was einmal demoduliert im Signal ist, bekommt man nie wieder heraus.

Die Standard-DI-Box hat zwei Klinkeneingänge (damit man das Signal auch durchschleifen kann) sowie einen XLR-Ausgang. Ein zusätzliches XLR-Weibchen wie in Bild 3.17 würde es erlauben, eine passive DI-Box in die entgegengesetzte Richtung zu betreiben.

3.5 CD, DAT, Minidisc

Als Aufnahme- und Wiedergabegeräte haben sich inzwischen digitale Lösungen vollständig durchgesetzt. Mögen analoge Spulentonbandgeräte in Tonstudios wegen ihres spezielen Klangs noch ihre Berechtigung haben, für den Bühneneinsatz sind sie zu groß und empfindlich sowie die Bänder zu teuer.

Bei der Digitalisierung analoger Signale wird ein paar tausend Mal in der Sekunde die Spannung gemessen und in einen digitalen Wert gewandelt. Die Häufigkeit, mit der dies geschieht, nennt man die Abtastrate oder Wandlerfrequenz. Sie liegt bei 44,1 kHz (CD) oder 48 kHz (DAT). Professionelle DAT-Geräte lassen sich auf eine Wandlerfrequenz von 44,1 kHz umschalten, was dann sinnvoll ist, wenn eine Aufnahme anschließend zu einer CD weiterverarbeitet werden soll (es gibt zwar Abtastratenwandler, die durchaus auch brauchbar arbeiten, aber eine Klangverbesserung nehmen sie damit nun einmal nicht vor).

Die Genauigkeit („Auflösung"), mit der diese Umwandlung erfolgt, liegt normalerweise bei 16 bit, damit ist eine theoretische Dynamik von 96 dB möglich. Ist gibt inzwischen auch Geräte, die mit 88,2 beziehungsweise 96 kHz und/oder einer Genauigkeit von 24 bit (das entspricht einer theoretischen Dynamik von 144 dB) arbeiten. So etwas mag im Sprechtheater noch Sinn machen, im Konzertbereich hört man den Unterschied aber weder bei einer Einspielung noch bei einem Mitschnitt.

CD

Eine *Compact Disc* ist ein metallbeschichtete Kunststoffscheibe mit dem Durchmesser von 5¼". In diese Metallschicht sind Vertiefungen eingepresst oder eingebrannt, in denen das Signal mit einer Abtastrate von 44,1 kHz und einer Auflösung von 16 bit gespeichert ist. Mit Hilfe von CD-R-Medien („Rohlinge") und einem Brenner lassen sich CDs auch selbst herstellen, die dann auch von normalen CD-Spielern wiedergeben lassen (zumindest fast immer).

Im Betrieb „on the road" müssen es nicht unbedingt teure, professionelle CD-Spieler sein, meist reicht es, ein Gerät aus dem Hifi-Bereich ordentlich in ein Rack einzubauen. Dafür sind jedoch nicht alle Geräte geeignet: Manche Geräte reagieren auf Erschütterungen, wie sie immer mal vorkommen können, wenn alkoholisiertes Publikum gegen das Side-Rack torkelt, mit Aussetzern, bei anderen Geräten leidet durch den permanenten Transport die Mechanik, dann passieren Aussetzer auch schon ohne Erschütterung. Gute Erfahrungen habe ich in diesem Zusammenhang mit transportablen Consumer-Geräten gemacht – wenn man mit dem Gerät joggen kann, wird so schnell nichts passieren. (Und außerdem kann man dann das Gerät mal schnell mitnehmen, wenn man zur Fehlersuche eine Signalquelle braucht.)

Bild 3.18: Doppel-CD-Player Gemini CDS 1000

Für den DJ-Betrieb müssen es dann Geräte sein, welche leicht zu bedienende Elemente und gut abzulesende Anzeigen haben, außerdem muss sich die Geschwindigkeit einstellen lassen. Da ein DJ auch immer zwei von solchen Geräten braucht, sollte man dafür einen entsprechenden Doppel-CD-Player verwenden.

DAT

Wenn von DAT-Geräten gesprochen wird, dann meint man in der Regel R-DAT-Geräte, die mit einer rotierenden Trommel (daher das „R") im Schrägspurverfahren das Signal aufzeichnen. Durch die kleine absolute Bandgeschwindigkeit kommt man mit sehr wenig Band und somit mit sehr kleinen Kasetten aus. Normalerweise liegt die Abtastrate bei 48 kHz und die Auflösung bei 16 bit. Die Abtastrate kann bei manchen Geräten umgeschaltet werden, beispielsweise auf CD-kompatible 44,1 kHz.

S-DAT-Geräte, die einen stationären Tonkopf verwenden, gibt es als Spulentonbandmaschinen mit beeindruckend hohem Bandverbrauch im Studiobereich, aber auch hier setzten sich andere Verfahren durch.

Mit DAT-Geräten kann man aufnehmen und wiedergeben. Allerdings muss man, um zu einer bestimmten Stelle gelangen, unter Umständen längere Spulvorgänge abwarten, während eine CD oder Minidisc lediglich den Abtastkopf positionieren muss. Nach meiner Erfahrung sind DAT-Geräte mechanisch deutlich empfindlicher als CD- oder Minidisc-Spieler, und die Justierung der Trommel ist kein billiges Vergnügen. Wenn jedoch das Problem darin besteht, dass der Motor lange Bänder einfach nicht gleichmäßig transportiert (kommt bei Consumer-Geräten öfters mal vor), dann hilft der alte Trick, das Band vor der Aufnahme (oder Wiedergabe) einmal vollständig vor- und zurückzuspulen.

Minidisc

Bei einer Minidisc wird mittels eines magneto-optischen Verfahrens auf eine Scheibe mit einem Durchmesser von 2,5" aufgenommen, die wie eine Computer-Diskette in einem Gehäuse untergebracht ist. Das Signal wird mit einer Abtastrate von 44,1 kHz und einer Auflösung von 16 bit gespeichert, dabei allerdings komprimiert, so dass trotz des geringeren Durchmessers im Vergleich zur CD etwa gleich viel aufgenommen werden kann. Durch das magneto-optische Verfahren kann die Minidisc ohne vorherige Lösung erneut beschrieben werden.

Die Minidisc eignet sich nicht nur für Mitschnitte von Live-Veranstaltungen, sondern auch für Einspielungen im Theater-Bereich, da hier keine Spulvorgänge anfallen. Vorsicht: Manche transportablen Consumer-Geräte geben beim Start einen nicht abschaltbaren Quittungston aus.

3.6 Computer

Mittels einer Soundkarte wird auch ein Computer zu einem brauchbaren Aufnahme- und Wiedergabesystem. Hier soll nun nicht auf die zahlreichen Harddisc-Recording- und MIDI-Systeme eingegangen werden – das würde nun den Rahmen völlig sprengen – sondern auf ein DJ- und ein Zuspielsystem.

BPM-Studio

Mittels der Kompression durch MP3 kann man das Datenvolumen von Musik ohne allzu große Einbußen bei der Klangqualität auf etwa 1 MB pro Minute reduzieren. Eine vollständige CD hätte dann – je nach dem, wie voll sie ist – ein Datenvolumen von etwa 50 bis 70 MB. Auf eine handelsüblich 60-GB-Festplatte würde man den Inhalt von etwa 1000 CDs bekommen – bei drastisch weniger Transportvolumen. Was liegt also näher, als seine gesamte CD-Sammlung auf den Rechner zu spielen und ab sofort mit dem Computer die Disco zu fahren.

Für diesen Zweck gibt es mehrere professionelle Lösungen, deren Oberfläche Doppel-CD-Spielern nachempfunden ist und an die sich externe Bedien-Panel anschließen lassen, beispielsweise das BPM-Studio der Firma AlcaTech.

Neben den zwei MP3-Playern findet man hier einen CD-Player als dritten Abspieler, einen Sampel-Player, ein Mischpult, einen Equalizer usw. Des Weiteren lässt sich das Programm auch über eine Netzwerkverbindung steuern und somit automatisieren oder beispielsweise mit einer Lichtsteuerung koppeln.

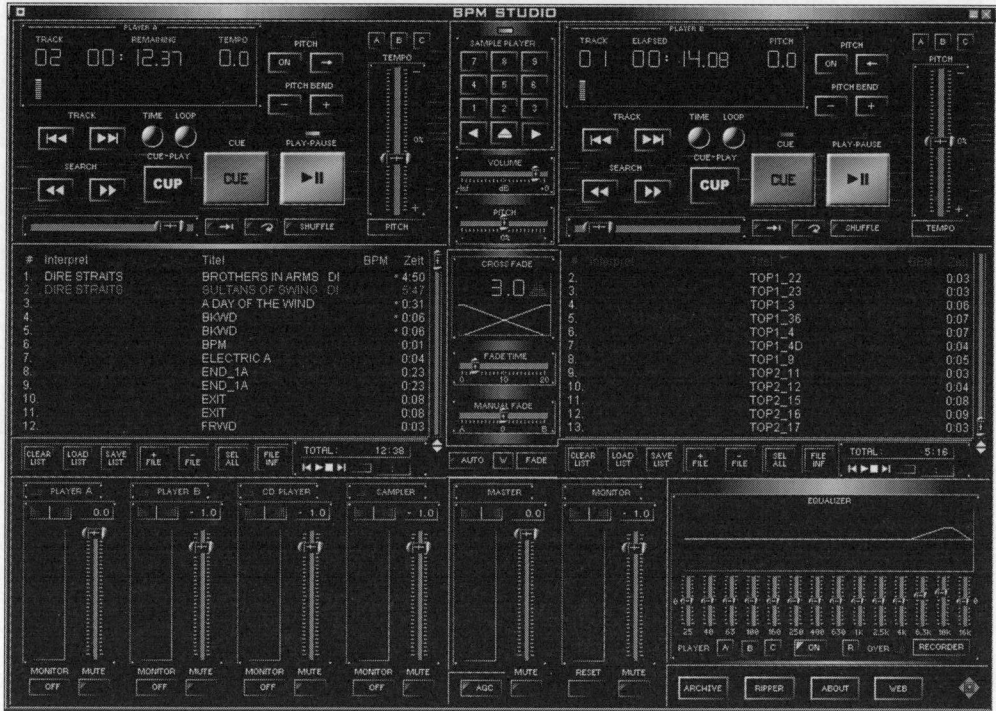

Bild 3.19: PC-gestütztes DJ-System AlcaTech BPM-Studio

Der große Vorteil von rechnergestützen Lösungen ist, dass man beim Transport alles in einer Kiste und bei der Bedienung alles auf einem Schirm hat. Beim Suchen nach einem Stück wühlt man nicht bei ungünstiger Beleuchtung in irgendwelchen Koffern, sondern man sortiert seinen Bestand nach Künstler oder Titel. Eine Playliste kann man anlegen und abspeichern – aber natürlich dann auch live davon abweichen, wenn es erforderlich sein sollte. Und auf eine 20-GByte-Notebookfestplatte bekommt man mehr als 10 Tage Musik gespeichert ...

115

Teatro

Eine ganz andere Zielgruppe bedient das System Teatro von ROS-Software (www.ros-software.de): Hier geht es um Einspielungen von Musik und Geräusche für Theater, Musical oder Fernsehen: Bis zu acht Wave-Files können gleichzeitig geladen und auch gleichzeitig abgespielt werden.

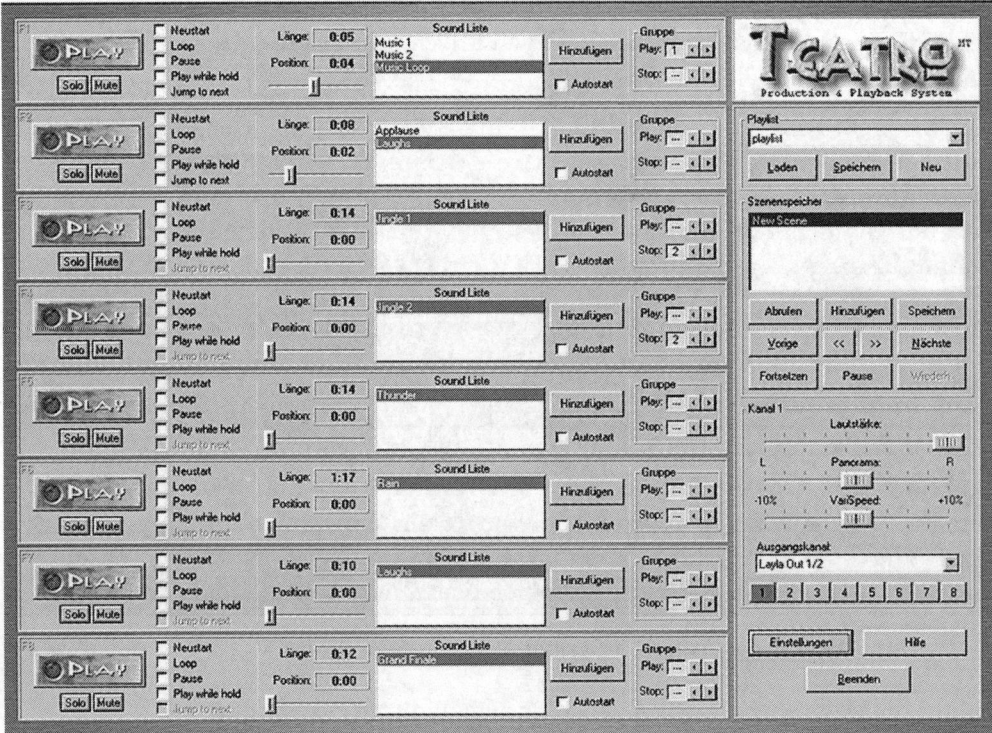

Bild 3.20: Teatro von ROS-Software

In jeden Player können dabei mehrere Dateien geladen werden, die entweder hintereinander abgespielt werden oder zwischen denen dann schnell umgeschaltet werden kann.

Mischpulte

Das Mischpult ist die Zentrale einer PA-Anlage und der Arbeitsplatz des Tontechnikers. Hier werden die Eingangssignale verstärkt, bearbeitet und zu den Endstufen geschickt. Beim klassischen Konzert-Aufbau gibt es sogar zwei Mischpulte: Eines, das im Saal steht, und eines an der Bühne.

Am Mischpult, das im Saal steht, FOH-Pult (*front of house*), Front-Pult oder Saal-Mischpult genannt, wird der Sound für das Publikum gemischt. Da dieses Mischpult mitten im Publikum steht, hört der Tontechniker dasselbe wie das Publikum und kann den Sound für dieses optimieren.

Das Mischpult an der Bühne, das Monitorpult, dient zum Mischen des Monitor-Sounds. Monitor hat hier nichts mit Bildschirmen zu tun, sondern mit den Monitor-Boxen, auch Wedges genannt, mit denen die Musiker sich selbst und ihre Kollegen hören. Dieses Pult steht an der Bühne, damit sich der Monitor-Mischer (hier der Tontechniker am Monitor-Mischer) und die Musiker besser sehen können und der Techniker schnell mal auf die Bühne springen kann, wenn ein Musiker sein Instrument vor dem Verstärker abstellt und es trotz einsetzender Rückkopplung nicht für nötig hält, diesen herunterzuregeln. Mehr zum Thema Monitor-Mix in einem späteren Kapitel.

Front- und Monitorpulte unterscheiden sich dadurch, dass Frontpulte Sub-Gruppen haben, Monitorpulte dafür mehr Aux-Wege. Und dann gibt es noch die Gruppe der Kleinmischpulte, die zwar keine Sub-Gruppen haben, aber deswegen noch lange keine Monitorpulte sind.

Wir werden uns nun ein mittelgroßes FOH-Mischpult (hier ein „Klassiker", das Soundcraft 8000) ansehen und die Möglichkeiten, die es bietet. Anschließend wollen wir uns ansehen, was sonst noch zu einem Frontplatz gehört oder was man mit dem Mischpult machen kann.

In diesem Zusammenhang möchte ich der weit verbreiteten Meinung widersprechen, dass ein Mischpult um so besser ist, je größer und teurer es ist, je mehr Eingangskanäle, Subgruppen oder sonstiger Features es hat.

Zum einen gibt es für eine bestimmte Aufgabe geeignete und weniger geeignete, angemessene und weniger angemessene Pulte. Und für sich betrachtet ist ein Mischpult dann gut, wenn es eine ausgewogene Zusammenstellung an Features zu einem angemessenen Preis bietet, wenn die Bedienelemente vernünftig angeordnet sind und die Verarbeitung sowie die Klangqualität gut sind.

4.1 Rundgang durch das Mischpult

Unseren Weg durch das Mischpult wollen wir dort beginnen, wo auch das Eingangssignal seinen Weg in das Mischpult findet – bei den Eingangsbuchsen.

Bild 4.1:
Eingangsbuchsen

Normalerweise („normal" heißt hier immer für mittelgroße Mischpulte) sind hier vier Buchsen. Die erste Buchse ist eine XLR-Buchse für Signale, die von der Bühne kommen. Meist wird es sich um Mikrofonsignale handeln, ein paar Signale werden auch von DI-Boxen kommen. In beiden Fällen sollte es sich um erdfreie, symmetrische Signale handeln. Diese Buchse wird in der Regel als Mic-Buchse beschriftet, deswegen lassen sich aber neben Mikrofonen auch noch andere Signalquellen anschließen.

Die nächste Buchse ist die Line-Buchse, in der Regel als Klinken-buchse ausgeführt. Hier werden die Signalquellen angeschlossen, die am Frontplatz stehen: CD-Player, Effektgeräte, Mess-systeme und ähnliches. Weil hier die Leitungen kurz und die Pegel (im Vergleich zu Mikrofonen) hoch sind, kann eine unsymmetrische Leitungsführung akzeptiert werden, dennoch sollten diese Eingänge auch symmetrische Signale akzeptieren (und eine Differenz bilden).

In Bild 4.1 als Line In bezeichnet

Über die Insert-Buchse können Effektgeräte in den Eingangs-weg eingeschliffen werden, beispielsweise ein Kompressor oder ein Gate. In der Regel sind diese Buchsen Stereo-Klinken. Auf dem Tip liegt der Send, auf dem Ring der Return. Aber da dies nicht genormt ist, gibt es natürlich Pulte, bei denen es anders-herum ist. Pulte der höheren Preisklassen haben oft auch ge-trennte Buchsen für Send und Return, diese sind dann meist ebenfalls Stereo-Klinken und erlauben symmetrische Leitungs-führung (was sicher besser, aber vom Pult zum Siderack nicht wirklich nötig ist).

Dann gibt es noch eine Direct-Out-Buchse, die es erlaubt, das bearbeitete Signal zu entnehmen, beispielsweise für eine Mehr-spurmaschine. Große Pulte haben manchmal einen eigenen Reg-ler für die Direct-Out-Buchse oder erlauben, dass ein Aux-Reg-ler dafür umgeschaltet wird.

In Bild 4.1 als Line Out bezeichnet

Bei der Lage der Eingangsbuchsen gibt es zwei Alternativen: Bei kleinen Pulten sind die Buchsen oft waagerecht angeordnet, das heißt, man kann stecken, während man am Pult steht, manch-mal muss man sich dazu noch über eine Meter-Bridge hinweg-beugen. Bei größeren Pulten sind die Buchsen oft senkrecht an-geordnet, und man muss um das Mischpult herumlaufen, um stecken zu können.

Bei wirklich großen Pulten macht es gar keinen Sinn, die Buch-sen waagerecht anzuordnen, weil das Pult ohnehin zu tief ist, als dass man sich darüber hinwegbeugen könnte. Bei vielen mit-telgroßen Pulten könnte eine waagerechte Anordnung jedoch vieles erleichtern, insbesondere dann, wenn das Pult so gestellt werden muss, dass man nicht mal einfach auf die andere Seite laufen kann.

119

Der Gain-Regler und seine Nachbarn

Die Eingangskanäle sind in der Regel auf völlig verschiedenen Pegel-Niveaus und müssen auf den Arbeitspegel des Pultes gebracht werden. Signale, die von unempfindlichen Mikrofonen kommen, die zudem keine besonders lauten Signale aufnehmen, liegen im Pegel unter -60dBm, während so genannte Line-Pegel bei etwa 6dBm liegen. Diese Pegel entsprechen Spannungen von weniger als einem Millivolt und von etwa 1,5Volt. Spannungsunterschiede von mehr als Faktor 1000 müssen in den Eingangsstufen aneinander angeglichen werden.

Bild 4.2: Gainregler

Der Arbeitspegel (das ist der Pegel, mit dem intern gearbeitet wird) wird dabei so gewählt, dass er etwa 20dB unter der Clipping-Grenze liegt, also unterhalb des Pegels, bei dem die Signale so groß werden müssten, dass sie von den Eingangsstufen nicht mehr verarbeitet werden können. Wird ein Mischpult von einer Spannung ±17V versorgt, dann können die Operationsverstärker Spitzenspannungen bis etwa ±15V abgeben, was einem Effektivwert von etwa 11V entspricht. 20dB weniger wären 1,1V, was etwas 4dBm entspricht. Mit dieser Reserve von 20dB kann man auch schon mal kräftig an der Klangreglung drehen, ohne dass gleich das Signal verzerrt wird.

Um diesen Arbeitspegel zu erreichen, müssen Mikrofon-Signale kräftig verstärkt werden, während Line-Pegel etwas abgeschwächt werden. Bei der Verstärkung des Signals wird leider auch das Rauschen der Eingangsstufe kräftig angehoben, deshalb müssen die Eingangs-OPs besonders rauschfreie Exemplare sein. Erfreulicherweise sind gute Operationsverstärker inzwischen so billig, dass das Rauschen der Eingangsstufe auch bei vielen preisgünstigen Mischpulten kein Problem mehr ist.

120

Zur Regelung der Eingangsverstärkung wird der Gain-Regler-verwendet. Manchmal wird dieser kombiniert mit einem Pad-Schalter, der die Verstärkung um einen bestimmten Betrag, meist 20 oder 30 dB, zurücknimmt. Dadurch wird das Regelverhalten des Gain-Reglers verbessert. Oft wird dieser Pad-Schalter mit einer Umschaltung von Mic- und Line-Buchse kombiniert, die Line- Buchse ist dann generell unempfindlicher als die Mic-Buchse. Es gibt aber auch Pulte mit getrennten Pad- und Eingangs-wahlschaltern, genauso wie es Pulte gibt, bei denen grundsätz-lich immer Mic- und Line-Eingang verwendet wird – in der Re-gel steckt ohnehin nur in einer der beiden Buchsen ein Stecker.

Leider gibt es bei den meisten Pulten nicht für jeden Kanal eine LED-Kette. Deswegen gibt es eine Clipping-LED, welche anzeigt, wenn das Signal so groß wird, dass es verzerrt wird (in der Regel spricht die LED ein wenig früher an). Diese LED ist mechanisch manchmal am Gain-Regler abgeordnet, reagiert aber auf das Signal nach der Klangregelung, so dass Clipping durch zu star-ke Anhebung auch noch angezeigt wird. Oft wird die Clipping-LED jedoch auch neben der PFL-Taste angeordnet.

Kondensator-Mikrofone und manche DI-Boxen brauchen Phan-tomspeisung zur Stromversorgung. Bei Kleinmischpulten lässt sich diese in der Regel für das gesamte Pult ein- und ausschal-ten, bei größeren Mischpulten gibt es für jeden Kanal einen Schal-ter. Früher wurde dieser hin und wieder neben der XLR-Buchse angeordnet, inzwischen hat sich aber eine Platzierung in der Nähe des Gain-Reglers durchgesetzt.

Phantomspeisung wird mit einer Spannung von (in unbelaste-ten Zustand) 48 V betrieben, damit kann man sich die Ausgangs-stufe von schlecht konzipierten Geräten „zerschießen". Leider ist die Vorgehensweise in der Regel die, dass erst die Leitungen in das Mischpult (oder die Stagebox) gesteckt werden und erst viel später sich jemand ans Mischpult stellt und sich über die Schalter-stellung der Phantomspannung Gedanken macht (wenn über-haupt). Von daher ist es sicher sinnvoller, Geräte mit XLR-Aus-gangsbuchse gegebenenfalls mit Übertragern oder mit Dioden nachzurüsten, welche Überspannung gegen die Versorgungs-spannung ableiten.

Des Weiteren gibt es noch den Phasenwenderschalter, der mit der schräg durchgestrichenen Null gekennzeichnet ist. Mit ihm kann das Eingangssignal invertiert, also in der Phase um 180° gedreht werden. Da in der Regel völlig unkorrelierte Signale zusammengemischt werden, sollte eine Phasendrehung nicht allzu oft nötig sein. Interessant wird sie, wenn ein Instrument mit mehreren Mikrofonen abgenommen wird (Snare, Klavier ...) oder bei Signalquellen mit Stereo-Ausgang (Keyboard, CD-Player). Gerade bei Stereo-Signalquellen sollte die Phasenlage eigentlich stimmen, aber ein falsch gelötetes XLR-Kabel kann hier den Klang böse verunstalten, wenn man nicht die Möglichkeit der Korrektur hat.

Mit Ausnahme von Kleinmischpulten sollte die Anwesenheit eines Hochpasses Pflicht sein. Mit diesem kann man alle Signale wegfiltern, die unterhalb einer bestimmten Frequenz liegen. Ein solcher Hochpass ist entweder schaltbar und hat dann eine feste Frequenz, oder die Einsatzfrequenz lässt sich stufenlos ändern, beispielsweise im Bereich von 15 Hz (dann ist er wirklungslos) bis 250 Hz.

Wozu einen Hochpass? Wie im entsprechenden Kapitel näher ausgeführt ist, reagieren Bassreflexboxen auf Signale unterhalb der Abstimmungsfrequenz mit einer sehr hohen Membranauslenkung, welche innerhalb kurzer Zeit zur Zerstörung des Lautsprechers führen kann. Von daher ist sicherzustellen, dass Frequenzen unterhalb der Abstimmungsfrequenz gar nicht auftreten. Leider sind entsprechende Filter an den Verstärkern nicht üblich.

Auch bei anderen Boxenarten sind tieffrequente Störsignale nicht unbedingt erwünscht: Ob Trittschall, Netzbrummen oder das Ein- und Ausstecken von Geräten mit Klinkenstecker – die Mehrzahl der Signalquellen gibt unterhalb 100 Hz nur Störsignale ab, die weggefiltert werden sollten. Da aber einige Instrumente auch diesen Frequenzbereich nutzen, sollte der Hochpass auf jeden Fall schalt- oder besser abstimmbar sein.

Größere Mischpulte haben auch noch einen Tiefpass, mit dem sich dann die obere Übertragungsfrequenz reduzieren lässt. So etwas schadet sicher nicht, ist aber längst nicht so wichtig wie ein Hochpass. Essentiell dagegen ist wiederum, dass der Übertragungsbereich auf den Hörbereich des Menschen beschränkt wird, also Frequenzen unterhalb 20 Hz und oberhalb 20 kHz möglichst steilflankig weggefiltert werden. Hier übertragene Signal nutzen nichts, könnten aber die angeschlossenen Lautsprecher zerstören.

Klangregelung

Die Klangregelung erlaubt es, bestimmte Frequenzbereiche gezielt zu verstärken oder abzuschwächen. Hier im Beispiel sehen wir den Standard in der „Mittelklasse": Eine Vierfach-Klangregelung mit zwei semiparametrischen Mitten. Dabei haben die Höhen- und Tiefenregler Shelving-Charakteristik, sie heben von ihrer Einsatzfrequenz bis zum jeweiligen Ende des Frequenzbereichs alle Frequenzen an.

Die Mittenregler haben dagegen Peaking-Charakteristik, bei ihnen hat die Verstärkungs- oder Abschwächungskurve die Form einer Glocke. Zudem lassen sich bei den Mittenregler auch noch die Einsatzfrequenzen verschieben – die Einsatzfrequenzen kann man somit exakt dorthin legen, wo man sie haben möchte.

Bild 4.3: 4-fach-Klangreglung mit zwei semi-parametrischen Mitten

123

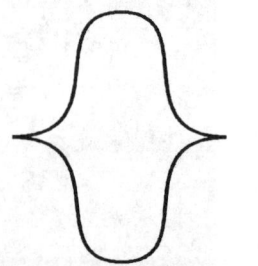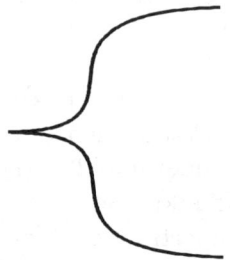

Bild 4.4: Klangreglung peaking (links) und shelving (rechts)

Bild 4.5:
Vollparametrische Mitte

Bild 4.6:
Parametrische Mitte
mit schaltbarer Güte

Richtig große Pulte haben dann eine 4fach vollparametrische Klangreglung, hier lässt sich nicht nur bei allen vier Bändern die Frequenz einstellen, sondern auch noch die „Breite" der Glocke, also die Filtergüte (je höher die Güte, desto schmaler die Glocke). Außerdem sind hier die Höhen und Tiefen zwischen shelving und peaking umschaltbar.

Kleinmischpulte haben oft eine Zwei- oder Drei-Band-Klangreglung, manchmal mit einer semiparametrischen Mitte, manchmal nur mit festen Frequenzen. Es ist wünschenswert, dass die Einsatzfrequenzen von umparametrischen Bändern angegeben werden.

Nach meiner Erfahrung ist die Genauigkeit der Skalenbeschriftung der Frequenzen bei manchen Mischpulten ziemlich lausig, genaue Potentiometer sind halt teurer. Wenigstens sind normalerweise Filter hinreichend linear, wenn die Pegelregler in Mittelstellung stehen.

124

Wird am Kanal ein Messsystem angeschlossen oder soll zwischen gefiltertem und ungefiltertem Signal unterschieden werden, dann kann die Klangreglung mit einem Schalter abgeschaltet werden.

Die Aux-Wege

An die Klangreglung schließen sich die Regler für die Aux-Wege an. Diese haben die Aufgabe, einen vom eigentlichen Mix unabhängigen Mix zu erzeugen, um damit entweder Effektgeräte wie Hall oder Echo zu versorgen, oder um damit einen Monitormix zu erstellen.

Aux-Wege, die Effektgeräte versorgen, sollen in der Regel vom Kanal-Fader nicht völlig unabhängig sein. Wird die Stellung des Kanal-Faders verändert, dann soll auch das Aux-Signal entsprechend mehr oder weniger werden. Das Signal für die Versorgung der Aux-Wege wird deshalb nach dem Fader abgegriffen, ist also *post fade*.

Die Signale für den Monitor-Mix sollen meist vom Kanal-Fader völlig unabhängig sein, insbesondere deswegen, dass nicht gleich eine Rückkopplung ausgelöst wird, wenn das Instrument einmal hervorgehoben werden soll. Das Signal wird somit vor dem Master-Fader abgegriffen, ist also *pre fade*.

Bild 4.7:
Die Aux-Regler

125

In der „Mittelklasse" sind vier Aux-Wege *pre* und vier Aux-Wege *post* Standard. Eigentlich ist dies eine Verschwendung, weil ohnehin meist mit einem Monitorpult gearbeitet wird und somit die Pre-Wege nicht verwendet werden. Manche Pulte bieten deshalb die Möglichkeit, die Aux-Wege in Zweier-Gruppen zwischen *pre* und *post* umzuschalten. Bei größeren Pulten kann dies manchmal auch für jeden Regler einzeln geschehen, zudem besteht bei einigen Pulten die Möglichkeit, das Signal ganz abzuschalten (für diesen Aux-Weg). Letzteres wäre eigentlich eher für manche billige Pulte erforderlich, wo die verwendeten Potentiometer eine bescheidene Ausschaltdämpfung haben.

Ein guter Kompromiss zwischen Aufwand und Nutzen für Pulte der unteren Mittelklasse ist die Verwendung von sechs Aux-Reglern, bei denen die ersten beiden *pre* sind, die zweiten sich zwischen *pre* und *post* umschalten lassen und die letzten beiden *post* sind. Bei kleineren Gigs reichen meist zwei Effekt-Wege, bei größeren arbeitet man ohnehin mit einem Monitor-Pult und hat dann vier Effekt-Wege zur Verfügung.

Unter einer globalen Umschaltung versteht man die Möglichkeit, mit einem Schalter eine ganze Reihe von Aux-Reglern zwischen *pre* und *post* umschalten zu können. Da auf eng bestückten Kanal-Modulen die mechanische Unterbringung von Pre-Post-Umschaltern aufwendig und damit teuer ist, hat diese Lösung einen Kostenvorteil. Zudem wäre dann auch eine Aufteilung 3/3 möglich. (Gelöst wird diese globale Umschaltung in der Regel durch ein Stereo-Poti in den entsprechenden Aux-Wegen, es wird also sowohl eine Summe *pre* als auch eine Summe *post* gebildet. Dabei wäre es prinzipiell ohne weiteres möglich, stufenlos zwischen beiden Summen überzublenden, gesehen habe ich eine solche Lösung allerdings noch nicht.)

Größere Pulte haben dann noch ein paar Aux-Wege mehr, wobei dann oft auch ein oder zwei Stereo-Auxe hinzukommen. Dafür wird dann das Signal hinter dem Pan-Pot abgegriffen.

In der Regel ist es nicht auf der Frontplatte vermerkt, ob ein Aux-Weg *pre* oder *post* ist. Man kann dies auf einem Streifen Gaffa am Rand nachholen.

Der Kanal-Fader und was dort in der Nähe ist

Am unteren Ende eines jeden Kanal-Zugs findet man den Kanal-Fader. In der Regel handelt es sich um einen 100-mm-Schieberegler, nur bei kleinen Pulten findet man 60-mm oder Drehregler. Professionelle Fader lassen sich aufschrauben und reinigen, wenn mal ein Kaltgetränk seinen Weg in die Fader-Schlitze gefunden hat, preisgünstige Modelle kann man dann meist auswechseln.

Ohnehin halten preiswerte Fader nicht ewig. Wenn sie anfangen, zu knacken, kann man mit häufigem Bewegen des Schiebers an der betreffende Stelle meist dieses Problem beheben, aber irgendwann funktioniert auch dieser „Trick" nicht mehr. Da die Fader meist auf die Frontplatte geschraubt und nicht auf die Platine gelötet sind, ist der Wechsel meist relativ problemlos. (Der Trick mit dem häufigem Bewegen über Problemstellen funktioniert übrigens auch bei Drehreglern.)

Mit dem Panorama-Potentiometer – kurz Pan-Pot – kann man das Signal dann irgendwo zwischen der linken und rechten Seite positionieren. Dies funktioniert psychologisch dadurch, dass wir bei einem Signal, das bei beiden Ohren

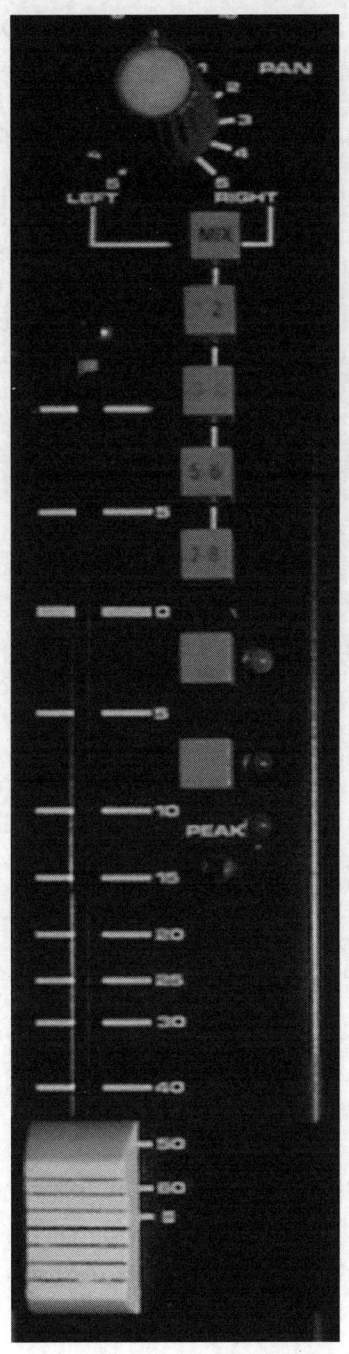

Bild 4.8
Kanal-Fader

127

gleichzeitig eintrifft, die Ortung nach den Pegelverhältnissen vornehmen: Ist das Signal bei beiden Ohren gleich laut, orten wir es in der Mitte, und je lauter das Signal auf einer Seite gegenüber der anderen wird, desto mehr ordnen wir es dieser Seite zu.

Nach dem Pan-Pot kommt das Routing: Mit Hilfe von Schaltern kann man das Signal auf den Master und/oder die Sub-Gruppen legen. Standard in der Mittelklasse sind acht Subgruppen, auf die das Signal jeweils paarweise geroutet werden kann. Dabei werden die linken Signale (nach dem Pan-Pot) auf die Subgruppen 1, 3, 5 und 7 und die rechten Signale auf die Subgruppen 2, 4, 6 und 8 gelegt.

Bild 4.9:
Routing für alle 8
Subgruppen einzeln
(8000 House-Module)

Welchen Zweck haben nun die Subgruppen? Zum einen hat man die Möglichkeit, die Eingangskanäle zu Gruppen zusammenzufassen und dann beispielsweise alle Schlagzeug-Kanäle gemeinsam zu regeln. Dies ist insbesondere dann hilfreich, wenn viele Kanäle logisch zusammengehören und es einfach unschön wäre, viele dieser Regler verstellen zu müssen, um die gesamte Gruppe lauter oder leiser zu machen.

Zum anderen gibt es immer wieder Aufbauten, die komplizierter als „PA-Turm links und PA-Turm rechts" sind. Wird beispielsweise ein Special-Function-Array für den Gesang verwendet, dann könnte dies über eine Subgruppe angesteuert werden.

In der unteren Mittelklasse findet man oft auch nur vier Subgruppen, bei Kleinmischpulten gar keine.

Pulte mit zwei oder sechs Subgruppen habe ich noch nie gesehen. Bei großen Pulten bleibt es oft bei acht Subgruppen, dafür werden dann VCA-Gruppen eingesetzt, also die Möglichkeit, einen im Kanalzug sitzenden spannungsgesteuerten Verstärker (*voltage controlled amplifier*, VCA) von meist acht verschiedenen VCA-Mastern aus zu steuern. Da man auch für einen Stereo-Kanal nur eine VCA-Gruppe braucht, können acht VCA-Gruppen 16 Subgruppen ersetzen – allerdings nur bei der Zusammenfassung zu Gruppen. Für eigene Ausspielwege oder für Effekte wie Equalizer oder Kompressoren in den Gruppen sind auch bei Pulten mit VCA-Gruppen meist noch acht Subgruppen vorhanden.

In der Regel gibt es einen Schalter, um den ganzen Kanal an- oder abzuschalten zu können. Entweder ist dies ein On-Schalter, der Schalter muss also angeschaltet sein, damit der Kanalzug verwendet werden kann, oder es ist ein Mute-Schalter, ein Betätigen des Schalters schaltet den entsprechenden Kanal stumm. On-Schalter werden in der Regel mit einer grünen LED kombiniert, Mute-Schalter mit einer roten.

In der oberen Mittelklasse findet man dann vier Mute-Gruppen (in der Oberklasse acht), mit deren Hilfe mehrere Kanäle auf einmal stummgeschaltet werden können. Dies ist ganz nützlich, um beispielsweise während eines Umbaus die Bühne ruhig zu bekommen, ohne die Masterfader runterzuziehen und damit auch die Pausenmusik. Bei manchen Pulten findet man die nützliche Funktion, das Stummschalten eines Kanals durch eine Mute-Gruppe mittels eines eigenen Schalters aufheben zu können.

Der PFL-Schalter bietet die Möglichkeit, das Signal vor dem Fader auf den Kopfhörer schalten zu können. PFL steht dabei für *pre fader listening*. Gedacht ist dies als Möglichkeit, erst einmal in einen Kanal reinhören zu können, bevor man ihn aufzieht. Der PFL-Schalter sollte mit einer LED kombiniert sein, damit man sieht, welche Kanäle man auf den Kopfhörer geschaltet hat. Meist wird dies mit der Clipping-LED des Kanals kombiniert.

Größere Pulte haben manchmal eine Solo-Funktion, mit der alle anderen Kanäle außer dem oder den dadurch aktivierten stummgeschaltet werden können. Somit hat man die Chance, ohne Veränderung der Fader einen Kanal allein zu hören. Diese Funktion sollte sich zentral sperren lassen, nicht dass man während des Gigs mal versehentlich auf die Taste kommt.

Manche Pulte haben für jeden Kanal eine eigene LED-Kette als Aussteuerungsanzeige. Bei einigen Pulten wird als kleiner Ersatz dafür neben der Clipping-LED auch noch eine Signal-LED platziert, die dann beispielsweise ab einem Pegel von –20 dB zu leuchten beginnt.

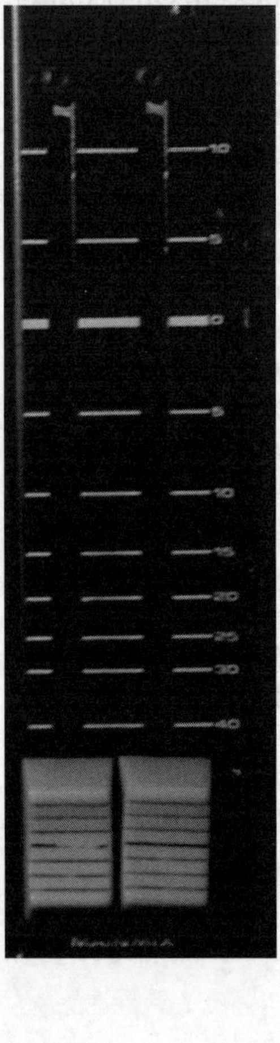

Bild 4.10: Die Master-Fader

4.2 Die Master-Sektion

In der Master-Sektion findet man zunächst einmal die Master-Fader, also die Schieberegler, mit denen man die Ausgangslautstärke regelt. Sind die Master-Regler heruntergezogen, dann kommt auch nichts mehr aus dem Ausgang. Die Regler für den linken und für den rechten Kanal haben meist dieselbe Position. Sie werden deshalb so nah zusammengebaut, dass man sie bequem mit einer Hand gemeinsam bedienen kann.

Für jedes Paar Subgruppen benötigt man auch ein solches Paar an Fadern, die dann Sub-Master genannt werden. Die Sub-Master sollten eine PFL-Funktion haben, manchmal haben sie auch noch Aux-Regler, um das Signal auf Effekt- oder auf Monitorwege legen zu können. Eine Klangreglung in den Subgruppen stört zwar nicht, wird aber eigentlich nur dann benötigt, wenn die Subgruppe zum Ausspielen verwendet wird (beispielsweise auf ein SFA) und dafür kein Equalizer zur Verfügung steht.

Wenn man das Signal der Subgruppe ausspielt, dann möchte man es in der Regel nicht auch noch auf dem Master haben, dieses Routing sollte deshalb schaltbar sein. Für dem Fall, dass es dies nicht ist, kann man das Signal über eine Insert-Buchse entnehmen und nicht mehr zurückführen – mit einem nachgeschalteten Equalizer kann man es dann symmetrieren.

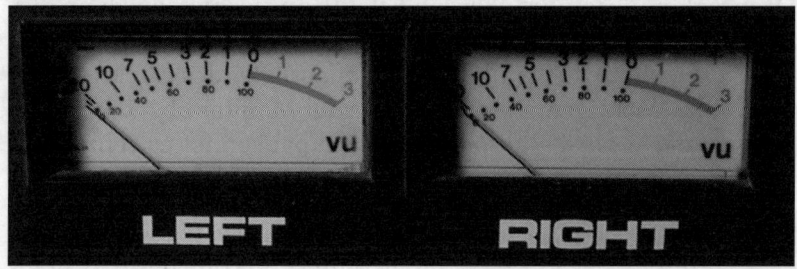

Bild 4.11: VU-Meter

Wenigstens für den linken und den rechten Kanal sollte ein VU-Meter (*volumen unit*) vorhanden sein. Diese gibt es als Zeigerinstrument oder als LED-Kette. LED-Ketten zeigen einen größeren Bereich an, benötigen weniger Platz und reagieren schneller. Oft kann man jedoch bei Sonnenlicht (oder wenn der Verfolgerfahrer aus reiner Langeweile aufs Lichtpult leuchtet) rein überhaupt nichts erkennen, und deswegen bevorzuge ich ganz eindeutig Zeigerinstrumente – vorausgesetzt, deren Skalenbeleuchtung funktioniert.

Der wichtigste Pegelmesser ist der für die PFL-Funktion, weil man mit dessen Hilfe die Kanäle einpegelt (es sei denn, jeder Kanal hat seine eigene LED-Kette). Aus Preisgründen ist es oft so gelöst, dass beim Aktivieren der PFL-Funktion das VU-Meter für den rechten Kanal umgeschalten wird und dann den Pegel der PFL-Funktion anzeigt.

Die Pegelmesser für die Master sind vor allem ein Instrument der Fehlersuche: Wenn in der PA nichts zu hören ist, kann man mit ihnen feststellen, ob das Pult Signal ausgibt oder nicht. Je nachdem muss man den Fehler im oder hinter dem Pult suchen.

131

Aus diesem Grund sollten die Pegelmesser nach den Master-Inserts angeordnet sein, damit man schnell den Fehler entdeckt, wenn beispielsweise am EQ ein Stecker abgezogen ist.

Aux Send und Return

Auch für die Aux-Wege gibt es „Master-Fader", diese sind oft als Drehregler ausgeführt. Werden Effekte angeschlossen, dann dienen sie allenfalls dazu, den Pegel entsprechend anzupassen – dies könnte aber auch mit dem Eingangsregler des Effektgerätes passieren. Wichtiger ist er, wenn auch der Monitor über das Frontpult gemischt wird – gerade in Umbaupausen ist es sehr angenehm, wenn man die Monitore herunterdrehen kann.

Bild 4.12:
Aux-Sends

Schöner wäre die Möglichkeit, über eine Mute-Funktion diese Ausgänge schnell stummschalten zu können, ohne sich merken zu müssen, welche Positionen die einzelnen Regler haben. Aux-Wege haben oft eine AFL-Funktion (*after fader listening*), also ein Abhören nach dem Aux-Master.

Die Effektgeräte schließt man meist über normale Eingangskanäle an, damit man eine vollständige Klangreglung zur Verfügung hat. Manche Pulte haben ordentliche Stereo-Eingangskanäle mit etwas vereinfachter Klangreglung, die dafür meist völlig ausreicht. Meist haben Effektgeräte ohnehin Stereo-Ausgänge, so dass sich dieses Vorgehen anbietet.

Das, was in manchen Mischpulten als Aux-Return angeboten wird, ist allenfalls eine Notlösung, vielleicht auch noch dazu zu gebrauchen, um ein Sub-Mischpult anzuschließen oder Pausenmusik einzuspielen. Aber wenn Eingangskanäle knapp werden, ist man an jeder Buchse froh, über die man Signale ins Pult bekommt.

Sends und Returns werden in der Regel über Klinkenbuchsen ausgeführt, die nur bei Pulten der gehobenen Preisklasse symmetrisch ausgeführt sind. Aux-Sends über XLR-Buchsen sind eher bei kleineren Pulten für die Pre-Fader-Auxe zu sehen, weil mit diesen der Monitormix gemacht wird. Alternativ bietet es sich an, das Signal über einen EQ zu symmetrieren, bevor man es per Multicore zur Bühne schickt.

Talkback & Oszillator

Eine Talkback-Funktion bietet die Möglichkeit, ein Mikrofon anzuschließen und auf die Aux-Wege zu sprechen, ohne dafür gleich einen kompletten Kanal opfern zu müssen. Damit hat der Techniker am Mischpult die Chance, den Musikern auf der Bühne Anweisungen zu geben, ohne nach zehn Minuten Soundcheck schon heiser zu sein.

Ist – wie in Bild 4.13 – eine XLR-Buchse direkt auf der Frontplatte, dann kann man dort ein Schwanenhals-Mikrofon anstecken. (In Recording-Pulten gibt es manchmal Talkback-Mikrofone, die in die Frontplatte eingelassen sind, im Live-Betrieb ist das

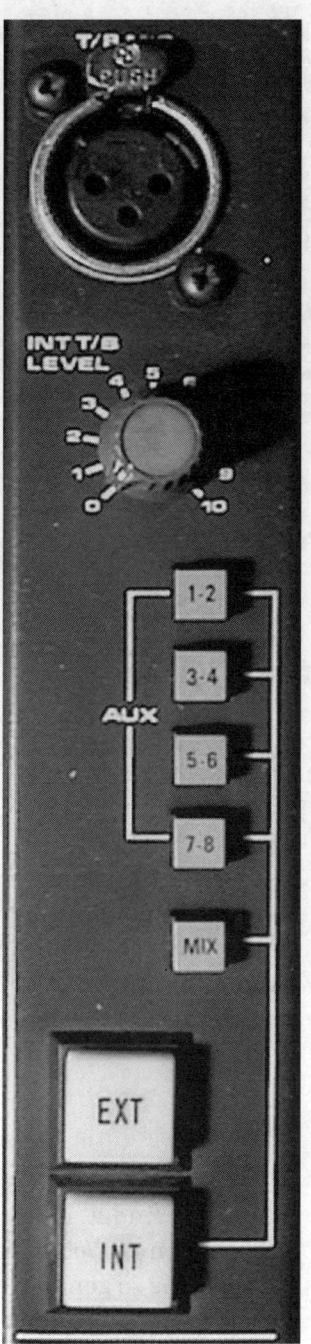

Bild 4.13:
Talkback

nicht so richtig zielführend.) Oft gibt es eine Talkback-Taste, so dass das Mikrofon nicht andauernd Signale auf die Monitore gibt.

Allerdings macht eine Talkback-Funktion nur dann so richtig Sinn, wenn vom Frontpult aus auch der Monitormix gemacht wird, oder wenn zumindest ein Aux-Weg dafür verwendet wird, ins Monitorpult eingespielt zu werden – das ist auch oft die einzige Chance, so etwas wie eine Intro-CD auf die Monitore zu bekommen.

Mit einem Oszillator hat man die Möglichkeit, Signaltöne im Pult zu erzeugen. Manchmal gibt es lediglich einen einzelnen Schalter, mit dem man ein 1-kHz-Signal erzeugen kann, manchmal lassen sich Pegel und Frequenz abstimmen, manchmal das Ziel dieser Signaltöne einstellen.

Reine Signaltöne, insbesondere solche, die mit hohem Pegel wiedergegeben werden, nerven ziemlich. Solche Oszillatoren sind ein Notbehelf, wenn gerade keine andere Signalquelle vorhanden ist, und wenn sie durchstimmbar sind, dann kann man mit ihrer Hilfe verpolte Wege einer PA finden, aber besonders wichtig sind sie nicht.

Matrix

Bisweilen findet man die Möglichkeit, aus den Master, den Subgruppen und/oder den Aux-Wegen einige weitere Signale zu mischen, die so genannten Matrix-Wege. Nehmen wir einmal an, wir haben einen Aufbau mit einer PA, mit einem SFA und einer

Delay-Line. Das eigentliche Signal kommt über die PA, die auf L/R liegt, die Stimme der Sängers kommt über das SFA, das über die Subgruppen sieben und acht ausgespielt wird. Welches Signal wird nun für die Delay-Line verwendet?

Hier bietet nun eine Matrix die einfache Möglichkeit, L/R sowie 7/8 auf einen Matrix-Weg zu mischen und mit diesem die Delay-Line zu versorgen.

4.3 Das Netzteil

Damit haben wir unseren Rundgang durch das Pult beendet und sind bei einem Teil, das sinnvollerweise außerhalb des Misch-pultes untergebracht wird – das Netzteil. Dies hat eigentlich nur die Aufgabe, Gleichstrom zu liefern, was eigentlich keine große Schwierigkeit ist. Trotzdem sind bei „amtlichen" Produktionen stets zwei Netzteile im Rack.

Zum einen geschieht dies aus reinen Redundanz-Gründen: Wenn ein Kanalzug aussteigt, dann gibt es noch viele andere, die PA kann man zur Not an eine Subgruppe anschließen, wenn die Aux-Sends nicht funktionieren, ist das zwar alles andere als schön, aber man bekommt das schon irgendwie hin. Wenn aber das Netzteil des Mischpultes aussteigt, geht gar nichts mehr. Bestenfalls PA-Mix über das Monitorpult.

Zum anderen ist ein solches Netzteil nicht ganz so simpel, wie es auf den ersten Blick scheint. Bild 4.15 zeigt – stark vereinfacht – den Schaltplan eines solchen Netzteils. Dieses hat nur eine Ausgangsspannung, bei „normalen" Pulten fallen schon mal die „normale", symmetrische Versorgungsspannung an, die irgendwo bei ±15 V und ±18 V liegt. Dann gibt es noch die Phantomspeisung von 48 V, bei größeren Pulten noch zusätzliche Spannungen, beispielsweise für die Pultebeleuchtung und die Beleuchtung der VU-Meter. Auch sind leistungsstärkere Netzteile eher selten mit Festspannungsregler aufgebaut – aber das prinzipielle Problem lässt sich hier sehr schon demonstrieren.

135

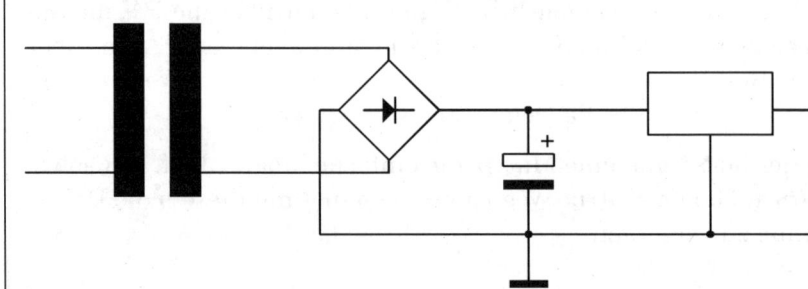

Bild 4.15:
Netzteil

Am Netztrafo (links) wird die Netzspannung heruntertransformiert, am Gleichrichter wird daraus pulsierende Gleichspannung, die vom Elko gesiebt wird. Das Kästchen rechts ist der Spannungsregler, der die Spannung stabilisiert, also aus einer schwankenden Eingangsspannung eine konstante Ausgangsspannung macht.

Diese konstante Ausgangsspannung liegt unterhalb der Eingangsspannung, und da ein nicht unerheblicher Strom durch dieses Bauteil fließt, entsteht entsprechend Wärme.

In der Veranstaltungstechnik muss man damit rechnen, dass die Versorgungsspannung nicht brav 230 V beträgt: Lange Leitungen, aus Kostengründen mitunter etwas knapp dimensioniert, bisweilen Versorgung mit ebenfalls nicht überdimensionierten Aggregaten, ein „amtliches" Mischpultnetzteil sollte also auch noch dann, wenn die Netzspannung 180 V beträgt, eine brummfreie Ausgangsspannung liefern.

Nehmen wir an, die Ausgangsspannung des Netzteils beträgt 17 V. Damit der Regler arbeiten kann, braucht er eine Eingangsspannung, die mindestens ein paar Volt höher liegt als die Ausgangsspannung. Wie viel das ist, hängt vom Regler ab, setzen wir es mal mit 3 V an. Nun schwankt diese Spannung um ein paar Volt – je größer die Kapazität des Elkos, desto weniger. Nehmen wir einmal an, sie schwankt um 4 V „spitze-spitze", dann liegen im Durchschnitt etwa 5 V zwischen Eingangsspannung und Ausgangsspannung. Fließt dabei ein Strom von 5 A (untere Mittelklasse), dann wird am Spannungsregler eine Leistung von 25 W in Wärme umgesetzt.

Das ist so viel wie ein Elektronik-Lötkolben, aber mit ausreichender Kühlung bekommt man diese Wärme problemos abgeführt.

Für eine pulsierende Gleichspannung mit einem Spitzenwert von 24 V nach dem Gleichrichter benötigt man etwa 25,5 V vor dem Gleichrichter; das umgerechnet in einen Effektivwert und durch die Netzspannung geteilt, ergibt für das Übersetzungsverhältnis des Netztrafos:

$$n = \frac{U_{sek}}{U_{prim}} = \frac{25{,}5\,V\,/\,\sqrt{2}}{180\,V} = 0{,}1$$

Unsichere Versorgungsspannung kann aber auch heißen, dass die Versorgungsspannung bei 250 V liegen kann. Die Sekundär-Spitzenspannung liegt dann bei

$$U_{sek\,s} = U_{prim} \cdot n \cdot \sqrt{2} = 250\,V \cdot 0{,}1 \cdot \sqrt{2} = 35\,V$$

Nach dem Gleichrichter liegt die Spitzenspannung dann bei 33,5 V, bei wieder 4 V Schwankung liegt dann die durchschnittliche Eingangsspannung des Reglers bei 31,5 V. Die Ausgangsspannung bleibt jedoch bei 17 V, alles andere würde die Mischpultelektronik auch sehr übel nehmen. Aus einer Differenzspannung von 14,5 V errechnet sich dann eine Verlustleistung von 72,5 W, und das ist für ein einzelnes Bauteil schon relativ heftig.

Kommt jetzt der Hersteller auf die Idee, aus Kostengründen ausgerechnet an der Kühlung zu sparen, dann kann so ein Netzteil auch mal „abrauchen". (Und wir haben hier noch gar nicht einmal solche Sonderfälle betrachtet wie falsch angeschlossener oder fehlender Nullleiter, Aggregat, das aus dem Ruder läuft, oder was im harten Live-Einsatz sonst noch so für Überraschungen auftreten.)

Prinzipiell könnte man dieses Problem durch getaktete Netzteile relativ problemlos umgehen, aber auch diese stehen nicht gerade in dem Ruf, „unkaputtbar" zu sein. So bleibt halt die Lösung, immer noch ein zweites Netzteil durch die Gegend zu fahren.

4.4 Die Details

Professionalität zeigt sich in den Kleinigkeiten. Um ein großes Mischpult zu kaufen, braucht man einfach nur genug Geld. Um einen professionellen Frontplatz zusammenzustellen, braucht man Erfahrung.

Das Case

Dass man das Mischpult nicht in der Schachtel transportiert, in der man es bekommen hat, dürfte ohnehin klar sein. Abgesehen von Kleinmischpulten sollte das Case mit Rollen versehen sein.

Das Case sollte so hoch sein, dass man es bequem schieben kann, bei einem kleinen Mischpult lässt man sich einfach ein paar Fächer hinten (im Einsatz, beim Transport unten) ins Case bauen, in denen man Kleinkram aufbewahren kann. Das Case sollte so breit sein, dass es von selbst sicher steht.

Das Case sollte an jeder Seite drei Griffe haben (siehe Bild 4.16), so dass es sowohl waagerecht als auch senkrecht halbwegs bequem getragen werden kann. Wirklich schwere Pulte dürfen dann noch ein paar Griffe mehr haben.

Bild 4.16: Mischpultcase

Irgendwo im Mischpult-Case sollte ein Fach sein (oder eine Schublade im Side-Rack), in dem man Kleinzeug unterbringen kann wie Krepp-Band, Edding, Kopfhörer, Talkback-Mikrofon ...

Wenn das Mischpult keine Buchsen für die Pultbeleuchtung hat, dann müssen diese ins Case gebaut werden.

Pultbeleuchtung

Mit der Pultbeleuchtung soll das Pult gleichmäßig und blendfrei ausgeleuchtet werden. Hier eignen sich vor allem Schwanenhalslampen, die über die gesamte Pultbreite gleichmäßig verteilt sind. (Für ein 24-Kanal-Pult braucht man mindestens zwei Lampen, für 32 Kanäle drei Lampen, für 40 und 48 Kanäle vier Lampen.)

Solche Lampen gibt es mit XLR- und BNC-Stecker. Ich bevorzuge eindeutig BNC-Stecker, weil die sonst am Mischpult nicht verwendet werden und somit nichts passieren kann, wenn irgendwer einen Stecker einfach mal auf gut Glück in die nächstbeste Buchse steckt. In manchen Fällen lässt sich die Pultbeleuchtung in der Helligkeit regeln.

Bild 4.17: Monitorplatz mit Schwanenhalsleuchten und Ablagefächern

Verkabelung

Für die Leitungen zur Bühne und zum Siderack verwendet man sinnvollerweise jeweils ein Multicore, bei dem die Aufsplittung mit einem Harting-Stecker abgetrennt ist. Nach dem Öffnen des Cases steckt man dann zwei Harting-Stecker und die Stromversorgung, danach sollte der Frontplatz betriebsbereit sein.

Zubehör

Das folgende Zubehör sollte am Frontplatz vorhanden und von der betreuenden PA-Company zur Verfügung gestellt werden:

▪ Mikrofon mit einem kurzen Kabel zur Einsprechen der Anlage und als Talkback-Mikro. Ist ein eigenes Monitorpult vorhanden, dann muss dies direkt oder über einen Aux-Weg auf das Monitorpult gelegt werden.

▪ Krepp-Band oder Gaffa sowie einen entsprechenden Stift, damit die Kanalbelegung angeschrieben werden kann.

▪ Formulare zum Notieren der Pulteinstellung. Insbesondere dann, wenn sich mehrere Gruppen das gleiche Mischpult teilen, muss die Pulteinstellung notiert werden, damit sie vor dem Auftritt wiederhergestellt werden kann. Auf der beiliegenden CD finden Sie eine Vorlage im pdf-Format. (Bei Digital-Pulten kann dieser Punkt entfallen.)

▪ Kopfhörer, nach Möglichkeit eine geschlossene Ausführung.

Dieses Zubehör kann man in einem Fach am Mischpult oder in einer Schublade am Side-Rack unterbringen.

Die Größe des Mischpultes

Im Zusammenhang mit Mischpulten fallen oft Bezeichnungen wie *24/4/2* oder *40+4/8/2*. Die erste Zahl bezeichnet dabei die Anzahl der „normalen" Eingangskanäle. Mit einem Zusatz wie *+4* werden zusätzlich vorhandene Stereo-Eingänge bezeichnet. Normalerweise werden dabei nur diejenigen Stereo-Eingänge gezählt, die Schieberegler, Routing und Klangreglung haben – reine Effekt-Returns oder CD-Eingänge mit nur einem Regler werden hier nicht mitgezählt.

Nach dem ersten Schrägstrich findet man die Zahl der Subgruppen, nach dem zweiten Schrägstrich die Anzahl der Ausgangskanäle, die fast immer zwei beträgt.

Gibt es einen zusätzlichen Mono-Ausgang, dann wird hier ein *+1* angehängt, manchmal wird dafür auch ein weiterer Schrägstrich verwendet (*24/4/2+1* oder *24/4/2/1*). Gibt es nur einen Schrägstrich, dann handelt es sich entweder um ein Kleinmischpult (*16/2*) oder um einen Monitor-Mischer, bei dem dann die Anzahl der Monitor-Wege als zweite Zahl angegeben wird (*32/8*).

4.5 Digitale Mischpulte

Auch in der PA-Technik setzen sich digitale Mischpulte nach und nach durch. Bei digitalen Mischpulten wird das Signal zunächst mit einem AD-Wandler (Analog-Digital-Wandler) digitalisiert. Das Zusammenmischen der Signal und die Klangbearbeitung erfolgt dann rein digital, also von einem Prozessor, anschließend wird das Signal mit einem DA-Wandler zurückgewandelt.

Bild 4.18:
Digitales Mischpult

Solange das Signal digitalisiert ist, können keine Störgeräusche einstreuen, und kein Bauteilrauschen tritt auf. Komplexe Klangreglungen sind digital wesentlich kostengünstiger zu realisieren, und Dynamik-Effekte lassen sich ohne nennenswerte Mehrkosten in jeden Kanal implementieren.

141

Vor allem aber lässt sich das Mischpult automatisieren: Mehrere Gruppen können sich problemlos ein Mischpult teilen – nach dem Soundcheck wird die Einstellung abgespeichert und lässt sich vor der Aufführung mit „einem Knopfdruck" absolut genau wiederherstellen. Auch kann für jedes einzelne Stück eine einmal optimierte Mischpulteinstellung gespeichert und wieder aufgerufen werden.

Das Problem bei digitalen Mischpulten sind die Benutzeroberflächen: Aus Kostengründen ist es nicht möglich, die Oberfläche eines analogen Mischpultes nachzubauen. Man findet zwar für jeden Kanal einen Fader und vielleicht auch noch einen Drehregler. Die Regler für die Klangreglung, für die Auxe und für die Panorama-Einstellung sind jedoch nur ein einziges Mal vorhanden. Möchte man beispielsweise an Kanal 17 etwas ändern, dann muss zunächst dieser Kanal angewählt werden, erst dann kann er bearbeitet werden. Gerade für „alte Hasen" in dieser Branche kann dies eine ziemliche Umgewöhnung sein.

4.19:
Inkrementalgeber
mit Kranz aus
Leuchtdioden

Wenn ein und derselbe Regler mal diese, mal jene Funktion wahrnimmt, dann kann man natürlich keine herkömmliche Ausführung verwenden. Für die Schieberegler sind hier Motor-Fader üblich, die bei einer neuen Szene oder beim Umschalten auf eine andere Kanal-Gruppe dann auf die entsprechenden Positionen fahren. Für die Drehregler kann man so genannte Incrementalgeber verwenden und zeigt deren Position mit einem Kranz aus Leuchtdioden an. Um Frequenzen zu visualisieren, verwendet man üblicherweise einen Punkt, für Pegel ein Band.

4.6 Das erste Mal am Frontpult

Für jeden Tontechniker gibt es ein „erstes Mal", wo er hinter dem Frontpult steht und eine Band abmischen soll. Im Idealfall steht ein erfahrener Mixer daneben und gibt einem Tipps, oft wird man aber auch nur einfach „ins kalte Wasser geworfen und muss dann schwimmen".

Es wäre vermessen, auf ein paar Buchseiten erklären zu wollen, wie man zu einem guten Sound kommt. Aber vielleicht können die folgenden Seiten ein wenig helfen, das „erste Mal" einigermaßen anständig zu meistern.

Vorbereitung

Bevor man die Band zum Soundcheck auf die Bühne ruft, sollte man dafür sorgen, dass die Anlage einsatzbereit ist. Man macht sich bestimmt keine Freunde, wenn die Band eine halbe Stunde untätig auf der Bühne herumsteht, weil man erst einen technischen Defekt beheben muss. Im Folgenden wird davon ausgegangen, dass die PA vollständig aufgebaut und verkabelt sind und die Mikrofone an ihren Plätzen stehen. Des Weiteren schreibt man an einem Streifen Krepp oder Gaffa an, welches Instrument auf den einzelnen Kanälen liegt.

Zunächst einmal kontrolliert man mit einer „Konserve" (CD, Mini-Disk ...), ob die Anlage so klingt, wie sie klingen soll. Sind vielleicht die Tieftöner nicht angeschlossen? Sind alle Endstufen angeschaltet? Sind noch irgendwelche Wege gemutet? Wird der Sound bei einem Mono-Signal in der Mitte geortet, oder gibt es irgendwo einen Phasendreher?

Steht ein Analyser oder ein Messsystem zur Verfügung, dann sollte man die Anlage anschließend einmessen. Es macht keinen Sinn, gleich mit dem Einmessen zu beginnen – man läuft dabei Gefahr, Fehler mit dem EQ auszugleichen, anstatt sie zu suchen und zu beheben.

143

Steht kein Messgerät zur Verfügung, dann sollte man die Anlage „einhören" und mit dem Equalizer so einstellen, dass sie möglichst linear klingt. Wenn man sich ein wenig Zeit lässt und abwechselnd das Signal über die Anlage und über einen guten Kopfhörer hört, dann sollte man das eigentlich mit ausreichender Genauigkeit hinbekommen. (Wenn nicht, dann sollte man sich überlegen, ob nicht Lichttechniker auch eine interessante Aufgabe ist ...)

Egal, ob man die Anlage einmisst oder einhört, Frequenzen unterhalb 80 Hz und oberhalb 12 kHz sollte man nicht anheben. Es hat keinen Sinn, einer Anlage etwas abzuverlangen, was sie nicht kann (und wer beispielsweise den 20-Hz-Regler voll hochzieht, der hat keine Ahnung oder möchte die Boxen kaputt machen).

Als Nächstes macht man den Line-Check. Dazu klopft ein Helfer nacheinander alle Mikrofone an, und man überprüft, ob das Signal beim Mischpult ankommt. Wenn nicht, dann kontrolliert man die Kabel, schaltet bei Kondensatormikrofonen gegebenenfalls die Phantomspeisung an oder wechselt das Mikrofon beziehungsweise den Kanal. Hat man Gates oder Kompressoren im Siderack, dann kann man diese schon einmal auf Funktion überprüfen (ein Mikrofon am Mischpult ist hier sehr vorteilhaft), bei manchen Frontplätzen muss man erst einmal die Insert-Kabel brauchbar beschriften ...

Wenn alles so weit ist, dann kann man den Schlagzeuger zum Soundcheck bitten.

Das Schlagzeug

Traditionell beginnt der Soundcheck mit dem Schlagzeug. Das Einstellen des Schlagzeugs kann eine etwas längere Angelegenheit werden, deshalb muss dazu nicht die komplette Band auf der Bühne sein (dieser wird dann langweilig, und manchmal beginnen die anderen Musiker, mal selbst etwas zu spielen, was die Arbeit am Schlagzeug alles andere als voranbringt). Gibt es einen Backliner oder Techniker, der selbst Schlagzeug spielt, dann kann es hilfreich sein, wenn man mit dessen Hilfe schon einmal die Sache grob vorcheckt – kein Drummer spielt gerne eine halbe Stunde lang nur Bass-Drum. (Aber Achtung: Man spielt nicht ungefragt das Instrument eines anderen!)

Die Reihenfolge ist traditionell Bass-Drum, Snare, Hi-Hat, Hänge-Toms, Stand-Tom, Becken. Bei jedem Kanal kann man erst einmal mit Kopfhörer reinhören, was denn vom Mikrofon kommt und gegebenenfalls dessen Position verändern. Dazu eignet sich ein Kopfhörer, der möglichst viel Außengeräusche abschirmt. Bei der Gelegenheit hat man den Kanal auf dem PFL-Pegelmesser und kann ihn auf etwa 0 dB aussteuern.

Wenn man genügend Gates hat, dann kann man bei der Bass-Drum, der Snare und den Toms welche verwenden. Dadurch verhindert man, dass alle Drums auf allen Wegen zu hören sind und man nichts mehr sinnvoll einstellen kann.

Der Sound-Check wird normalerweise in einer leeren Halle stattfinden, die entsprechend lange nachhallt. Sobald Publikum anwesend ist, wird sich der Sound verändern (in aller Regel verbessern). Beim Sound-Check wird man selten einen perfekten Schlagzeug-Sound erreichen können. Erfahrene Tontechniker wissen das und können in etwa abschätzen, wie sich der Klang verändern wird. Als Anfänger läuft man jedoch Gefahr, sich viel zu lange beim Schlagzeug aufzuhalten und einen Sound zu suchen, der sich in einer leeren Halle gar nicht verwirklichen lässt. Generell gilt, dass bei einer linear eingestellten Anlage mit Mikrofonen, die für die entsprechende Trommel gebräuchlich sind (siehe Kapitel 3), auch ohne Einsatz der Klangreglung ein einigermaßen brauchbarer Sound herauskommt. Deshalb sollte man gerade als Anfänger die Klangreglung eher zaghaft einsetzen.

Die Bass-Drum erzeugt besonders tiefe Frequenzen. Manchmal wird auch noch ein „Klick" gewünscht, dazu muss man die Höhen oder die oberen Mitten etwas hineindrehen. Wird mit zwei Bass-Drums gearbeitet, dann sollen die in der Regel gleich laut sein. Sollen sie auf der Anlage gleich klingen, dann müssen sie auch in Natura gleich klingen.

145

Wenn die Bass-Drum einigermaßen klingt, sollte man weiter machen mit Snare und dann mit der Hi-Hat. Mit diesen drei Instrumenten wird der Rhythmus gespielt, und die Feinarbeit macht man, wenn der Drummer einen Rhythmus spielt. Die Snare klingt oft viel zu lange nach (weil der Hall des Raumes dazukommt, für den Drummer wäre sie meist o.k.), so dass sie ein wenig bedämpft werden sollte (zur Not ein Tempo aufkleben). Die Hi-Hat kann sowohl offen als auch geschlossen gespielt werden, wenn der Drummer diese Möglichkeit nutzt, muss auch beides gecheckt werden.

Wie bereits geschrieben, sollte man sich hier nicht zu lange bei den einzelnen Instrumenten aufhalten, sondern die Feinarbeit beim Rhythmus machen. Dabei sollen die drei Instrumente „zusammenpassend" klingen. Es ist schwierig, so etwas in Worte zu fassen (und über Geschmack lässt sich bekanntlich streiten), aber wenn Sie das Gefühl haben, dass Bass-Drum und Hi-Hat von der Snare etwa gleich weit entfernt sind, dann ist es zumindest nicht völlig verkehrt. Dabei darf die Snare ein wenig (!) „führend" sein.

Die Toms bilden in der Tonhöhe vom höchsten (kleinsten) Tom bis zum Standtom ein Art Linie, dementsprechend werden sie auch gestimmt. Die Toms sollen gleich klingen in der Art, wie mehrere Geigen gleich klingen, wenn sie unterschiedliche Töne spielen. Die Toms unterscheiden sich in der Tonhöhe, nicht aber in der Charakteristik. Wenn man für alle Toms die gleichen Mikros einsetzt und diese ähnlich positioniert, dann sollte das nicht allzu schwierig werden. Alle Toms sollten das gleiche Lautstärke-Niveau haben. Man sollte sich nur kurz mit den einzelnen Toms aufhalten und dann lieber die Toms hoch und runter spielen lassen.

Die Becken werden normalerweise alle miteinander über zwei Overhead-Mikrofone abgenommen. Hier sollte man darauf achten, dass diese so positioniert werden, dass sie alle Becken in ausgewogener Lautstärke aufnehmen. Bevor man hier zur Klangregelung greift, sollte man lieber die Positionen der Mikrofone überdenken.

Anschließend soll der Schlagzeuger einen Rhythmus mit „Fill-Ins" spielen. Wenn alles gut gelaufen sind, dann muss man nur noch die drei Gruppen „Rhythmus", „Toms" und „Overhead" lautstärkemäßig angleichen (wobei die Toms leicht führend sein dürfen).

Die anderen Instrumente

Nun macht man mit dem Bass und den Gitarren weiter, die Reihenfolge ist dabei reichlich gleichgültig. Im Idealfall bilden der Bass, die Lead- und die Rhythmus-Gitarre wieder eine ausgewogene Gruppe. Der Sound entsteht bei diesen Instrumenten im Verstärker, nicht im Mischpult, deshalb sollte man gar nicht mehr viel an der Klangreglung schrauben müssen. Wenn der Bass „knackiger" werden soll, dann dreht man ein wenig obere Mitten herein. Gitarristen können über ihre Effektgeräte ganz unterschiedliche Sounds erzeugen, beim Soundcheck sollten zumindest ein paar davon angespielt werden.

Akustische Gitarren klingen meist viel zu dünn, wenn sie über einen Tonabnehmer und eine DI-Box direkt ins Mischpult gehen. Hier muss man oft die unteren Mitten kräftig hereindrehen, manchmal tun auch ein wenig mehr Höhen gut. Des Weiteren sollte man einen Hochpass einsetzen, vielleicht auch die Bässe herausnehmen, damit Trittschall nicht unnötig verstärkt wird.

Keyboards sollten eigentlich keine Klangreglung brauchen. Wenn sie etwas zu sehr „nerven" oder „herausstechen", dann sollte man die Höhen und/oder oberen Mitten herausnehmen. Blechbläser sollte man nach Möglichkeit mit einem Clip-Mikrofon abnehmen, weil sich ansonsten der Klang mit einer Bewegung des Instrumentes deutlich verändert. Auch bei einem Clip-Mikrofon hat man meist nicht den Sound, den man möchte, aber dieser bleibt wenigstens konstant und lässt sich mit der Klangreglung hinbiegen. Meist müssen mehr oder weniger stark die Höhen und oberen Mitten herausgenommen werden, weil der Sound zu schrill ist.

Gesangsstimmen

Mit dem richtigen Mikro sind Gesangsstimmen oft nicht besonders kritisch. Wenn man vom Frontpult aus Monitormix macht, dann sollte man gleich die Stimmen mit auf die Monitore legen, weil es sich nicht angenehm singt, wenn man nur das hört, was vom Raum zurückkommt. Wenn die Stimme in einer leeren Halle gut klingt, dann wird sie in einer gefüllten meist ein wenig Hall benötigen.

Gesangsstimmen sollte man einen Kompressor verpassen, den man so einstellt, dass er bei den lauten Stellen ein wenig anspricht und eine Ratio von etwa 3:1 hat. Legt die Stimme dann mal „richtig los", dann kommt die Anlage nicht ins Clipping. Ein De-Esser hat noch keiner Stimme geschadet, wenn er vorsichtig eingesetzt wird.

„Lead Vox" muss sich gegenüber „Backing Vox" durchsetzen. Das kann man mit Lautstärke erreichen, man kann auch die „Backing Vox" an der Klangregelung ein klein wenig (!) dumpfer stellen oder ein wenig mehr Hall verpassen.

Gesamt-Check

Wird der Monitor-Sound vom Frontpult aus gemacht, dann müssen jetzt noch ein wenig die Instrumente auf die Monitore gegeben werden. Anschließend soll die Band dann eines ihrer Stücke spielen. Hier sollten dann die Gruppen „Schlagzeug", „Instrumente" und „Gesang" in ein vernünftiges Verhältnis gebracht werden.

Nach dem ersten Stück muss in aller Regel zunächst der Monitor-Sound verbessert werden. Wenn es einen eigenen Monitor-Mischer gibt, dann ist erst einmal der beschäftigt. Wenn man vom Frontpult aus Monitor macht, dann muss man die Band dazu bringen, dass einer nach dem anderen seine Wünsche äußert (ja, Disziplin ist manchmal ein Problem ...). Sinnvollerweise fragt man einen nach dem anderen gezielt, was geändert werden muss.

Während der Stücke kann man dann noch ein wenig Feinab-stimmung machen. Dabei sollte man sich bei jedem Schritt kritisch fragen, ob er wirklich eine Verbesserung darstellt. Wenn nicht, dann nimmt man ihn zurück. Macht man Monitor-Mix, dann muss man außerdem ein Blick auf die Bühne haben. Wenn ein Musiker nach oben zeigt, dann braucht er fast immer sein eigenes Instrument lauter auf seinem Monitor. Hier kann man schon einmal vorsichtig (!) nachregeln.

Ist man fertig, dann sollte man die komplette Pulteinstellung sowie die Einstellungen der Equalizer und Effekte abschreiben. Zu diesem Zweck gibt es Formulare im pdf-Format auf der beiliegenden CD, die man nur noch ausdrucken muss.

Während des Gigs

Direkt vor der Aufführung kontrolliert man anhand seiner Aufzeichnungen die Pult- und Effekt-Einstellungen. Während des ersten Stücks achtet man besonders auf diejenigen Instrumente, die einen eigenen Lautstärkeregler haben (Gitarren, Bass, Keyboard). Wenn hier der Musiker sich zu weit aufgedreht hat, dann muss man ihm am Mischpult zurücknehmen. Außerdem muss der Gesang zu hören sein, sonst wirkt die Sache schnell peinlich. Wenn man den Monitormix vom Frontpult aus macht, dann achtet man auf Zeichen der Musiker, die mit ihrem Monitor unzufrieden sein könnten.

Nach zwei oder drei Liedern kann man nun daran gehen, den Sound vorsichtig zu optimieren. Da nun Publikum im Raum ist, hat sich vermutlich deren Klang verändert. Hat man beispielsweise am Equalizer irgendwelche Resonanz-Frequenzen herausgezogen, dann kann es nun angebracht sein, diese wieder vorsichtig hereinzuziehen. Dabei sollte man immer kritisch darauf achten, ob man eine Verbesserung oder Verschlechterung bewirkt. Nach Möglichkeit sollte man auch mal den Frontplatz ein paar Meter verlassen, der Sound kann an anderen Stellen ein ganz anderer sein.

Hat man dem Front-Sänger Effekte auf die Stimme gegeben, dann sollte man die in den Stückpausen herausnehmen – Ansagen mit Hall klingen meist dämlich. Bei Balladen darf in der Regel (mehr) Hall auf die Stimme. Manche Gitarristen wechseln hin und wieder die Gitarre. Wenn Sie dazu den gleichen Gitarrenverstärker verwenden, dann sollte zum Umstecken der betreffende Kanal heruntergezogen werden. Eine akustische Gitarre kann in einem vollen Raum meist etwas (mehr) Hall vertragen. Die einzelnen Sounds des Keyboards können unterschiedlich laut sein, hier wird man des Öfteren nachregeln müssen.

Nach dem Gig sollte man die Master-Fader und gegebenenfalls die Monitor-Master schließen, damit bei Abbau (oder Umbau) keine Störgeräusche über die Anlage gehen.

4.7 Sinnvolle FOH-Kombinationen

Der Frontplatz besteht nicht nur aus dem Mischpult, sondern auch aus einer ganzen Menge von Outboard-Geräten, die in Kapitel 5 näher beschrieben werden. Diese können durchaus mehr kosten als das Mischpult selbst.

Kleiner Frontplatz

Die folgende Zusammenstellung eignet sich für kleine Gruppen, für Diskussionsveranstaltungen oder Theateraufführungen – also für alles, bei dem die Anforderungen und/oder der Etat minimal ist.

1   Mischpult zwischen 8/2 und 16/2 mit zwei bis vier Aux-Wegen und einer dreifach-Klangreglung

2   15- oder 31-Band-Equalizer für die Summen

1   Multi-Effektgerät (Hall)

x   31-Band-EQs für jeden Monitorweg

Sinnvoll kann man die Frontplatz ergänzen mit

1   CD-Player

1   preiswerten 31-Band-Analyzer

1   Kompressor (als 2- oder 4-Kanal-Gerät)

In dieser Kategorie werden oft Powermischer eingesetzt, also Geräte, bei denen die Endstufen mit eingebaut sind. Ich bin aus mehreren Gründen nicht gerade ein Fan von dieser Lösung:

- Wenn das Frontpult im Saal steht – wo es auch hingehört – dann bedingt diese Lösung lange Lautsprecherleitungen mit entsprechendem Einfluss auf den Dämpfungsfaktor.

- Im Fehlerfall fällt immer das ganze Gerät aus und muss in die Werkstatt.

- Die Geräte haben manchmal sehr brauchbare Effektgeräte, aber sehr selten vernünftige Equalizer (und ein 5- oder 7-Band-EQ ist bestenfalls ein Notbehelf).

Bild 4.20:
Das Behringer
MXB 1002 lässt
sich auch mit
Batterien betreiben

Untere Mittelklasse

Typischer Frontplatz für die Konzertbeschallung, wenn der Etat eine große Rolle spielt.

1 Mischpult zwischen 16/4/2 und 32/4/2, mit 4 Aux-Wegen (2 pre, 2 post) und einer Dreifach-Klangreglung mit einer semi-parametrischen Mitte.

Bild 4.21:
Mackie SR 24-4

2 31-Band-Summen-EQ

x 31-Band-EQ für jeden Monitorweg

4 Gates

2 (besser 4) Kompressoren

1 Multi-Effektgerät

1 Hallgerät

1 CD-Player

Wenn dieser Frontplatz ergänzt werden soll, dann kann man nachdenken über

1 billigen Analyser

2 De-Esser, wenn diese nicht ohnehin im Kompressor vorhanden sind

2 Feedback-Killer, wenn Monitormix gemacht wird

Obere Mittelklasse

Solche Frontplätze gehören in der Regel nicht mehr einer Band, sondern einem Verleiher, und hier ist es wichtig, dass die richtigen Markennamen auf den Geräten stehen (ob das nun sinnvoll ist oder nicht).

1   Mischpult zwischen 32/8/2 und 40/8/2, mit 4 Aux-Wegen post und 2 – wenn ohne Monitormix gearbeitet wird, 4 – Aux-Wegen pre, 4-fach-Klangreglung mit zwei semiparametrischen Mitten, 4 Mute-Gruppen.

2   31-Band-Summen-EQ mit langen Fadern (Klark, BSS)

x   31-Band-EQ für jeden Monitorweg

1   31-Band-Analyzer (wenn Monitormix vom Frontpult aus gemacht wird, darf dann auch ein günstigeres Modell sein)

6   besser 8 Gates (Drawmer, BSS, Klark)

6   besser 8 Kompressoren (BSS, dbx, Klark)

1   wirklich gutes Hallgerät (Lexicon PCM 70 oder höher)

1   Yamaha SPX 990 (zur Not 900)

2   weitere Effektgeräte (Lexicon, tc, Yamaha), davon traditionell ein reines Delay (Roland SDE 3000 oder tc 2290)

1   CD-Player

1   Mini-Disc oder DAT

Ergänzt werden kann dieser Frontplatz durch

2   De-Esser, wenn diese nicht bereits in den Kompressoren vorhanden sind

2   Exciter (spl)

2   Multiband-Kompressoren

1   tc Intonator (oder Ähnliches), denn nicht jeder Sänger kann auch singen ...

Bild 4.22: FX- und Insert-Rack

Oberklasse

1 Mischpult ab 40 / 8 / 2 aufwärts, 8-Aux-Wege, einzeln oder paarweise pre / post umschaltbar, 4-fach-Klangreglung vollparametrisch, 8 Mute-Gruppen, 8 VCA-Gruppen

2 31-Band-Summen-EQ mit langen Fadern (Klark, BSS)

1 31-Band-Analyser (Klark DN 6000) oder gleich ein rechnergestütztes Messsystem

8 oder mehr Gates (Drawmer, BSS, Klark)

8 oder mehr Kompressoren (BSS, dbx, Klark)

4 De-Esser, wenn diese nicht bereits in den Kompressoren vorhanden sind

2 Exciter (spl)

2 Multiband-Kompressoren

2 Studio-Kompressoren (Focusrite oder so)

1 wirklich gutes Hallgerät (Lexicon PCM 70 oder höher, oder gleich ein 480)

1 Yamaha SPX 990 (zur Not 900)

1 Eventide-Harmonizer

1 tc M 5000

2 weitere Effektgeräte (Lexikon, tc, Yamaha), davon traditionell ein reines Delay (Roland SDE 3000 oder tc 2290)

1 tc Intonator (oder Ähnliches),

1 CD-Player

1 Mini-Disc

1 DAT

1 Intercom

Monitorplatz der unteren Mittelklasse

Nicht alle Kanäle müssen auf den Monitor gegeben werden, beim Schlagzeug beispielsweise allenfalls Bass-Drum und Snare. Deswegen darf ein Monitorpult durchaus ein paar Kanäle weniger haben als das Frontpult.

1 Monitorpult 24 / 8

8 31-Band-Equalizer

1 preiswerter Analyser

1 Feedback-Killer, um einen Problemfall schnell in den Griff zu bekommen

Monitorplatz der oberen Mittelklasse

1   Monitorpult 32 / 12 oder 40 / 12, 4-fach-Klangreglung mit zwei semiparametrischen Mitten, 4 Mute-Gruppen

12 31-Band-Equalizer (Sabine GRQ 3102 wäre nicht schlecht)

1   preiswerter Analyser

1   Multi-Effekt

2   Dynamik-Effekte (Gate/Kompressor kombiniert)

1   Feedback-Killer, um einen Problemfall schnell in den Griff zu bekommen

Monitorplatz der Oberklasse

1   Monitorpult 40 / 16 aufwärts, 4-fach-Klangreglung vollparametrisch, 8 Mute-Gruppen, 8 VCA-Gruppen

16 31-Band-Equalizer (Sabine GRQ 3102 wäre nicht schlecht)

1   Analyser

2   Multi-Effekte

4   Dynamik-Effekte (Gate/Kompressor kombiniert)

x   Feedback-Killer, um einen Problemfall schnell in den Griff zu bekommen

1   Intercom

Bild 4.32:
Siderack Monitorplatz

DJ-Platz

Ein DJ-Platz unterliegt gänzlich anderen Voraussetzungen als ein FOH-Platz. Outboard-Effekte gibt es eigentlich nicht, gemischt werden zwei Quellen (meist zwei CD-Player) und ein Mikrofon.

Zwischen den beiden Haupt-Signalquellen wird mit dem so genannten Cross-Fader hin- und hergeblendet. Dieser Cross-Fader unterliegt einem sehr hohen Verschleiß und kann in der Regel sehr einfach ausgewechselt werden.

DJ-Pulte haben gewöhnlich Cinch-Ein- und Ausgänge. Bei den Eingängen macht dies überhaupt kein

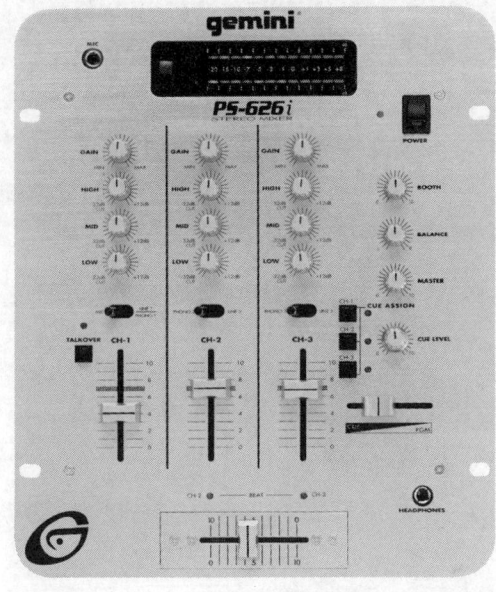

Bild 4.33:
DJ-Pult Gemini PS 626 i

Problem, weil die Signalquelle unmittelbar daneben steht – für die Controller der PA-Anlage gilt dies nicht unbedingt, so dass gegebenenfalls mit zwei DI-Boxen symmetriert werden muss.

Gerade bei mobilen Discotheken steht der DJ oft nicht im Schallfeld der Boxen. Hier sollte dann eine Abhöre verwendet werden, die mittels eines Equalizers dem Klang der PA angeglichen wird.

Effektgeräte

Effektgeräte nehmen Aufgaben wahr, die nicht vom Mischpult erledigt werden können, beispielsweise das Erzeugen von Hall. Üblicherweise findet man Effektgeräte als externe Geräte („outboard") im 19"-Gehäuse. Bei Powermischern sind jedoch auch interne Geräte („inboard") üblich.

Auch bei digitalen Mischpulten sind vielfach Effektgeräte bereits integriert. Diese lassen sich hier mit relativ geringem Aufwand verwirklichen (ein paar Algorithmen zu schreiben ist relativ einfach), Anschlussmöglichkeiten von externen Effektgeräten, womöglich noch mit DA- und AD-Wandlung, wäre hier deutlich teurer.

Effektgeräte kann man grob in *Digital-Effekte* und *Dynamik-Effekte* unterteilen. Unter Digital-Effekten versteht man beispielsweise Hall, Delay, Flanger ..., die heutzutage digital erstellt werden. Dynamik-Effekte sind Kompressoren und Limiter, Gates und Expander sowie De-Esser. Solche Geräte lassen sich zwar auch in Digital-Technik realisieren, man würde sie aber auch dann nicht Digital-Effekte nennen. Des Weiteren gibt es Exciter, also Geräte, die Obertöne erzeugen, und natürlich Equalizer, die man aber eher selten *Effektgerät* nennt.

Üblicherweise werden Dynamik-Effekte über die Insert-Buchsen eines Kanals eingeschleift und bearbeiten dann nur den betreffenden Kanal. Digital-Effekte dagegen werden über Aux-Wege ausgekoppelt und bearbeiten dann meist mehrere Kanäle.

5.1 Equalizer

Es gibt zwei Arten von Equalizern:

- Graphische Equalizer haben eine Reihe von Schiebereglern für die Anhebung oder Absenkung bestimmter Frequenzbereiche. In der PA-Technik üblich sind Terzband-Equalizer, also Geräte mit 31 Filtern. Die Mittenfrequenz dieser Filter ist genormt, die Bandbreite lässt sich bei einigen wenigen Geräten umschalten, ansonsten ist auch sie festgelegt.

  Der Frequenzgang wird durch die Stellung der Schieberegler visualisiert, deshalb spricht man von einem graphischen Equalier.

- Bei parametrischen Equalizern kann man nicht nur Angebung oder Absenung einstellen, sondern auch die Mittenfrequenz und die Bandbreite. Parametrische Equalizer als externe Geräte haben meist vier oder sechs solche vollparametrischen Filter.

  Lässt sich nur die Frequenz verstellen, nicht aber die Bandbreite, so spricht man von einem semiparametrischen Filter.

Üblicherweise wird für den linken und für den rechten Kanal sowie für jeden Monitorweg ein Equalizer verwendet. In den Master-Wegen dienen diese vor allem zur Linearisierung der Anlage, während in den Monitor-Wegen die Rückkopplungs-Bekämpfung im Vordergrund steht.

Graphische Equalizer

Mit graphischen Equalizern kann man, ohne viel nachdenken zu müssen, recht schnell einen gewünschten Frequenzgang einstellen. Misst man beispielsweise mit einem Analyser eine Anlage ein, dann können in zwei Minuten beide Kanäle fertig sein.

Leider führt die einfache Bedienbarkeit auch dazu, dass graphische Equalizer vielfach auch „gedankenlos" eingestellt werden:

Bild 5.1: Stereo-Equalizer Behringer GEQ 3102

Es werden massive Anhebungen an den Rändern des Übertragungsbereichs vorgenommen, man stellt hübsche Muster ein oder was man sonst noch so alles an Diletanz beobachten kann.

Für die Arbeit am Equalizer gilt generell:

- Anhebungen an den Rändern des Übertragungsbereichs sind tabu! Unter 63 Hz und oberhalb von 12 kHz wird nichts angehoben, allenfalls abgesenkt. Eine Beschränkung des Übertragungsbereichs sollte man lieber mit Hoch- und Tiefpass-Filtern vornehmen, die recht häufig in graphische Equalizer mit eingebaut werden.

  Eine Anhebung sollte deshalb unterbleiben, weil man einer Tonanlage nichts abverlangen soll, was diese nicht kann. Man verbrät nur eine Menge Leistung, provoziert ein schnelleres Ansprechen der Limiter, und der Klang wird auch nicht überragend sein. Selbst dann, wenn man CD-Hörner einsetzt und die Frequenzweiche keine entsprechende Entzerrung bietet, sollte man eine Entzerrung am Equalizer nur bis zur Frequenz von 12 kHz durchführen.

  Die Frequenz 20 kHz dürften die wenigsten erwachsenen Menschen hören. Wenn man beim Verstellen des entsprechenden Reglers eine Klangveränderung wahrnimmt, dann liegt das daran, dass durch die Breite der Filter auch noch bei 12 kHz eine Pegeländerung erfolgt.

- Im restlichen Übertragungsbereich sind Anhebungen von mehr als 6 dB meist an Zeichen dafür, dass irgendwo etwas nicht stimmt. Ein Lautsprecher kann defekt sein, er kann auch verpolt angeschlossen sein, so dass an der Trennfrequenz ein Loch entsteht, oder was es sonst noch an Fehlermöglichkeiten gibt. Hier sollte man lieber den Fehler beheben anstatt das Problem mit dem Equalizer zu vertuschen.

(Selbstverständlich kann man im Laufe eines Gigs nicht anfangen, Lautsprecher zu wechseln. Hier ist es dann natürlich „gestattet", mit dem Equalizer die Show zu retten.)

■ Bei manchen Equalizern lässt sich die maximale Anhebung beziehungsweise Absenkung zwischen 6 dB und 12 dB umschalten. In den Summen sollte man in der Regel mit 6 db auskommen und kann dann die Regler viel genauer positionieren. In den Monitorwegen ist man meist um jedes dB froh, um das man eine Rückkopplungsfrequenz herausziehen kann, hier sind oft 12 dB noch zu wenig.

■ Graphische Muster gehören auf die Produktphotos der Hersteller, nicht aber in die Praxis!

Je größer der Reglerweg, desto feiner kann man den Equalizer einstellen. In den Summen findet man deshalb oft Geräte mit 2 HE (oder Stereo-Equalizer mit 3 HE). Der in Bild 5.2 abgebildete DN300 von Klark wird beispielsweise gerne verwendet. In den Monitor-Wegen sieht man aus Kostengründen oft Geräte mit nur einer Höheneinheit.

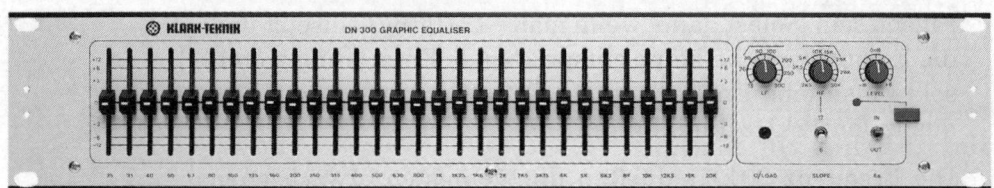

Bild 5.2: Klark DN 300

Die Filtergüte ist der Quotient aus Mittenfrequenz durch Bandbreite

Bei den Equalizern findet man Geräte mit konstanter Bandbreite (*constant range*) und konstanter Filtergüte (*constant Q*). Bild 5.3 zeigt den Unterschied: Bei einer konstanten Bandbreite wird stets der gleiche Frequenzbereich angehoben oder abgesenkt, egal, wie hoch die Bearbeitung ausfällt. Bei einer konstanten

Filtergüte wird eine geringe Anhebung oder Absenkung auch schmalbandiger.

Die meisten graphischen Equalizer arbeiten mit einer konstanten Bandbreite. Diese sind für die meisten Aufgaben etwas geeigenter, man sollte den Unterschied jedoch nicht überbewerten.

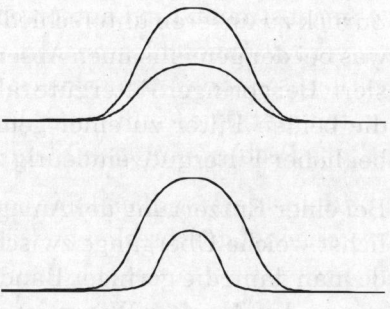

Bild 5.3:
Konstante
Bandbreite (oben)
und konstante Güte
(unten)

Umschaltbare Filtergüte

Bei manchen Equalizern – beispielsweise dem FCS 960 der Firma BSS – lässt sich von großer auf kleine Filtergüte umschalten.

Bild 5.4 zeigt den Frequenzgang bei voller und halber Absenkung. Dabei fällt auf, dass die Absenkung bei größerer Güte (also schmalerem Filter) höher ist.

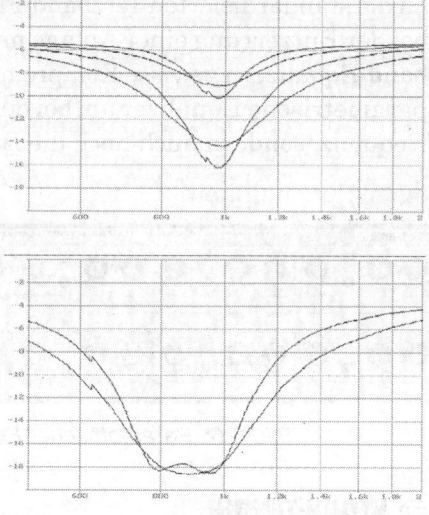

Bild 5.4:
Großes und
kleines Q beim BSS
FCS 960

Wie bei eigentlich allen Equalizern zu beobachen, ist der Faderweg nicht ganz linear: Bei halbem Faderweg (zwischen Mittelstellung und Anschlag) hat man weniger als die Hälfte der Anhebung oder Absenkung, die man beim

Bild 5.5:
Großes und
kleines Q bei
benachbarten
Bändern

Anschlag hat. Die hier zu sehende Fader-Charakteristik ist dabei vergleichsweise brauchbar, es gibt auch Equalier, da passiert erst auf dem letzten Drittel des Faderwegs etwas.

163

Zurück zu unseren unterschiedlichen Filtergüten: Bild 5.5 zeigt, was bei der gemeinsamen Absenkung benachbarter Bänder passiert: Bei geringer Filtergüte (also breiten Filtern) ergänzen sich die beiden Filter zu einer gemeinsamen Absenkung, während bei hoher Filtergüte eindeutig zwei Filter erkennbar sind.

Bei einer Entzerrung der Anlage möchte man in der Regel möglichst weiche Übergänge zwischen den Filtern haben, hier würde man dann die geringer Bandbreite einsetzen. Bei Anwendungen in den Monitor-Wegen ist man dagegen an einer möglichst schmalbandigen Absenkung derjenigen Frequenzen interessiert, an denen Rückkopplungen auftreten. Hier ist man mit einer hohen Filtergüte im Vorteil.

Parametrische Equalizer

Rückkopplungen haben die „gemeine Angewohnheit", sich nicht an die standardisierten Terzband-Frequenzen zu halten, und auch bei der Entzerrung einer Anlage muss man mit grapischen Terzband-Equalizern gewisse Kompromisse eingehen. Hier bieten sich parametrische Equalizer an, bei denen sich nicht nur die Mittenfrequenz, sondern auch noch die Bandbreite einstellen lässt.

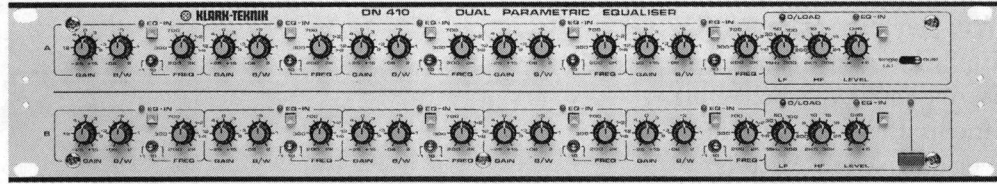

Bild 5.6: Parametrischer Equalizer Klark DN 410

Bild 5.7:
Ein einzelnes
Filter

Bild 5.6 zeigt ein solches Gerät in der Ausführung von zweimal fünf Bändern. In Bild 5.7 ist ein einzelnes Filter dieses Gerätes vergrößert dargestellt.

Jedes Filter ist einzeln abschaltbar. Der Regelbereich umfasst 15 dB Anhebung und 25 dB Absenkung – die starke Absenkung ist besonders bei der Bekämpfung von Rückkopplungen hilfreich. Die Bandbreite lässt sich zwischen 0,08 und 2 Oktaven einstellen. Die Frequenzbereich des Filters kann mittels eines Schalters gewählt werden. Leider überlappen sich die Bereich nicht, beim Suchen einer Rückkopplung in der Nähe von 200 Hz oder 2 kHz wäre dies hilfreich.

Die eingestellte Frequenz lässt sich bei solchen Geräten nur mit mäßiger Genauigkeit ablesen. Setzt man sie als Summen-EQ ein, wenn die Anlage über ein computer-gestütztes Messsystem eingemessen wird, dann sollte man den Frequenzgang des Equalizers lieber messen. 2-Kanal-FFT-Systeme erlauben ohnehin die Differenzbildung von Ein- und Ausgangssignal, andernfalls bastelt man sich einen Umschalter, der das Gerät wahlweise in die Summen oder in den Messkreis hängt.

Digitale Equalizer

Digitale Equalizer haben den Vorteil, dass sich ihre Einstellungen speichern und genau wiederherstellen lassen. Außerdem lassen sich die eingestellten Parameter genau ablesen – gerade bei parametrischen Equalizern ein nicht zu unterschätzender Vorteil.

Bild 5.8: Digitaler graphischer Equalizer Klark DN 3600

Bild 5.8 zeigt den DN 3600 von Klark, ein 2-kanaliger graphischer Terzband-Equalizer. Die Bedienung ist einfach: Mit einem Drehregler stellt man die Frequenz ein, die man bearbeiten möchte, mit dem anderen den Pegel an der gewählten Frequenz.

165

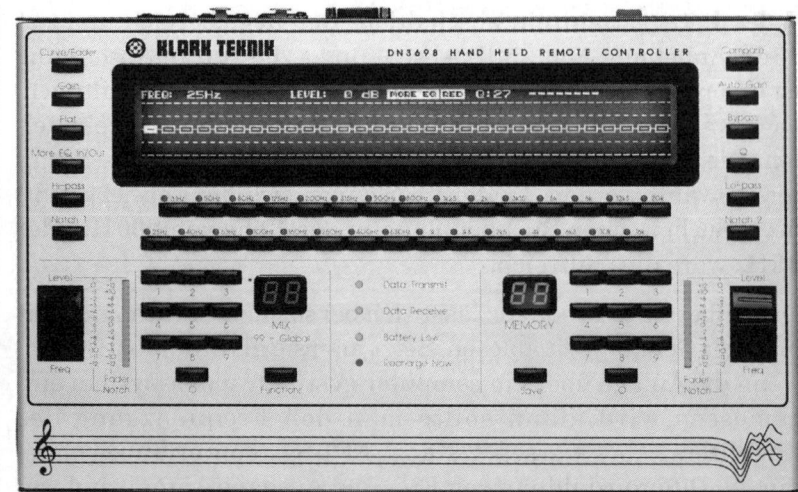

Bild 5.9:
Bedienteil

Bild 5.9 zeigt das dazugehörende Bedienteil, mit dem sich bis zu 49 Stereo-Einheiten oder 98 Mono-Einheiten steuern lassen. Insbesondere dann, wenn ein Front- oder Monitorplatz von mehreren Bands gemeinsam genutzt wird, ist eine gemeinsame Umstellung aller Equalizer auf die neuen Einstellungen recht angenehm.

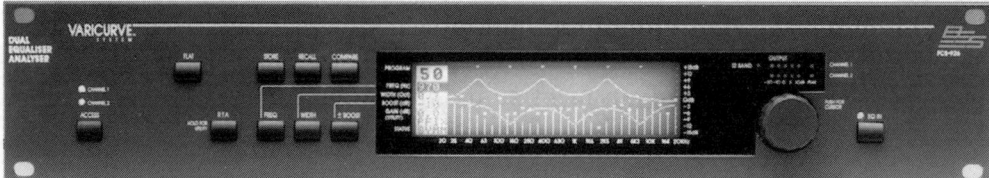

Bild 5.10: BSS Varicurve

Bild 5.10 zeigt einen digitalen parametrischen Equalizer, den Varicurve der Firma BSS. Bei zweimal sechs Bändern beträgt der Filterbereich ± 15 dB (zusätzlich gibt es noch eine Absenkung von 30 dB als Notchfilter zur Rückkopplungsbekämpfung), die Bandbreite kann zwischen 0,1 und 2 Oktaven eingestellt werden. Zusätzlich ist ein Terzband-Analyser vorhanden und die Möglichkeit, eine Anlage automatisch einzumessen.

5.2 Analyser

Analyser sind Messgeräte zur Frequenzgangmessung, die pro
Terzband eine Aussteuerungsanzeige haben. Damit eignen sie
sich ideal zur Frequenzgangentzerrung und Rückkopplungsbekämpfung mit Terzband-Equalizern.

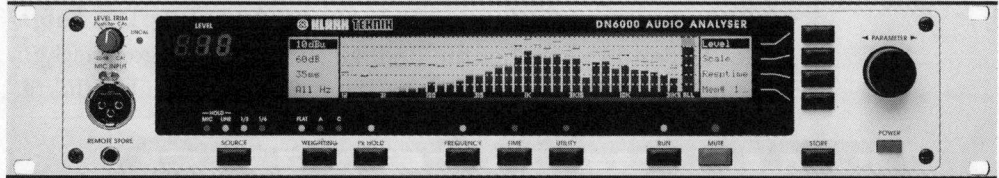

Bild 5.11: Analyser Klark DN 6000

Es gibt einfache Analyser, die analog aufgebaut (siehe Bild 8.5),
diese eignen sich zum Finden von Rückkopplungs-Frequenzen.
Zum Einmessen von Anlagen ist das verwendete Rausch-Signal
jedoch zu unstabil und die Trägheit der Anzeige zu gering.

Rosa Rauschen, das analog hergestellt wird – also mittels gefiltertem Bauteilrauschen – hat eine Zusammensetzung, die allenfalls über längere Zeit gemittelt linear ist. Man braucht lediglich
mal ein Stück Kabel durchmessen, um zu erkennen, dass solche
Geräte vielleicht ab 150 Hz aufwärts zuverlässige Messwerte bieten, aber nicht im Tieftonbereich.

Besser sind hier digitale Geräte wie das Klark DN 6000, bei dem
sich die Rücklaufzeit einstellen lässt. In Kombination mit einem
Terzband-Equalizer bekommt man damit recht schnell eine Anlage linearisiert.

Die Frequenzauflösung eines solchen Gerätes ist jedoch prinzip-
bedingt nicht besonders hoch. Mit computergestützten Meß-
systemen (TEF, MLSSA, SIM, SMAART, ATB...) kann man wesentlich genauere Messungen durchführen. Um diese höhere
Genauigkeit dann auch bei der Entzerrung umsetzen zu können, sollte man solche Geräte dann auch mit einem parametrischen Equalizer oder einem entsprechenden Controller kombinieren.

167

5.3 Gate und Expander

Ein Noise-Gate – meist kurz *Gate* genannt – und ein Expander dämpfen alle Signale, deren Pegel unterhalb einer einstellbaren Schwelle (*Threshold*) liegt. Während ein Gate vollständig schließt, dämpft ein Expander das Signal um so mehr, je weiter es unter dem Threshold liegt. Das Gate wird vor allem für die Klanggestaltung eingesetzt, hauptsächlich am Schlagzeug. Die Aufgabe des Expanders ist eher die Reduzierung von Störgeräuschen. Gate und Expander gehören zur Gruppe der Dynamik-Effekte.

Bild 5.12: Vierfach-Gate Behringer XR 4400

Das Pegel-Diagramm

Ein Pegel-Diagramm wird verwendet, um das Verhalten von Dynamik-Effekten zu visualisieren. Auf der x-Achse (waagerecht) wird dabei der Eingangspegel aufgetragen, auf der y-Achse der Ausgangspegel.

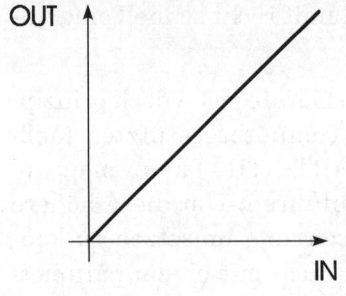

Bild 5.13: Lineares Pegeldiagramm

Bild 5.13 zeigt ein lineares Pegeldiagramm, der Ausgangspegel ist exakt gleich dem Eingangspegel. Ein solches Verhalten haben beispielsweise Kabel.

Bild 5.14 zeigt das Pegel-Diagramm eines Gates. Oberhalb des Thresholds werden die Signale durchgelassen, darunter nicht.

Allerdings öffnen und schließen Gates nicht schlagartig. Das wäre weder wünschenswert noch mit Analogtechnik realisierbar.

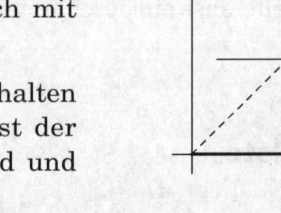

Bild 5.14:
Pegeldiagramm eines Gates

Bild 5.15 zeigt das Zeitverhalten eines Gates: Am Anfang ist der Pegel unter dem Threshold und somit das Gate geschlossen.

Zum Zeitpunkt 1 überschreitet der Pegel nun den Threshold. Zunächst wird nun die Pre-Delay-Zeit abgewartet, die sich bei analogen Gates jedoch nicht einstellen lässt, sondern durch die Trägheit der Schaltung bestimmt wird.

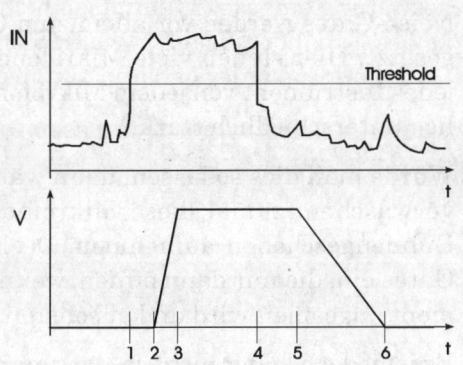

Bild 5.15:
Zeitdiagramm eines Gates

Zum Zeitpunkt 2 beginnt nun das Gate zu öffnen und erreicht nach Ablauf der Attack-Zeit zum Zeitpunkt 3 die volle Öffnung.

Zum Zeitpunkt 4 unterschreitet der Pegel den Threshold. Nun läuft zunächst die Hold-Zeit ab, bei der das Gate voll geöffnet ist. Zum Zeitpunkt 5 beginnt das Gate nun zu schließen und ist nach Ablauf der Release- oder Decay-Zeit vollständig geschlossen.

Bild 5.16:
Dual-Gate Drawmer DS 201

Bild 5.16 zeigt einen Kanal des Stereo-Gates DS 201 der Firma Drawmer. Neben Reglern für Threshold, Attack, Hold und Release findet man hier noch einen Range-Regler und ein Filter.

169

Mit dem Range-Regler kann eingestellt werden, wie viel Pegel ein geschlossenes Gate durchlässt. Üblicherweise wird der Regler so eingestellt, dass ein geschlossenes Gate keinen Pegel durchlässt.

Filter im Gate

Noise-Gates werden vor allem zum Gaten des Schlagzeugs eingesetzt. Hier stehen viele Mikrofone auf engem Raum, so dass jedes Instrument von jedem Mikrofon aufgenommen wird, lediglich unterschiedlich stark.

Würde man dies so lassen, dann wäre der Klang unpräzise und verwaschen, zumal diese Mikrofone auch noch das restliche Bühnengeschehen aufnehmen. Deshalb setzt man hier Noise-Gates ein, die nur dann öffnen, wenn das entsprechende Instrument angespielt wird und ansonsten den Kanal stummschalten.

Es ist jedoch leider nicht so, dass man nur den Threshold so hoch setzen muss, dass nur das gewünschte Instrument so laut ist, dass es das Gate öffnen kann. Zum einen spielen Drummer mal lauter, mal leiser, so dass man die Thresholds ständig nachregeln müsste. Zum anderen sind auch die Instrumente unterschiedlich laut. Dies kann dazu führen, dass beispielsweise die Snare auch stets die Gates der Toms öffnet.

Deswegen haben Gates Filter, die nicht im Signalweg, sondern vor der Steuerelektronik liegen. Diese Filter stellt man auf die Klangcharakteristik des jeweilige Instrumentes ein. Hat dies seine charakteristische Frequenz beispielsweise bei 400 Hz, dann filtert man alle darüber und darunter liegende Frequenzen weg. Ein Instrument, das beispielsweise bei 200 Hz arbeitet, wird dann so weit gedämpft, dass es das Gate nicht öffnet.

Bei diesen Filtern gibt es zwei Prinzipien: Zum einen kann ein stimmbarer Hochpass mit einem stimmbaren Tiefpass kombiniert werden. Die Gates der Firmen Drawmer und Klark arbeiten beispielsweise so. Dieses Prinzip ist vor allem beim Overhead-Miking sinnvoll, weil man hier nur den Hochpass verwendet um die tiefen Frequenzen wegzufiltern. Auf diese Weise kann man ganz problemlos mehrere Instrumente mit der gleichen Filter-Einstellung gaten.

Zum anderen gibt es Bandpass-Filter, deren Mittenfrequenz und Bandbreite sich einstellen lassen. Dieses Prinzip eignet sich vor allem für einzelne Instrumente: Man stellt den Filter auf schmal und sucht sich die richtige Frequenz. Dieses Prinzip wird beispielsweise von der Firma BSS eingesetzt.

Unabhängig davon, welches Filter-Prinzip verwendet wird, sollte es möglich sein, das gefilterte Signal auf den Ausgang zu legen, damit man beim Einstellen der Filter hört, was man tut.

Manchmal lässt sich ein Gate auch als *Ducker* verwenden. Hier wird das Signal dann gedämpft, wenn es den Threshold überschreitet. Ein Ducker wird beispielsweise dann benötigt, wenn eine Hintergrundmusik gedämpft werden soll, sobald eine Durchsage gemacht wird. Bei solchen Geräten ist es dann essentiell, die Rücknahme des Pegels einstellen zu können.

Expander

Wie das Pegeldiagramm in Bild 5.17 zeigt, nehmen Expander den Pegel in dem Maße zurück, wie der Eingangspegel den Threshold unterschreitet.

Da Expander einen weichen Übergang zwischen *geöffnet* und *dämpfend* haben, werden sie bevorzugt zur Störsignal-Unterdrückung verwendet: Ist auf einem Kanal ein lautes Signal, dann verdeckt dieses die Störgeräusche. Wird das Signal jedoch leiser, dann würden Störge-

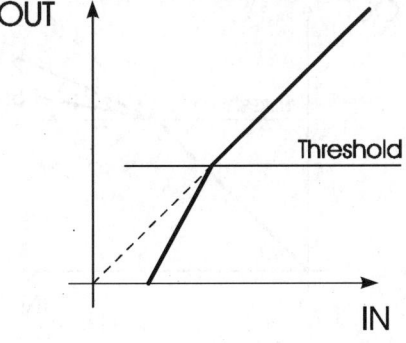

Bild 5.17:
Pegeldiagramm
Expander

171

räusche, wie das Kanalrauschen, als störend empfunden – durch Rücknahme des Pegels werden diese jedoch gedämpft.

Expander werden meist in Kombination mit anderen Geräten eingesetzt. Bei Single-Ended-Geräuschreduzierern arbeiten sie beispielsweise in Kombination mit einem steuerbaren Tiefpass.

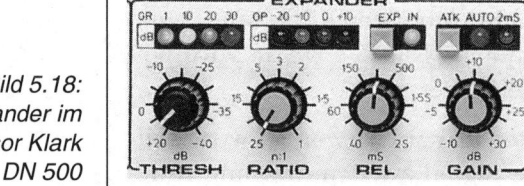

Bild 5.18:
Expander im
Kompressor Klark
DN 500

Auch in manchen Kompressoren sind Expander zu finden: Werden die Kompressoren so eingestellt, dass schon bei „Normalpegel" eine Reduzierung stattfindet, dann muss dies mit einer erhöhten Grundverstärkung ausgeglichen werden. In den Signalpausen, wenn der Kompressor den Pegel nicht mehr reduziert, würden dann Störgeräusche durch die erhöhte Grundverstärkung vermehrt auftreten. Diese kann man nun wiederum mit dem Expander dämpfen.

5.4 Kompressor und Limiter

Ein Kompressor nimmt den Pegel in dem Maß zurück, wie der Eingangspegel den Threshold überschreitet. Das Verhältnis von Pegelüberschreitung des Eingangspegels und Pegelüberschreitung des Ausgangspegel wird mit der Ratio beschrieben.

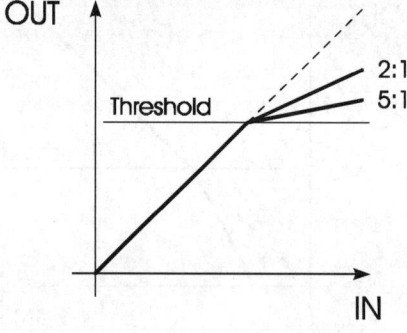

Bild 5.19:
Pegeldiagramm
Kompressor

Überschreitet bei einer Ratio von 4 : 1 der Eingangspegel den Threshold um 8 dB, dann überschreitet der Ausgangspegel den Threshold um 2 dB, die Pegelreduktion beträgt somit 6 dB.

Ein Limiter hat eine Ratio von ∞ : 1 (unendlich zu eins),

der Ausgangspegel über-
schreitet somit nicht den
Threshold. Limiter werden
vor allem dazu eingesetzt,
um Anlagen vor Überlas-
tung zu schützen. Limiter
findem man vor allem in
Frequenzweichen und Con-
trollern, oder als zusätzliches Feature in Kompressoren.

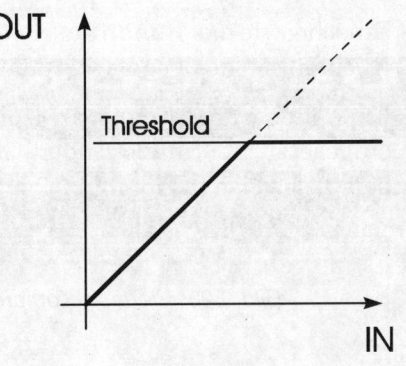

Bild 5.20:
Pegeldiagramm
Limiter

Manche Kompressoren – beispielsweise der in Bild 5.21 abgebildete dbx 160 A – haben außer Threshold, Ratio und Verstärkung
keine weiteren Einstellmöglichkeiten. Die Verstärkung wird benötigt, um den Pegelverlust durch die Reduzierung auszugleichen. Des Weiteren wird hier die Reduzierung (*gain reduction*)
sowie wahlweise entweder Eingangs- oder Ausgangspegel angezeigt. Die Übersichtlichkeit dieses Gerätes ist sehr hoch, da hier
nur ein Kompressor in einem 1HE-Gehäuse ist.

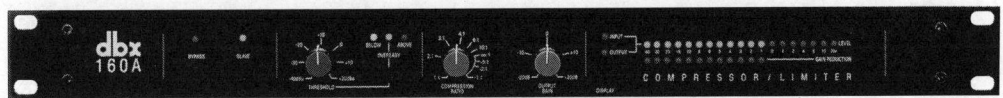

Bild 5.21: Kompressor dbx 160 A

Üblicherweise würde man vier solcher Kompressoren in ein Gehäuse packen. Bei solchen Geräten kann man häufig zwei Kanäle zusammenkoppeln, welche dann die gleiche Reduzierung haben. Auf diese Weise können Stereo-Quellen gleichmäßig bearbeitet werden.

Bei vielen Geräten lässt sich
darüber hinaus die Attack-
und Releasezeit einstellen.
Percussive Instrumente wie
beispielsweise eine Bass-

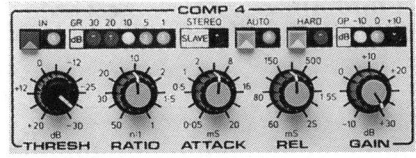

Bild 5.22:
Kompressor
Klark DN 504

Bild 5.23: Vierfach-Kompressor Behringer MDX 4400

Drum wird man mit einer kürzeren Release-Zeit bearbeiten als beispielsweise die menschliche Stimme. Die menschliche Stimme ist ohnehin das Haupteinsatzgebiet von Kompressoren, weil die meisten Sängerinnen und Sänger mit viel zu hoher Dynamik singen – die lautetsten Stellen sind also zu laut und die leisesten zu leise. Hier eignen sich besonders auch Geräte mit integriertem De-Esser.

Hard Knee und Soft Knee

Für gewöhnlich haben Kompressoren und Limiter Hard-Knee-Charakteristik: Bis zum Threshold-Pegel erfolgt keine Reduzierung des Signals, ab dem Threshold-Pegel erfolgt sie gemäß der eingestellten Ratio. Graphisch gesehen knickt die Linie an dieser Stelle ab.

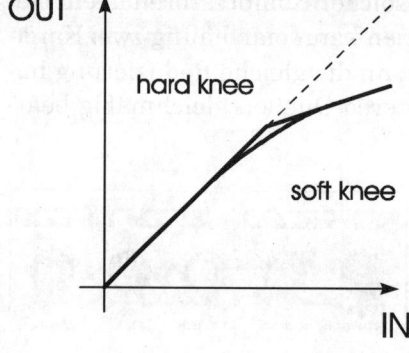

Bild 5.24: Hard Knee und Soft Knee

Bei einer Soft-Knee-Charakteristik wird um den Threshold herum die Ratio immer weiter gesteigert, so dass – graphisch gesehen – die eine Linie durch eine Kurve in die andere übergeführt wird.

Vorteil der Soft-Knee-Charakteristik ist, dass der Einsatz des Kompressors ganz

„weich" und somit unhörbar beginnt.

Beim Klark DN 500 (siehe Bild 5.25) kann die Knee-Charakteristik stufenlos eingestellt werden.

Bild 5.25:
Einstellbare Knee-Charakteristik beim Klark DN 500

5.5 De-Esser

Einige Gesangsmikrofone – beispielsweise das Shure SM 58 – haben eine leichte Höhenanhebung. Diese macht den Klang klar und transparent, bei manchen Konsonanten (s, z ...) tut sie jedoch bei manchen Stimmen zu viel des Guten. Um die Überbetonung von Zischlauten zu vermeiden, werden De-Esser eingesetzt.

Bild 5.26: Kompressor mit De-Esser BSS DRP 402

Solche De-Esser reduzieren den Pegel, wenn sie einen zu starken Höhenanteil feststellen. De-Esser im Breitband-Betrieb nehmen dabei den gesamten Pegel des jeweiligen Kanals herunter, wenn sie einen zu starken Höhenanteil detektieren, während De-Esser im Hochfrequenz-Betrieb nur die Höhen herausnehmen, wenn diese zu stark sind. Bei besseren Geräten kann zwischen beiden Modi umgeschaltet werden.

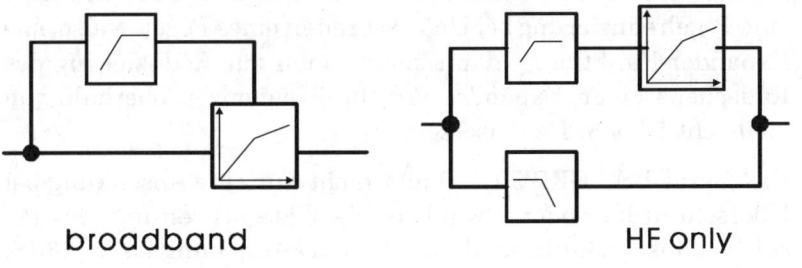

broadband   **HF only**

Bild 5.27:
Breitband- und Hochfrequenz-Modus beim De-Esser

175

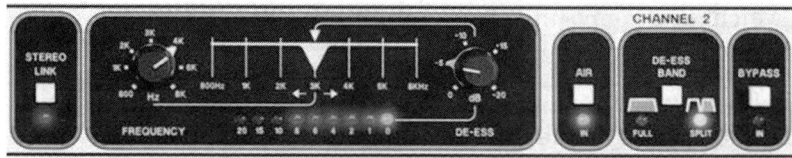

Die Einsatz-Frequenz und die Rücknahme des Pegels lassen sich bei den meisten Geräten einstellen, Parameter wie Attack- und Release-Zeit sind dagegen unüblich.

Häufig findet man De-Esser, die mit Kompressoren kombiniert sind, es gibt aber auch reine De-Esser.

5.6 Multiband-Kompressoren

Multiband-Kompressoren erlauben die Aufteilung des Audio-Bereichs in einzelne Frequenzbänder und die gezielte Komprimierung derselben. Hier könnte beispielsweise ein Filter zum De-Essen verwendet werden, dessen Frequenz würde man vielleicht auf 2 bis 5 kHz stellen. Ein anderes Filter wird zum De-Poppen verwendet, soll also Überbetonungen im Bass-Bereich reduzieren.

Bild 5.29: Multiband-Kompressor BSS DRP 901

Erlaubt das Gerät – wie beispielsweise das DPR 901 von BSS – eine Pegelreduzierung bei Unterschreiten eines Pegels – also eine Expander-Funktion –, dann könnte man zur Reduzierung des Rauschens einen Expander für alle Frequenzen oberhalb von vielleicht 5 bis 8 kHz einsetzen.

Das Gerät BSS DRP 901 erlaubt nicht nur eine Absenkung bei Überschreitung (oder – wahlweise – Unterschreitung) des Pegels von bis zu 30 dB, sondern auch eine Anhebung bis zu 16 dB.

5.7 Denoiser

Für gewöhnlich sollte das Rauschen im Live-Betrieb kein Problem sein: Alles, was mit dem Mikrofon abgenommen wird, hat ohnehin einen ziemlich hohen Pegel, und der Bass oder ein Keyboard macht hier auch selten Probleme. Denoiser sind eher ein Gerät der Studiotechnik.

Hin und wieder kann es jedoch auch mal vorkommen, beispielsweise beim Einsatz eines alten Analog-Synthis, dass man eine Signalquelle entrauschen muss. Hier arbeitet man dann mit einem Single-End-Denoiser. Single-

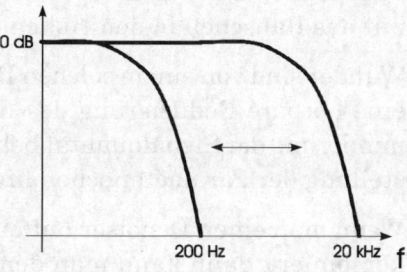

Bild 5.30:
Dynamischer
Tiefpass

End heißt hier, dass dieses Gerät nur an einer Stelle im Signalweg eingesetzt wird. Damit unterscheiden sich solche Verfahren von zweistufigen Kompander-Verfahren wie beispielsweise Dolby: Hier wird das Signal vor Aufnahme auf Magnetband komprimiert und hinterher wieder expandiert.

Bild 5.31: Denoiser Behringer DNR 200

Single-End-Denoiser kombinieren meist zwei Methoden, um das Rauschen zu minimieren. Zum einen gibt es einen Expander, der bereits in Kapitel 5.3 beschrieben wurde. Dieser dämpft das Rauschen in den Signalpausen, während es bei Anwesenheit von Signal von diesem verdeckt wird.

177

Zum anderen gibt es einen dynamischen Tiefpass, siehe Bild 5.32. Dieser nutzt den Effekt aus, dass Rauschen bei den hohen Frequenzen stärker und damit störender ist als bei den Tiefen (Bauteilrauschen hat White-Noise-Charakteristik). Der Tiefpass analysiert nun das Signal. Sind hohe Frequenzen stark vertreten, dann wird eine hohe obere Trennfrequenz eingestellt, damit das Signal nicht beeinträchtigt wird. Der hohe Höhenanteil wird dann das Rauschen verdecken. Ist wenig Signal in den Höhen vorhanden, dann wird die Filterfrequenz herabgesetzt und somit das Rauschen in den Höhen ausgefiltert.

Wunder sind von einem solchen Denoiser nicht zu erwarten, aber eine hörbare Reduzierung des Rauschens bei erträglicher Verminderung der Signalqualität bekommt man bei sorgfältiger Einstellung der Parameter schon hin.

Wenn man einen Denoiser mit einem Exciter (siehe Kapitel 5.8) kombiniert, dann kann man den Tiefpass etwas „schärfer" einstellen.

5.8 Exciter

Unter Exciter kann man eine Gruppe von Geräten zusammenfassen, welche „Klangverbesserungen mit sonstigen Mitteln" vornehmen. In den meisten Fällen werden vom Signal Obertöne abgeleitet und diese dem Original hinzugefügt. Auf diese Weise wird der Klang klarer, transparenter und – wenn man es übertreibt – verzerrt.

Auch Exciter sind eher ein Gerät der Studio-Technik. Früher hat man sie gerne beim Monitor-Sound eingesetzt, um Rückkopplungen zu vermeiden. Dazu hat man am EQ die Höhen rausgenommen und somit die Rückkopplungesgefahr reduziert und den fehlenden Höhenanteil mit dem Exciter wieder hinzugefügt. Inzwischen setzt man finanzielle Mittel lieber für ein brauchbares Rückkopplungsfilter ein, dies bringt deutlich mehr.

Bild 5.32: Exciter Behringer EX 3200

Am FOH-Platz setzt man Exciter meist dann ein, wenn man ältere Keyboards ein wenig „aufpolieren" muss.

5.9 Kombinationsgeräte

Unter den Dynamik-Effekten gibt es die verschiedensten Kombinations-Geräte. In den letzten Jahren sind einige „Kanalzüge" (*channel strips*) auf den Markt gekommen.

Dabei handelt es sich Kombinationsgeräte mit einem hochwertigen Mikrofonverstärker und sonst noch einigen Effekten. Hauptzielgruppe dafür sind kleine Projekt-Studios, die auf dem Rechner produzieren, denen aber die Qualität der Mikrofoneingänge ihrer Soundkarten nicht ausreicht (diese ist auch oft lausig und hat zudem keine Phantomspeisung).

Bild 5.33: Kanalzug dbx 286 A

Solche Kanalzüge haben manchmal Effekt-Kombinationen, die sie auch für den Einsatz am Frontpult interessant machen, insbesondere für die menschliche Stimme. In manchen Fällen bringen die Künster ihr Gerät fertig eingestellt von daheim mit, so dass man hier nur noch wenige Korrekturen vornehmen muss. (Meiner Erfahrung nach ist es sehr zu empfehlen, die Geräteeinstellung vorher peinlichst genau zu notieren und hinterher wiederherzustellen – und manchmal muss man hartnäckig leugnen, die Regler überhaupt angefasst zu haben ...)

5.10 Digitale Dynamik-Effekte

Dynamik-Effekte sind in der Regel analog ausgeführt, hin und wieder findet man sogar Röhrengeräte. Es gibt jedoch zunehmend auch Digitalgeräte wie beispielsweise das DDP der Firma dbx. Dabei handelt es sich um ein 2-Kanal-Gerät mit 24 Bit Auflösung und einer Frequenz von 44,1 oder 48 kHz. Es vereinigt Kompressor, Limiter, Gate, De-Esser und Equalizer, die Effekte werden auf 50 voreingestellten und 50 eigenen Speicherplätzen gespeichert.

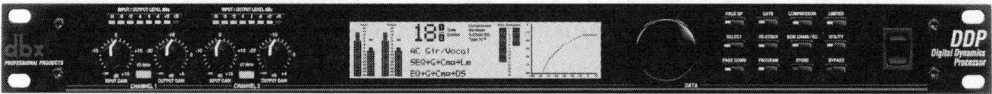

Bild 5.34: Digitaler Dynamik-Effekt dbx DDP

Das DDP liegt preislich in der Größenordnung eines „amtlichen" analogen Gerätes, bietet aber Vorteile wie das Speichern der Einstellungen oder das Steuern über MIDI. Insbesondere bei Festival-Einsatz ist der Recall aller Einstellungen „Gold wert". Ein DDP ist auch universeller, weil es sowohl als Gate als auch als Kompressor eingesetzt werden kann. Man braucht dadurch weniger Geräte im Rack, was Platz und Geld spart.

Es ist davon auszugehen, dass sich digitale Dynamik-Effekte in den nächsten Jahren vermehrt durchsetzen werden. In digitalen Mischpulten wird man sie ohnehin finden, weil sich die DA- und AD-Wandlung nicht lohnt, um einen analogen Dynamik-Effekt anzuschließen.

5.11 Digitale Effektgeräte

Bei digitalen Effekten wird das Signal von analog nach digital gewandelt, von einem Prozessor bearbeitet, eventuell zwischengespeichert, dann wieder von digital nach analog gewandelt und ausgegeben. (Selbstverständlich sind auch digitale Ein- und Ausgänge möglich, aber solange die Mischpulte mehrheitlich analog sind, kommt man um die Wandlung kaum herum.)

Auf digitalem Wege sind fast alle Effekte möglich, wobei sich die Digitaltechnik vor allem bei Effekten durchgesetzt hat, die analog nicht oder nur mit großem Aufwand erreichbar sind, also

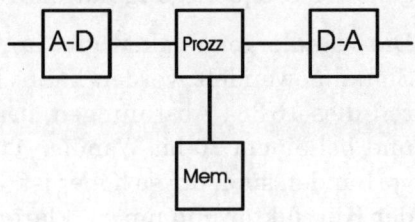

Bild 5.35:
Blockschaltbild
eines digitalen
Effekt-Gerätes

vor allem Hall- und Delay-Effekte. Dagegen sind Dynamikeffekte noch eine Domaine analoger Geräte, wobei auch hier in letzter Zeit Geräte zu finden sind, die das Niveau analoger Geräte erreichen.

Digitale Effekte sind inzwischen vor allem Multi-Funktions-Effekte, die vom einfachen Delay bis zum komplexen Hall alles können und diese Effekte meist noch mit Equalizern und Kompressoren kombinieren. Manche Geräte haben sich – obwohl es eigentlich Multi-Effekt-Geräte sind – für ganz bestimmte Aufgaben „eingebürgert". So denkt man beispielsweise bei Geräten der Firma Lexikon an Hall und bei der Firma Eventide an Harmonizer. Effektgeräte, die nur eine Aufgabe richtig beherrschen, findet man nur bei den Digital-Delays.

Abtastrate und Wandlergenauigkeit

Bei der Analog-Digital-Wandlung wird einige tausend Mal in der Sekunde der Spannungswert am Eingang des Wandlers in eine digitale Zahl gewandelt. Die Häufigkeit, mit der dies geschieht,

181

nennt man die Abtastrate oder die Wandlerfrequenz. Je höher die Abtatstrate, desto genauer werden hohe Frequenzen wiedergegeben; ohne jetzt auf das Abtast-Theorem eingehen zu wollen, kann kurz gesagt werden, dass die Abtatsrate doppelt so hoch sein muss wie die höchste zu übertragende Frequenz. Soll der Frequenzbereich bis 20 kHz übertragen werden, dann muss die Wandlerfrequenz mindestens 40 kHz betragen. Die heute gebräuchlichen Abtastraten sind 44,1 kHz und 48 kHz, neuerdings auf 96 kHz. Bei der früher gebräuchlichen Abtastrate von 32 kHz geht der Frequenzgang nur bis 16 kHz.

Die Wandlergenauigkeit gibt an, in wie viele Abstufungen das Signal gewandelt werden kann. Bei einem 14-bit-Wandler wären dies 16 384 Abstufungen, bei einem 16-bit-Wandler 65 536 und bei einem 20-bit-Wandler 1 048 576. Je mehr Abstufungen vorhanden sind, um so höher ist die Dynamik, umso geringer ist der Klirrfaktor und um so „klarer" klingt das Signal. Bei heutigen Effektgeräten liegt die Wandlergenauigkeit bei 16 bit (oder darüber); dies ist so viel, wie die CD hat, und für PA-Anwendungen vollkommen ausreichend. Einzig bei digitalen Controllern sollte man darauf achten, dass die Wandlergenauigkeit bei 20 oder 24 bit liegt.

Die Dynamik eines digitalen Signals beträgt 6 dB mal Anzahl der Bits, also bei 14 bit 84 dB, bei 16 bit 96 dB und bei 20 bit 120 dB. Dies sagt jedoch nichts über den Rauschabstand des Geräts aus, der bei einem 16-bit-Gerät über 100 dB liegen kann und bei einem 20-bit-Gerät darunter.

Das Signal kann intern mit einer höheren Genauigkeit weiterverarbeitet werden; beispielsweise wird mit 16 bit gewandelt, mit 24 bit gerechnet und mit 16 bit wieder gewandelt. Dies erscheint auf den ersten Blick sinnlos, kann aber gerade bei Hall-Effekten die Klangqualität ganz wesentlich steigern: Bei diesen Effekten sind nämlich komplexe mathematische Operationen notwendig. Wird beispielsweise ein 16-bit-Signal intern um 40 dB vermindert und dann wieder um 40 dB verstärkt, dann liegt der Dynamik-Umfang nur noch bei 56 dB, weil die anfangs unter 40 dB liegenden Signale durch die Dämpfung zu digital 0 geworden sind und bei der Verstärkung der ursprüngliche Pegel nicht mehr rekonstruiert werden können.

Bei einer internen Wortbreite von 24 bit wäre der interne Dynamikumfang 144 dB, die oben angeführte Operation könnte ohne Klangeinbuße durchgeführt werden. Es gibt außerdem die Möglichkeit, die Signale als Gleitkommazahlen zu verarbeiten. Bei Divisionen und Multiplikationen bleibt die Genauigkeit des Signals unangetastet, lediglich die Bits für die Höhe des Pegels werden modifiziert.

Die Grundeffekte

Die vielfältigen Möglichkeiten, die moderne Multi-Effekt-Geräte bieten, lassen sich auf einige wenige Grundprogramme zurückführen, die dann entsprechend in den Parametern geändert werden; diese Grundprogramme sollen hier kurz angerissen werden.

Verzögerungs- oder Echoeffekte

Im einfachsten Fall wird das Signal gespeichert und nach einer bestimmten, eingestellten Zeit wieder ausgegeben, so wie dies in Bild 5.36 gezeigt wird. Solche Delays werden weniger als Effekt als zur Ansteuerung von Delay-Stacks verwendet.

Als Effekt wird das Delay interessant, wenn das verzögerte Ausgangssignal wieder an den Eingang zurückgeführt wird, wieder verzögert wird, wieder an den Eingang zurückgeführt wird ... siehe

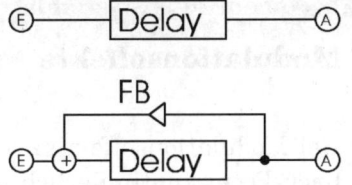

Bild 5.36: Einfaches Delay und Delay mit Feedback

Bild 5.36 unten. Der Feedback-Pegel muss einstellbar sein und sollte unter 1 liegen, da sonst das Delay „ewig" läuft.

Moderne Effektgeräte können weit kompliziertere Delay-Programme berechnen, wie beispielsweise Bild 5.37 zeigt. Hier wird das Summensignal aus linkem und rechtem Kanal zuerst über

183

eine Klangregelung geführt, danach kommen drei Delays zum Einsatz, die selbstverständlich alle verschiedene Delay-Zeiten und verschiedene Ausgangspegel haben können. Dabei wird das Delay L nur auf den linken Kanal, das Delay R nur auf den rechten Kanal, das Delay M auf beide Kanäle ausgegeben.

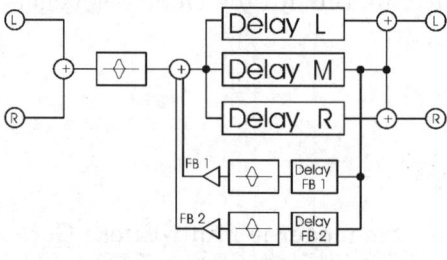

Bild 5.37:
Komplexes
Delay-Programm

Das vom Delay M abgegriffene Signal wird auf zwei weitere Delays gegeben, welche zu den Feedback- Schleifen führen. Damit sind zwei Feedbacks mit unterschiedlichen Verzögerungs-zeiten und unterschiedlichen Pegeln möglich; in jede Feedback-Schleife ist außerdem noch eine Klangregelung integriert. Die mit diesem Delay möglichen Effekte gehen schon in Richtung Hall.

Wie aus Kapitel 3 bekannt, werden zwei „gleiche" Signale, die weniger als ca. 30 ms Verzögerung zueinander haben, als ein Signal gehört. Da zwei „gleiche" Signale auch die gleiche Frequenz haben, sind selbstverständlich Interferenzen zu erwarten, die einen so genannten Kammfilterfrequenzgang nach sich ziehen. Bei normalen Echo-Effekten liegt aber die Delay-Zeit deutlich über 30 ms.

Modulationseffekte

Bei Modulationseffekten wird die Delayzeit und/oder der Feedback-Pegel kontinuierlich geändert. Die Effekte nennt man, je nach Parameter, Flanger, Chorus oder Phaser, oder der Programmierer hat für seine Schöpfung auch gleich einen eigenen Namen kreiert. Die Änderung der Delay-Zeit und/oder des Feedback-Pegels geschieht im Allgemeinen mit einer Frequenz im Bereich zwischen 0,1 Hz und 10 Hz.

Die Verzögerungszeit liegt bei Modulationseffekten nicht oder nicht wesentlich über 30 ms, was zu einem Kammfilter-Frequenzgang führt, der sich mit der Modulationsfrequenz ändert.

In Bild 5.38 werden einige Parameter erläutert: Die Delay-Zeit ist die durchschnittliche Verzögerungszeit, die Delay-Modulationstiefe bestimmt, wie stark sich die Delay-Zeit ändert, die Amplituden-Modulationstiefe gibt an, wie stark sich der Feedback-Pegel ändert. Allgemeingültige Definitionen, was nun Phaser, was Chorus und was Flanger ist, gibt es nicht, da auch die Übergänge fließend sind.

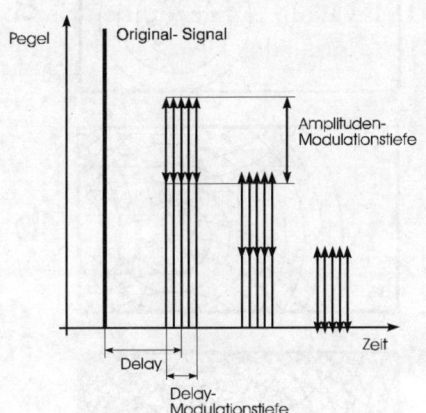

Bild 5.38:
Modulations-Effekte

In der Regel versteht man unter einem Phaser ein Modulationseffekt mit extrem kurzer Delay-Zeit (0,1 ms bis 5 ms); der Effekt beruht auf den sich ändernden Frequenzgang, Amplitudenmodulationen sind unüblich. Ein Chorus hat eine etwas längere Verzögerungszeit (3 ms bis 30 ms), hier wird auch meist der Feedback-Pegel moduliert. Der Flanger hat noch höhere Delay-Zeiten (10 ms bis 100 ms). Mit unterschiedlichen Einstellungen für den linken und rechten Kanal kann ein Stereo-Signal simuliert werden.

Halleffekte

Um einen Raumhall natürlich zu simulieren, sind sehr komplexe Algorithmen erforderlich. Da hier jeder Hersteller seine eigenen Wege geht, sind die Parameter von Hallprogrammen auch sehr unterschiedlich; hier hilft nur ein Blick ins Handbuch weiter.

185

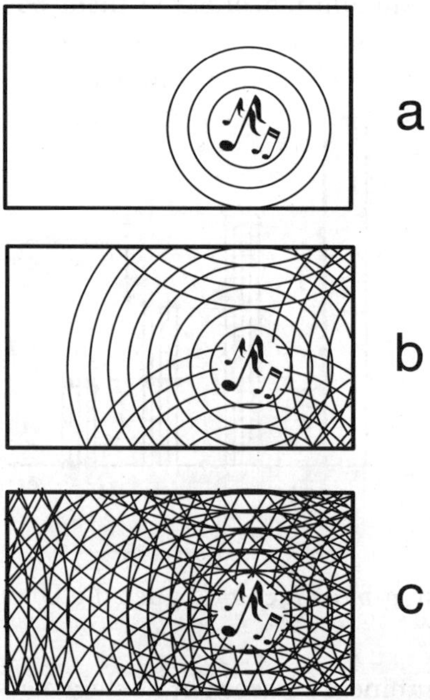

a

b

c

Bild 5.39:
Entstehung von Hall:
a) Direktschall
b) erste Reflexion
c) Diffushall

Um den Aufbau eines Hallprogramms verstehen zu können, muss man sich klar machen, wie in einer natürlichen Umgebung ein Hall entsteht: Ein Schallsignal breitet sich zunächst kugelförmig aus und erreicht dabei den Hörer. Vorher oder nachher erreicht es auch mehrere Raumbegrenzungsflächen (Wände, Decke, Boden) oder sonstige reflektierende Gegenstände und breitet sich von dort ebenfalls wieder kugelförmig aus. Auch diese Schallsignale erreichen den Hörer; man nennt sie „erste Reflexionen", meist englisch *first reflections*. Auch diese *first reflections* erreichen wieder Reflexionsflächen und werden dort wiederum reflektiert. Da keine Fläche hundertprozentig reflektiert und der zurückgelegte Weg immer weiter zunimmt (und damit die „Kugeloberfläche"), sinkt der Schallpegel der Reflexionen kontinuierlich; gleichzeitig fallen die Reflexionen beim Hörer immer dichter ein und vereinigen sich zu einem homogenen Hall. Die Hallzeit ist als die Zeit definiert, nach der das Hallsignal um 60 dB gegenüber dem Originalsignal an Pegel verloren hat.

Es ist wohl verständlicherweise nicht ganz einfach, diesen Vorgang möglichst naturgetreu zu simulieren. Richtig schwierig wird es aber dann, wenn sich der Hall mit einer überschaubaren Anzahl von Parametern den persönlichen Wünschen anpassen lassen soll.

Bild 5.40 zeigt den ungefähren Verlauf eines solchen Halls: DLY ist die Zeit zwischen Originalsignal und dem Beginn der Erst-

186

reflexionen, PDL die Zeit zwischen Originalsignal und Beginn des homogenen Hallfeldes; bei manchen Geräten (z.B. Yamaha SPX) wird die Zeit zwischen Erstreflexionen und Hallfeld eingestellt. REV TIME ist Hallzeit, also die Zeit, nach der das Signal auf -60 dB gegenüber dem Originalsignal gesunken ist.

Um einen „großen Raum" einzustellen, muss vor allem die Zeit zwischen Originalsignal und Erstreflexionen groß gewählt werden, während mit einer langen Hallzeit eher harte und damit stark reflektierende Raumbegrenzungsflächen vorgegeben werden.

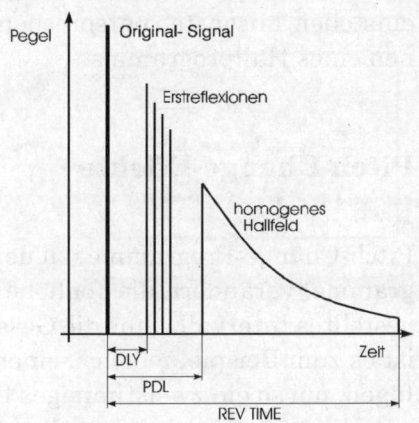

Bild 5.40:
Hallverlauf,
schematisch

Zur Anpassung des Halls an die persönlichen Wünsche sind dann noch eine Menge zusätzlicher Parameter vorhanden: So ist das Verhältnis zwischen „trockenem" Signal und Effekt, zwischen Erstreflexionen und homogenem Hallfeld, zwischen der Nachhallzeit der Höhen, Mitten und Bässe einstellbar. Die Dichte und „Diffusion" (hat bei jedem Hersteller eine leicht andere Wirkung) des Halls ist ebenso einstellbar wie ein vorgeschaltetes Gate, oft Trigger genannt, damit nicht jedes Störgeräusch einen langen „Hallteppich" nach sich zieht; unter „Gatet Reverb" versteht man dagegen einen Hall mit nachgeschaltetem Gate. Dadurch ist es möglich, einen von der Struktur her „langen Hall" einzustellen, der dann nach kurzer Zeit durch das Schließen des Gates abbricht.

Bei manchen Programmen sind auch die Raumparameter (Länge, Breite, Höhe, Beschaffenheit der Reflexionsflächen, Hörerposition ...) einstellbar, das Gerät errechnet daraus dann den Hall, den dieser Raum haben würde.

187

Erstreflexionsprogramme (ER)

Bei Erstreflexionsprogrammen wird das homogene Hallfeld weggelassen, der Effekt besteht aus einigen „dichten" Reflexionen und bricht danach ab. Die Anzahl der Erstreflexionen lässt sich einstellen, ansonsten entsprechen die Parameter weitgehend denen eines Hallprogramms.

Pitch-Change-Effekte

Pitch-Change-Programme (zu deutsch Tonhöhenänderungsprogramme) verändern die Tonhöhe eines Signals um ein fest eingestelltes Intervall, ohne die Geschwindigkeit zu ändern. Damit ist es zum Beispiel möglich, einer Stimme eine zweite hinzuzufügen, um so ein zweistimmiges Lied zu singen; damit dies aber gut klingt, muss das Intervall entsprechend angepasst werden, was ziemlich viel Übung erfordert.

In der Praxis eher gefragt ist, einer Stimme durch ein Signal eine Oktave tiefer mehr „Fundament" oder durch eine Oktave höher mehr „Biss" zu geben; das Effektsignal darf dabei nicht oder nur sehr wenig verzögert werden und muss sehr vorsichtig dosiert werden. Ein anderer Einsatzzweck sind Verfremdungseffekte, Sprechstimmen oder kurze Vocal-Einlagen ohne Melodie (damit das Intervall gleich bleiben kann).

Panoramaeffekte

Im Prinzip auch ein Modulationseffekt, der hier einen Panorama-Regler steuert. Fortschrittliche Programme erlauben nicht nur das Hin- und Herwandern zwischen den Kanälen, sondern simulieren mit Hilfe eines Pitch-Changes Doppler-Effekte, so dass das Signal eine Kreisbahn zu beschreiben scheint.

5.12 Gebräuchliche digitale Effektgeräte

In diesem Abschnitt sollen die gebräuchlichsten digitalen Effektgeräte vorgestellt werden. Um zu ermitteln, welche das sind,
wurde bei der Firma Artec ein Stapel Rider statistisch ausgewertet; dabei ist es grundsätzlich zu Mehrfachnennungen gekommen.

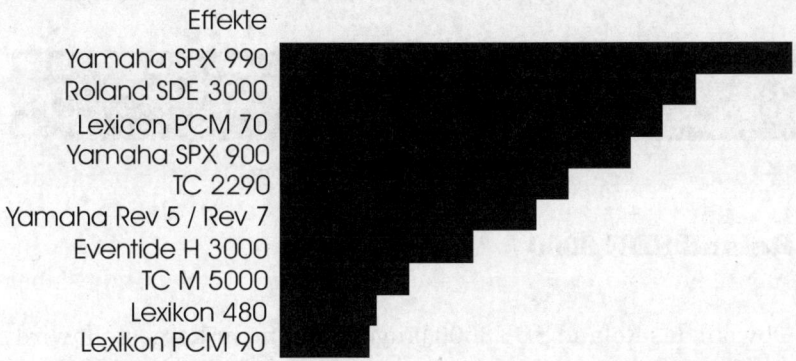

Bild 5.41:
gebräuchliche
Effektgeräte und die
Häufigkeit ihrer
Nennung in den
Ridern

Das Ergebnis überrascht in sofern, als viele Geräte längst
nicht mehr auf dem Markt sind. Das Roland SDE 3000 hat als
reines Delay noch nicht einmal einen darauf aufbauenden Nachfolger – als Alternative wurde oft das tc 2290 genannt.

Ansonsten wird sich wohl kein Tontechniker beschweren, wenn
man ihm das jeweilige Nachfolgermodell anbietet – also ein
PCM 80 oder 90 statt eines PCM 70, ein SPX 990 statt eines
SPX 900 oder ein neuerer Eventide-Harmonizer statt eines
H 3000.

Yamaha SPX 900 und SPX 990

Die Erfolgsgeschichte des gefragtesten Effektgerätes begann mit
dem SPX 90, wurde mit dem SPX 900 fortgesetzt – beide Geräte
sind heute nicht mehr neu erhältlich – und ist heute beim
SPX 990 angelangt, das seit vielen Jahren unverändert gebaut
wird.

Bild 5.42: Yamaha SPX 900

Während das SPX 900 noch mit 16 Bit arbeitet, verwendet das SPX 990 20 Bit Wandlergenauigkeit, außerdem lassen sich beim SPX 990 eigene Programme auf einer Speicherkarte ablegen.

Bild 5.43: Yamaha SPX 990

Roland SDE 3000

Obwohl das Roland SDE 3000 längst nicht mehr hergestellt wird, taucht es immer noch unverdrossen in den Ridern auf. Es handelt sich dabei um ein reines Delay. (Ein inzwischen unter dem Namen SRV 3030 angebotenes Gerät ist ein Universal-Effekt.)

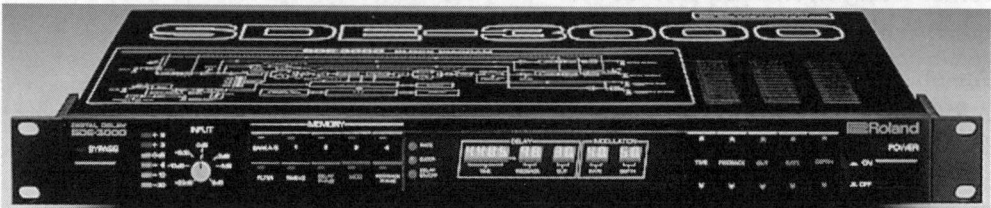

Bild 5.44: Roland SDE 3000

Lexicon PCM 60, 70, 80, 90

Mit dem Namen Lexicon verbindet man besonders brauchbare Hallprogramme, insbesondere die PCM-Serie ist ein echter Klassiker in der Beschallungs-Branche, vor allem das PCM 70 – auch dies ein Gerät, das nicht mehr hergestellt wird und im PCM 80 und PCM 90 seine Nachfolger gefunden hat.

Bild 5.45: Lexicon PCM 70

Bild 5.46: Lexicon PCM 90

TC 2290

Als „Nur-Delay" ist das tc 2290 eine Alternative zum Roland
SDE 3000: Größere Anzeigen, modernere Elektronik – und vor
allem noch als Neugerät erhältlich.

Bild 5.47: TC 2290

Yamaha REV 5 / REV 7

Auch das REV 5 und sein Vorgänger REV 7 werden nicht mehr
hergestellt, dennoch findet man es unverdrossen in den Racks
und Ridern. Eine dreifach-semiparametrische Klangregelung erlaubt es, das Gerät auch über einen simplen Aux-Return an das
Pult anzuschließen.

191

Bild 5.48: Yamaha REV 5

Eventide H 3000

Inzwischen ist Eventide bei H 7000 angekommen, dennoch schreibt man unverdrossen H 3000 in die Rider – eines der vielen Nachfolgermodelle darf es dann aber auch sein. Auch wenn die Eventide-Geräte allesamt Multi-Effekt-Geräte sind, verwendet man sie doch in erster Linie wegen der Harmonizer-Effekte.

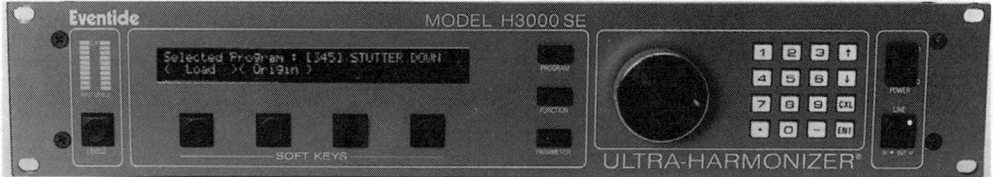

Bild 5.49: Eventide H 3000

TC M 5000

Auch das M 5000 von TC ist qualitäts- wie preismäßig in der Oberklasse eingeordnet. Mit den fünf Inkrementalgebern (Drehregler) macht die Bedienung richtig Spaß.

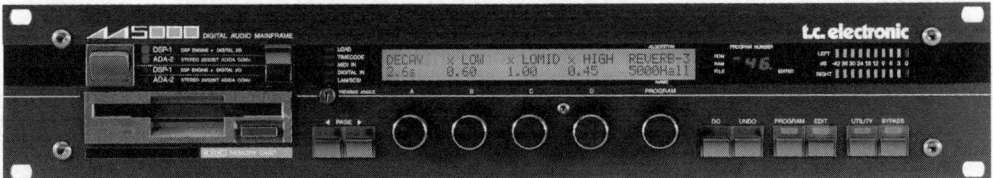

Bild 5.50: TC M 5000

Lexicon 480L und 960L

Es gibt Effektgeräte, die einfach nur weh tun. Manche, weil sie so schlecht sind, andere, weil sie so teuer sind. In welche Klasse diese beiden „Lexicöner" fallen, dürfte wohl klar sein (21 000,– EUR für das 960L).

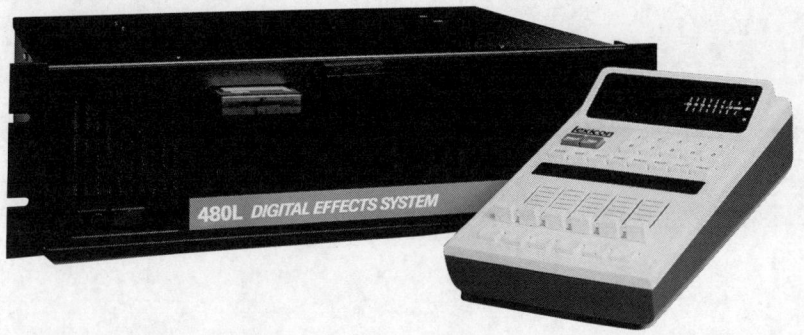

Bild 5.51:
Lexicon 480L

Lexicon MPX 100 und MPX 500

Die Firma Lexicon bietet auch im unteren Preissegment einige interessante Geräte an. Hier wurde weniger an der Qualität als an der Anzahl der beeinflussbaren Parameter gespart (und natürlich am Preis, 300,– bzw 500,– EUR).

Bild 5.52: Lexicon MPX 100

Bild 5.53: Lexicon MPX 500

193

Lautsprecher und Boxen 6

Das schwächste Glied in der Übertragungskette einer PA-Anlage sind die Boxen: Während Mischpulte und Endstufen einen linealglatten Frequenzgang und geringe Verzerrungen aufweisen, und Verfärbungen bei Mikrofonen eher gewollt herbeigeführte als nicht zu vermeidende Phänomene sind, ist eine PA-Box immer ein Kompromiss zwischen verschiedenen Parametern, die auch ohne Rücksicht auf die Kosten nicht alle gleichzeitig optimiert werden können.

6.1 Lautsprecher, Treiber und Tweeter

Lautsprecher, Treiber und Tweeter wandeln elektrische Energie in Schall um. Dabei wird fast immer ein elektrodynamischer Antrieb verwendet: Eine Spule in einem Magnetspalt ist mit einer Membran verbunden. Fließt Strom durch die Spule, dann erzeugt diese ein Magnetfeld, durch die dabei entstehende Kraft wird die Membran nach vorne oder hinten bewegt.

Im Prinzip handelt es sich dabei um das gleiche Prinzip, das auch bei einem Tauchspulenmikrofon verwendet wird. Tatsächlich könnte man solche Mikrofone auch als Lautsprecher verwenden (allerdings mit bescheidener Lautstärke), genauso wie man Lautsprecher auch als Mikrofone verwenden kann (dies allerdings mit bescheidener Wiedergabequalität, wie zahlreiche Wechselsprechanlagen beweisen).

Elektrostaten, also die Umkehr des Kondensatormikrofons, haben sich nur im HiFi-Bereich einen Platz erobern können, dasselbe gilt für Bändchenlautsprecher.

195

Lautsprecher

Bild 6.1 zeigt den Schnitt durch einen Lautsprecher: Kennzeichnend für Lautsprecher ist eine konusförmig nach innen gerichtete Membran. Diese besteht meist aus Pappe, manchmal aber aus anderen Stoffen wie beispielsweise Kevlar. Die Membran sollte möglichst leicht sein, damit sie schnelle Bewegungen ausführen kann, andererseits aber auch möglichst steif, damit sie als ganze Einheit schwingt und keine so genannte Partialschwingungen durchführt. Für diese Versteifung ganz wesentlich ist die konusförmige Bauform, eine ebene Membran bekommt man einfach nicht ohne beträchtliches Mehrgewicht steif genug.

Schnitt eines typischen JBL Tieftöners

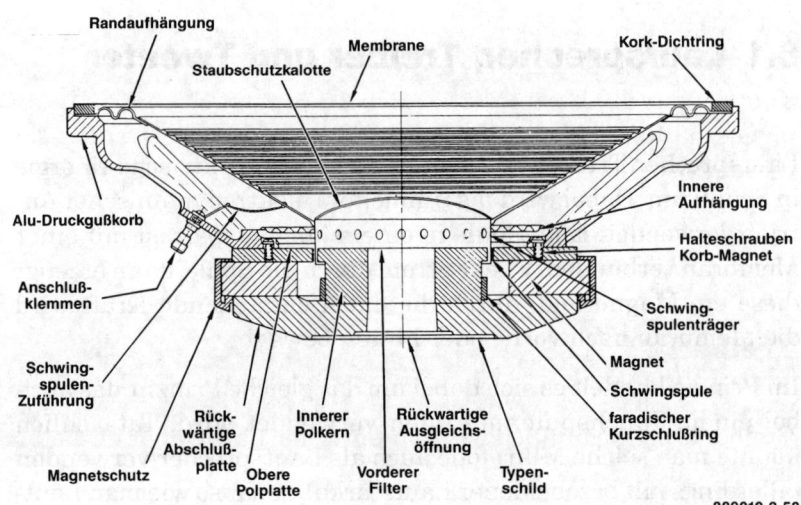

Bild 6.1: Lautsprecher

889010-2-58

Wenn eine Membran nach vorne schwingt, dann erzeugt sie auf der Vorderseite einen Überdruck und auf der Hinterseite einen Unterdruck. Solange der Lautsprecher nicht in ein Gehäuse eingebaut ist, würde sich dieser Druckunterschied durch einen entsprechenden Luftstrom von der Vorderseite zur Rückseite ausgleichen („akustischer Kurzschluss"). Lautsprecher müssen deshalb immer in ein Gehäuse eingebaut werden.

196

Um im Tieftonbereich hohe Pegel erzielen zu können, muss eine Menge Luft bewegt werden, dafür sind große Membranflächen erforderlich. Große Membrane sind aber zu träge für schnelle Bewegungen und können somit keine hohen Frequenzen übertragen, erst recht nicht verfärbungsfrei (dazu kommt noch der Impedanzanstieg durch die Induktivität der Schwingspule). Im Gegensatz zu Mikrofonen ist es also nicht möglich,

Bild 6.2:
15"-Speaker
von JBL

den gesamten Frequenzbereich (bei erträglichen Klangeigenschaften) mit nur einem Lautsprecher zu übertragen. Aus diesem Grund verwendet man eine Kombination von verschiedenen Membrangrößen, von denen die großen die tiefen Frequenzen und die kleinen die hohen Frequenzen übertragen.

Treiber

Treiber arbeiten ähnlich wie Lautsprecher, haben aber im Detail einige Unterschiede dazu:

- Treiber sind für den Betrieb an einem Horn ausgelegt. Natürlich kann man auch Lautsprecher an einem Horn betreiben, aber auch in einem Bassreflex-, einem Bandpass- oder einem geschlossenen Gehäuse. Treiber werden dagegen immer an einem Horn betrieben.

▪ Treiber haben einen deutlich geringeren Membrandurchmesser. Während Lautsprecher in der PA-Technik mindestens 6" (das sind 15 cm), meist aber 12" (30 cm), 15" (38 cm) oder 18" (45 cm) haben, liegt der Membrandurchmesser bei Treibern zwischen 1" (2,5 cm) und 2" (5 cm), selten mal etwas darüber oder darunter. Dementsprechend verwendet man Treiber für den oberen Mittelton- und den Hochton-Bereich.

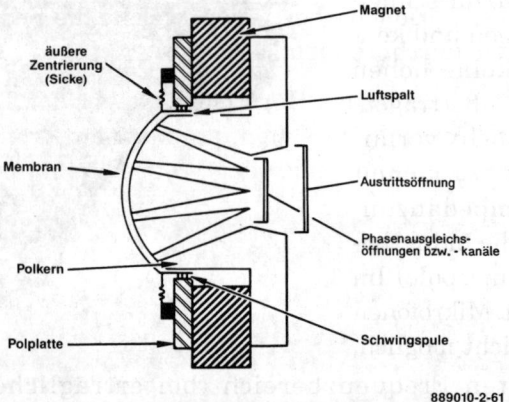

889010-2-61

Bild 6.3:
Treiber

▪ Treiber haben eine kugelförmige, nach außen gebogene Membran. Dies wäre prinzipiell auch bei Lautsprechern möglich, dafür bräuchte man jedoch sehr große Schwingspulen und Magnete, die dementsprechend teuer wären.

Schwingspule und Membran bilden wie beim Lautsprecher eine Einheit, die hier aber auf den Treiber geschraubt wird, während man sie beim Lautsprecher in den Korb klebt. Die Membran ist meist aus Aluminium.

▪ Der Treiber ist hinten geschlossen, da er ein viel kleineres rückwärtiges Volumen benötigt als ein Lautsprecher. Der Deckel dient jedoch nicht zur Verhinderung eines akustischen Kurzschlusses (also dem Druckausgleich zwischen Vorder- und Rückseite der Membran), dieser wird ohnehin dadurch vermieden, dass die Abmessungen des Horns größer sind als die halbe Wellenlänge des wiedergegebenen Schalls. Der Deckel dient vielmehr dazu, dass der Basslautsprecher in derselben Box nicht die Treiber als Passivmembran nutzt und bei jedem Bass-Impuls an den Anschlag drückt.

■ Eine Treiber/Horn-Kombination hat fast immer einen höheren Wirkungsgrad und eine geringere Belastbarkeit als ein Lautsprecher. Dies ist normalerweise kein Problem, da der geringere Teil der übertragenen Leistung dem Hochtonbereich entstammt. Über eine höhere Impedanz des Treibers gelingt auch die Anpassung problemlos.

Bei einer clippenden, also verzerrenden Endstufe werden jedoch vermehrt Höhen übertragen, welche die Schwingspule des Treibers durchbrennen können.

■ Zur Adaptierung an das Horn ist entweder der Treiberhals mit einem Gewinde versehen, so dass der Treiber aufgeschraubt werden kann, oder der Treiber kann an das Horn angeflanscht werden.

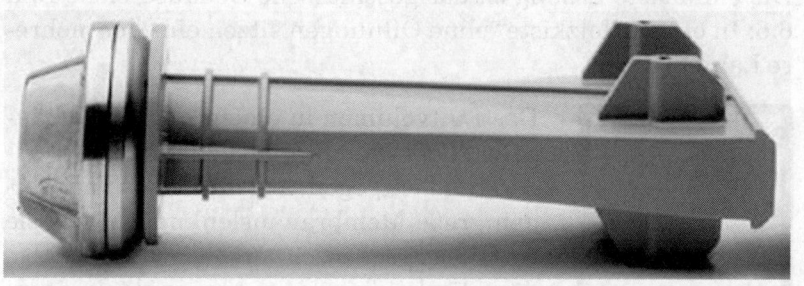

Bild 6.4:
Treiber am Horn (aus
dem JBL VERTEC-
System)

Tweeter

Je höher die übertragene Frequenz ist, desto kleiner kann ein Horn gebaut werden. Im Hochtonbereich (ab etwa 5kHz aufwärts) ist es üblich, dass Horn und Treiber als eine Einheit hergestellt werden, man spricht dann von einem Tweeter.

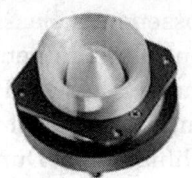  

Bild 6.5:
Einige Tweeter
von JBL

199

6.2 Lautsprecher-Gehäuse

Wie vorhin bereits erwähnt, würde beim Betrieb eines Lautsprechers ohne Gehäuse ein akustischer Kurzschluss auftreten: Der Druckunterschied zwischen Membran-Vorder- und Rückseite würde sich am Speaker vorbei ausgleichen und die abgestrahlte Schallmenge wäre minimal. Um dies zu vermeiden, könnte man den Lautsprechern in eine große Wand einbauen, aber da PA-Anlagen transportabel sein müssen, ist diese Lösung reichlich praxisfremd.

Geschlossene Gehäuse

Die einfachste Lösung ist das geschlossene Gehäuse, siehe Bild 6.6: In einer „Holzkiste" ohne Öffnungen sitzen ein oder mehrere Lautsprecher.

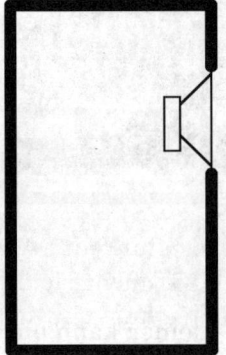

Bild 6.6: Geschlossenes Gehäuse

Das Luftvolumen in einem solchen Gehäuse setzt der Membranauslenkung einen Widerstand entgegen, aus diesem Grund werden große Membranauslenkungen, wie sie bei tiefen Frequenzen vorkommen, stärker bedämpft als kleine Membranauslenkungen. Um mit einer solchen Box hohe Tieftonpegel erzeugen zu können, braucht man ein entsprechend großes Volumen. Aus Gründen des Transports soll die Box jedoch weder sehr groß noch besonders schwer werden, aus diesem Grund werden geschlossene Gehäuse für die Frontanlage allenfalls im Mitteltonbereich eingesetzt.

Ich setze für Monitorboxen lieber geschlossene als Bassreflex-Gehäuse ein: Über die Frontanlage kommt ohnehin genügend Bass auf die Bühne, weil die entsprechenden Boxen bei tiefen Frequenzen nicht mehr gerichtet abstrahlen, und deshalb braucht eine Monitorbox keine besonderen Tieftonfähigkeiten. Durch das geschlossene Gehäuse vermeidet man zudem, dass die Box durch zu große Membranauslenkung Schaden nimmt.

Bassreflex-Gehäuse

Um den Nachteil der unbefriedigenden Tiefbass-Wiedergabe zu vermeiden, kann man Bassreflex-Gehäuse einsetzen, siehe Bild 6.7. Hier hat das Gehäuse neben der Lautsprecheröffnung noch eine zweite Öffnung, die in ein Rohr führt. Dieses Rohr führt den nach hinten gerichteten Schall nach vorne, durch die längere Wegstrecke wird dieser jedoch um 180° in der Phase gedreht, so dass er sich wieder phasenrichtig zum nach vorne abgestrahlten Schall addiert.

Da die Wellenlänge des Schalls sich mit der Frequenz ändert, funktioniert so ein Bassreflex-Effekt nur für einen relativ schmalen Frequenzbereich. Oberhalb dieses Frequenzbereichs ist die Bassreflex-Öffnung praktisch wirkungslos: Sie nützt nichts, schadet aber auch nicht. Unterhalb der Resonanzfrequenz stellt dieses Rohr jedoch einen akustischen Kurzschluss dar, und somit können Bassreflexgehäuse unterhalb der Resonanzfrequenz kaum Schall abgeben.

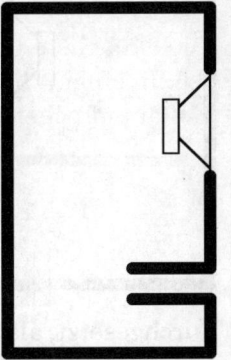

Bild 6.7:
Bassreflex-
Gehäuse

Dabei steigt auch noch die Membranauslenkung stark an, weil nun der dämpfende Effekt der eingeschlossenen Luftmenge fehlt. Würde man versuchen, den Abfall des Frequenzgangs mittels eines Equalizers auszugleichen, so hätte man allerbeste Chancen, die Membran „herauszuschießen" – statt einer durchgebrannten Schwingspule eine zerfetzte Membran. Statt einer Anhebung sollte man lieber einen Hochpass setzen, der alles unterhalb der Resonanzfrequenz steilflankig wegfiltert.

Würde man das Bassreflexrohr auf eine Frequenz mitten im Übertragungsbereich des Lautsprechers abstimmen, so hätte man hier einen Peak im Frequenzgang, der für gewöhnlich nicht erwünscht ist. Sinnvollerweise stimmt man ein Bassreflexsystem so ab, dass dieser Effekt den „natürlichen" Pegelrückgang bei tieferen Frequenzen ein Stück weit kompensiert.

Bandpass-Gehäuse

Bei einem Bandpass-Gehäuse arbeiten ein oder mehrere Lautsprecher auf eine oder mehrere Resonanzkammern. Durch sorgfältige Abstimmung derselben kann man in einem vergleichsweise schmalen Frequenzband einen ziemlich hohen Wirkungsgrad erzielen.

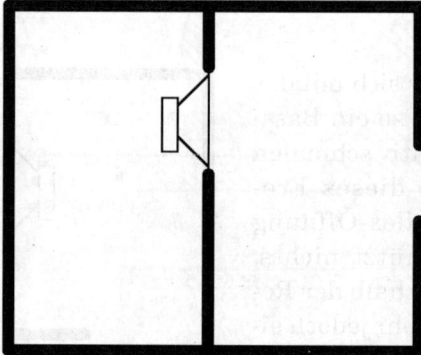

Bild 6.8:
Bandpass-
Gehäuse

Bandpass-Gehäuse eignen sich dadurch für Sub-Bass-Systeme, die beispielsweise einen Bereich zwischen 40 und 80 Hz übernehmen sollen. Bandpass-Systeme, insbesondere solche mit mehr als zwei Kammern, sind nicht ganz trivial in der Berechnung und haben sich eigentlich erst so richtig durchgesetzt, als man sie mit Computern auch berechnen konnte. Gerade im Tiefbass-Bereich werden sie gerne gebaut, weil sie bei diesen Frequenzen kleiner und leichter als entsprechende Hörner sind.

Hörner

Ein Horn – man möge mir ob der gebotenen Kürze die stark vereinfachte Darstellung verzeihen – ist ein Trichter, den man vor den Lautsprecher setzt und der den Schall bündelt. Somit erhöht ein Horn der Wirkungsgrad.

Bild 6.9 zeigt ein Front-Loaded-Horn, das Horn sitzt also vor dem Lautsprecher. Nach diesem Prinzip arbeiten alle Mitten- und Hochtonhörner, wobei bei manchen Mitten- und allen Hochtonhörnern Treiber eingesetzt werden.

Bei Basshörnern besteht das Problem, dass das Horn mit abnehmender Frequenz (und somit zunehmender Wellenlänge) immer größer werden müsste. Dabei hätte man zunächst ein Transport- und schließlich auch ein Aufstellungsproblem.

Deshalb wurden die Folded-Horns entwickelt: Bei diesen Hörnern ist das Horn „zusammengefaltet", man bekommt trotz größerer Wegstrecke vom Lautsprecher bis zur Hornmündung eine halbwegs kompakte Bauform. Allerdings arbeiten solche Folded-Horns nur vernünftig bei den Frequenzen, für die sie ausgelegt sind – die Idee, mal eben einen Coax-Lautsprecher reinzusetzen und damit ein Fullrange-System zu erhalten, scheidet hier also aus.

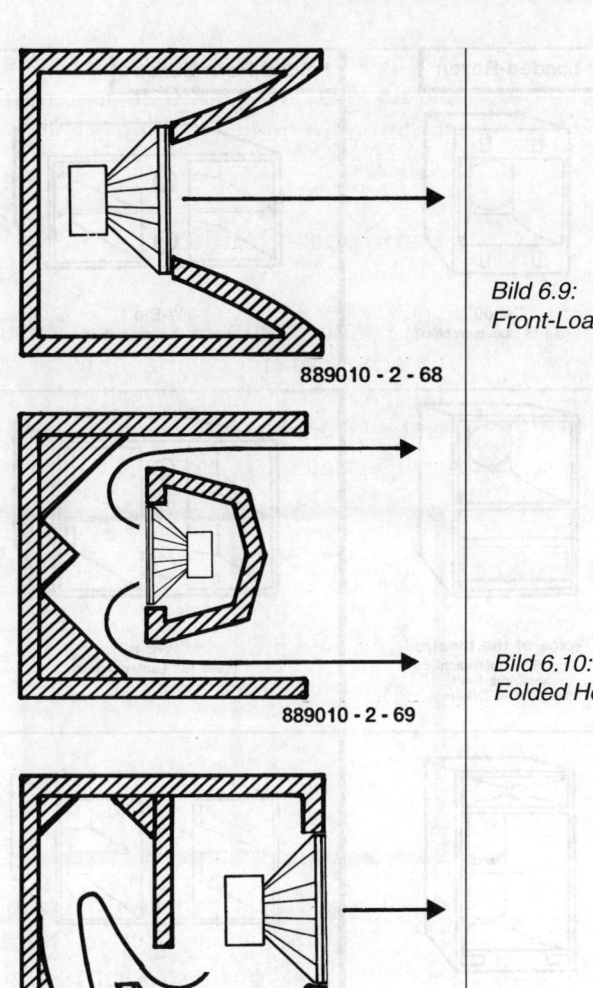

889010 - 2 - 68

Bild 6.9:
Front-Loaded Horn

889010 - 2 - 69

Bild 6.10:
Folded Horn

889010 - 2 - 70

Bild 6.11:
Read-Loaded Horn

203

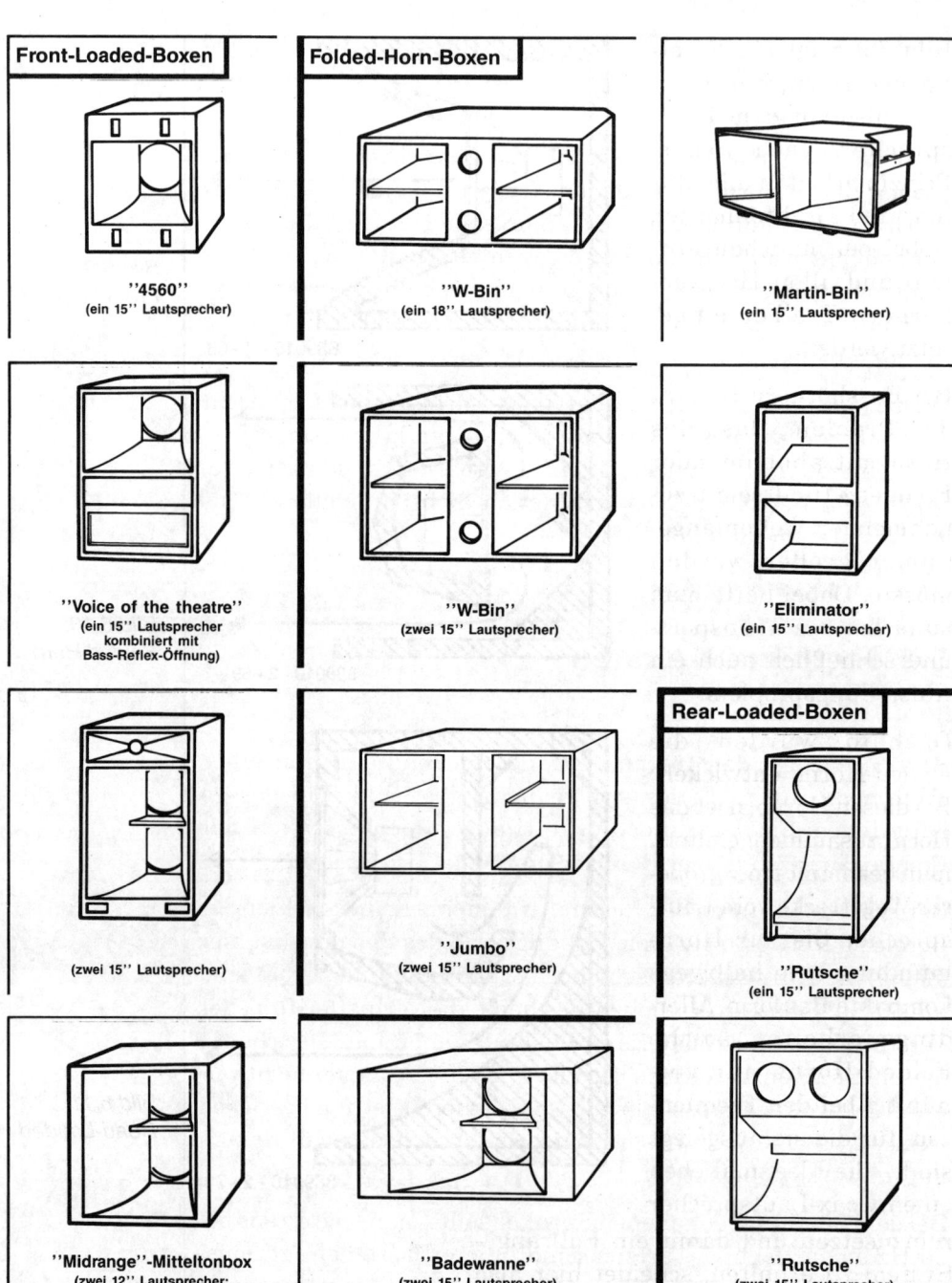

Front-Loaded-Boxen

"4560"
(ein 15'' Lautsprecher)

"Voice of the theatre"
(ein 15'' Lautsprecher
kombiniert mit
Bass-Reflex-Öffnung)

(zwei 15'' Lautsprecher)

"Midrange"-Mitteltonbox
(zwei 12'' Lautsprecher;
auch für einen 12'' erhältlich)

Folded-Horn-Boxen

"W-Bin"
(ein 18'' Lautsprecher)

"W-Bin"
(zwei 15'' Lautsprecher)

"Jumbo"
(zwei 15'' Lautsprecher)

"Badewanne"
(zwei 15'' Lautsprecher)

"Martin-Bin"
(ein 15'' Lautsprecher)

"Eliminator"
(ein 15'' Lautsprecher)

Rear-Loaded-Boxen

"Rutsche"
(ein 15'' Lautsprecher)

"Rutsche"
(zwei 15'' Lautsprecher)

889010-2-72

Eine Abwandlung des Bassreflex-Prinzips sind Read-Loaded Horns: Hier strahlt der Lautsprecher nach vorne direkt und nach hinten über ein Horn ab.

Die nebenstehende Abbildung zeigt ein paar „historische" Bauformen. Diese Hörner entstanden zu einer Zeit, als $2 \times 300\,\mathrm{W}$ das „höchste der Gefühle" war, dementsprechend wurden diese Hörner gnadenlos auf Wirkungsgrad getrimmt. Heutzutage ist hohe Endstufenleistung kein Problem mehr, deshalb optimiert man eher auf geraden Frequenzgang, insbesondere aber auf kleine Abmessungen.

Damit soll nicht gesagt werden, dass solche Anlagen schlecht sind. Gerade mit moderner Controller-Technik kann man hier noch einiges „herausholen". Allerdings sollte man dann überlegen, ob ein Betrieb als Festinstallation nicht sinnvoller ist als ein Einsatz „on the road".

6.3 Frequenzweichen

Bild 6.12 zeigt das Impedanz- und Phasendiagramm eines Tieftöners, Bild 6.13 dessen Frequenzgang, Bild 6.14 dessen Klirrdiagramm. Anhand dieser Diagramme lässt sich der Frequenzbereich in vier Bereiche einteilen.

Bereich 1 liegt unter der Resonanzfrequenz, das wäre hier der Bereich bis etwa 30 Hz. Der Wirkungsgrad des Speakers ist hier mäßig, die Klirrfaktoren sehr hoch, Spannung und Strom sind um 60-90° phasenverschoben, das heißt, die Verlustleistung der Verstärkers ist maximal. Es ist unsinnig, einen Lautsprecher in diesem Frequenzbereich zu betreiben. Erstens klingt er nicht vernünftig, zweitens müsste er mit sehr hoher Leistung betrieben werden, da der Wirkungsgrad niedrig ist, drittens würde man die Verstärker überhitzen.

Bei dem hier aufgenommenen Speaker sollte man spätestens bei 50 Hz einen Hochpass setzen. Sind tiefere Bässe gefragt, müssen andere Speaker und/oder andere Gehäuse eingesetzt wer-

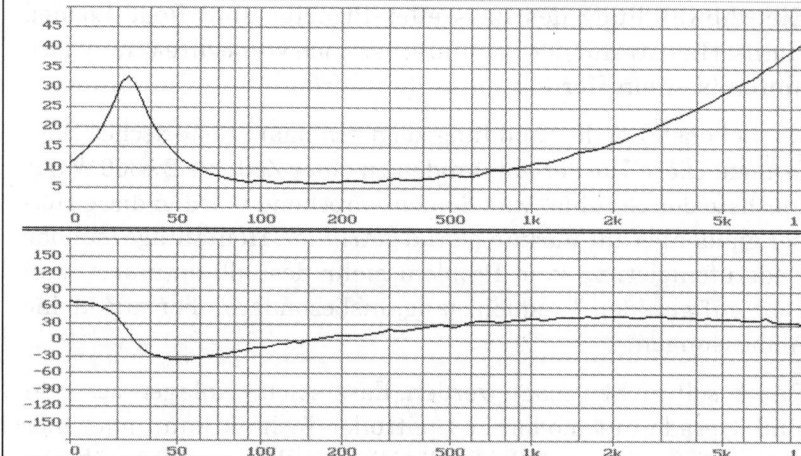

Bild 6.12:
Impedanzdiagramm

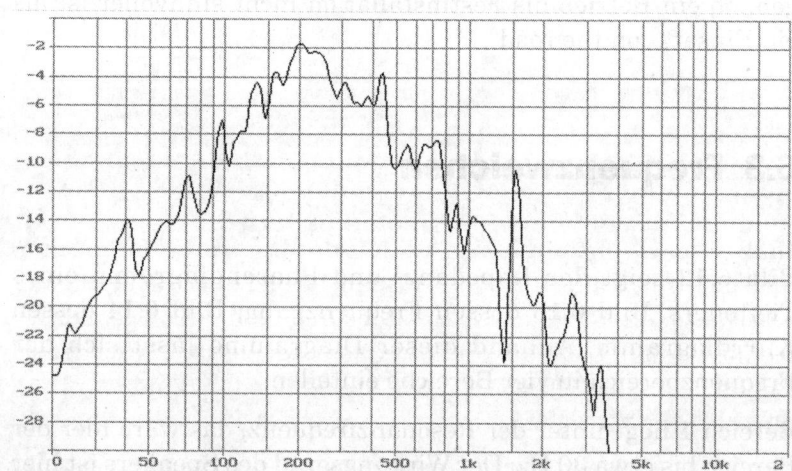

6.13:
Frequenzdiagramm

den (der hier aufgenommene Speaker ist ein 15" im Front-Loaded Horn).

Bereich 2 liegt um die Resonanzfrequenz; hier steigt die Impedanz und somit auch der Wirkungsgrad deutlich an. Meist arbeiten Lautsprecher bei dieser Frequenz schon ganz ordentlich, was hier allerdings nicht der Fall ist.

Im Bereich 3 ist die Impedanz weitgehend konstant, der Wirkungsgrad brauchbar, der Klirrfaktor relativ niedrig, und auch der Phasengang macht keine Schwierigkeiten. Dieser Bereich geht hier im Beispiel von 100 Hz bis 1 kHz, hier sollte ein Lautsprecher betrieben werden. Das Klirrdiagramm zeigt die für Hörner typischen relativ hohen Klirrfaktoren 2. Grades (geradzahlige Oberwellen).

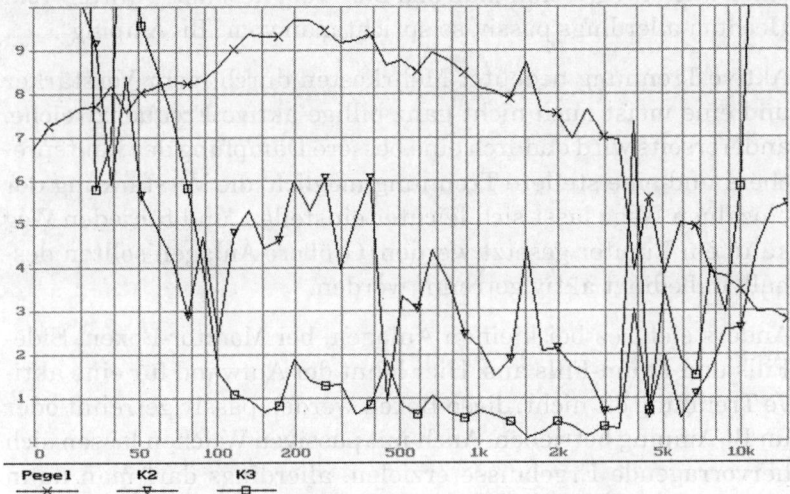

Bild 6.14:
Klirrdiagramm

Im Bereich 4 erhöht die Induktivität der Lautsprecherspule immer mehr die Impedanz, der Ausgangspegel sinkt deutlich, der Klirrfaktor steigt wieder. Spätestens hier sollte der Speaker getrennt werden. Liegt die Trennfrequenz bei passiven Weichen zu Beginn von Bereich 4, so muss eine Impedanzkompensation durchgeführt werden.

Warum Frequenzweichen?

Wie gerade erläutert wurde, können Lautsprecher nur einen begrenzten Frequenzbereich richtig wiedergeben. Deshalb muss der Audio- Bereich in mehrere Bereiche unterteilt werden, die jeweils von speziell dafür geeigneten Lautsprechern übernommen werden. Um diesen Lautsprechern das jeweils geeignete Signal zuzuweisen, sind Frequenzweichen erforderlich.

Hier gibt es nun zwei Möglichkeiten: Entweder wird das Signal hinter der Endstufe mit Hilfe eines passiven Filternetzwerks, also mit Spulen und Kondensatoren getrennt, oder das Signal wird vorher getrennt und dann mehreren Endstufen zugeführt; bei Letzterem spricht man von aktiver Trennung. Wählt man hier einen Mittelweg, trennt man den Bass vom Rest aktiv, Mittel- vom Hochton allerdings passiv, so spricht man vom „Bi- Amping".

Aktive Trennung bedeutet Mehrkosten durch mehr Verstärker und eine meist auch nicht ganz billige aktive Frequenzweiche, andererseits wird dadurch eine bessere Dämpfung des Lautsprechers und eine steilere Trennung möglich, die Verstärkung der einzelnen Wege lässt sich leichter einstellen, und für jeden Weg kann ein Limiter gesetzt werden. Größere Anlagen sollten deshalb unbedingt aktiv getrennt werden.

Anders sieht es bei kleinen Anlagen, bei Monitor-Boxen, Side-Fills und Drum-Fills aus: Hier lohnt der Aufwand für eine aktive Trennung oft nicht, diese Boxen werden passiv getrennt oder im Bi-Amping betrieben. Auch mit passiven Weichen lassen sich hervorragende Ergebnisse erzielen, allerdings darf man dann einen etwas größeren Aufwand nicht scheuen, der aber immer noch wesentlich billiger kommt als eine aktive Trennung.

Passive Weichen

Bild 6.15 zeigt das Schaltbild eines Tief- und eines Hochpasses mit einer Flankensteilheit von 12 dB / Oktave. Eine Flankensteilheit von 6 dB / Oktave, wie sie mit einem vorgeschalteten Kondensator bzw. einer Spule möglich wäre, sollte in der Beschallungstechnik nicht verwendet werden.

Die Grenzfrequenz eines Filters ist die Frequenz, bei der gegenüber dem maximalem Pegel der Pegel um 3 dB abgefallen ist. Wie Bild 6.17 zeigt, ist bei dieser Grenzfrequenz die Phase am Ausgang um + (Hochpass) oder – (Tiefpass) 90° gegenüber dem Durchlassbereich verschoben. Würde man nun die Speaker

phasenrichtig anschlie-
ßen, so wären ihre Signa-
le im Bereich der Trenn-
frequenz um 180° verpolt
und würden sich dem-
nach auslöschen. Dies
würde einen Pegel nach
Bild 6.18 (die Kurve mit
Einbruch) ergeben.

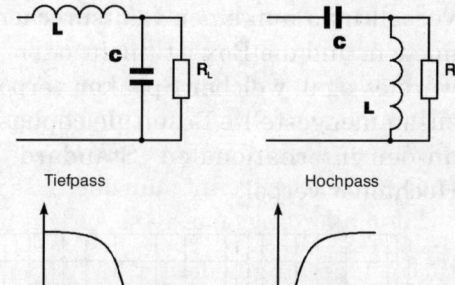

Tiefpass   Hochpass

Bild 6.15:
Passiver Hoch- und
Tiefpass mit einer
Flankensteilheit von 12
dB / Oktave

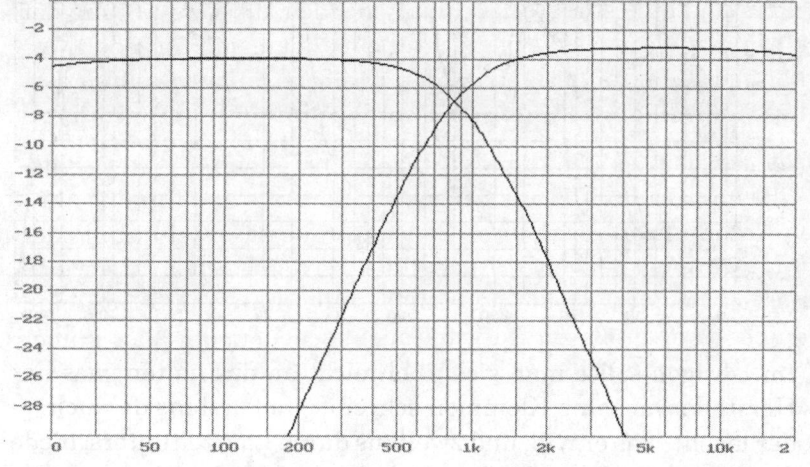

Bild 6.16:
Frequenzgang Hoch-
und Tiefpass

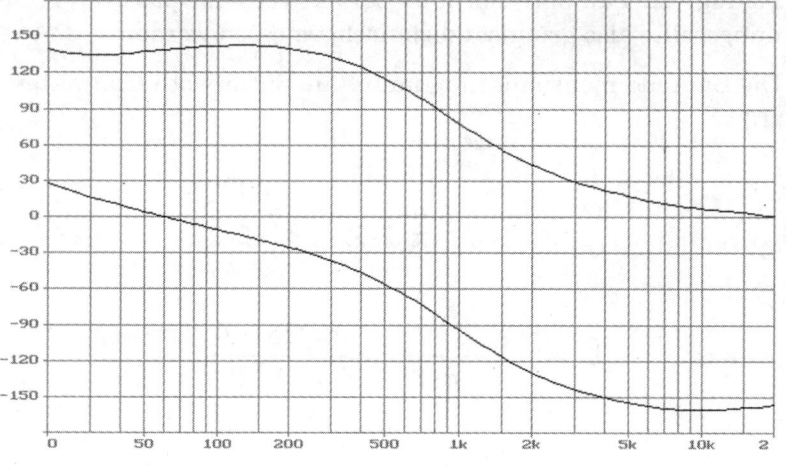

Bild 6.17:
Phasengang
Hoch- und
Tiefpass

209

Verpolt man nun einen Lautsprecher, so wird dieser Effekt vermieden, und die Box ist (mehr oder weniger) linear. Im Prinzip wäre es egal, welcher Speaker verpolt würde, doch damit zwei zusammengestellte Boxen gleichphasig arbeiten, sollte man sich an den internationalen „Standard" halten: Tieftöner normal, Hochtöner verpolt.

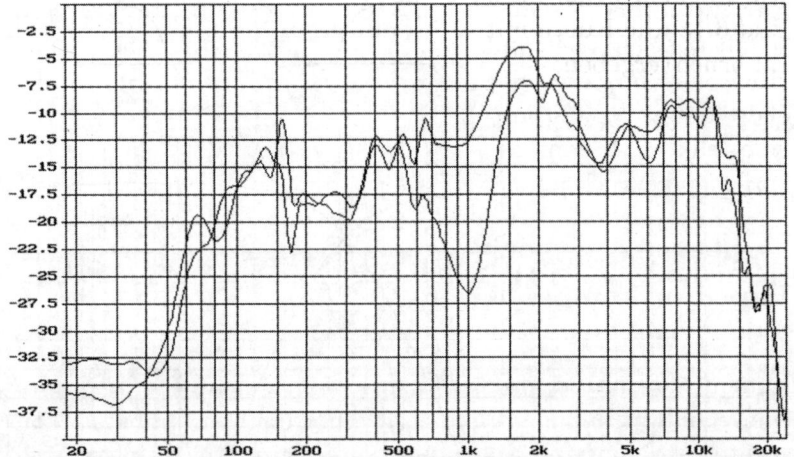

Bild 6.18:
Korrekt und verpolt
angeschlossene
Frequenzweiche

Im Übrigen sollte man sich auch nicht an das halten, was der Hersteller an seine Klemmen schreibt, weil erstens da auch jeder macht, was er will, und zweitens durch Laufzeitunterschiede die Phase gerade an der Trennzfrequenz gedreht sein kann. Die Polung von Lautsprechern, ob bei aktiver oder passiver Trennung, sollte also grundsätzlich nachgemessen werden.

Die Bauteildimensionierung lautet für Butterwoth-Charakteristik:

$$C = \frac{1}{2 \cdot \sqrt{2} \cdot \pi \cdot f \cdot Z} = \frac{0,1125}{f \cdot Z}$$

$$L = \frac{Z}{\sqrt{2} \cdot \pi \cdot f} = \frac{0,2251 \cdot Z}{f}$$

Für die Dimensionierung von Weichen gibt es verschiedene Charakteristiken, die bezüglich Steilheit der Trennung und Impulsverhalten verschiedene Vorzüge und Nachteile haben; der interessierte Leser sei an die einschlägige Fachliteratur verwiesen.

Bild 6.19 zeigt einen Bandpass, der im Prinzip nur aus einer Serienschaltung von Tief- und Hochpass besteht, die obere und untere Trennfrequenz wird dementsprechend berechnet.

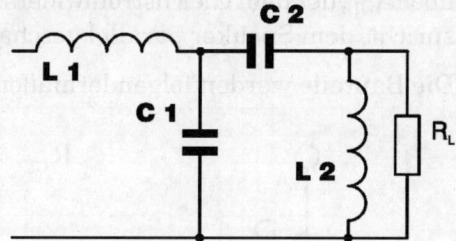

Bild 6.19:
Bandpassfilter

Impedanzkompensation

In den Bildern 6.15 und 6.19 wurde mit Absicht kein Lautsprecher, sondern ein Widerstand gezeichnet, denn nur mit einer konstanten Abschlussimpedanz funktioniert eine Weiche ideal. Wenn man nun zu Bild 6.12 zurückblättert, dann sieht man, dass die Impedanz eines Lautsprechers alles andere als linear ist. Im Wesentlichen sind zwei Störfaktoren zu beobachten: Der Impedanzpeak bei der Resonanzfrequenz und der Anstieg der Impedanz bei hohen Frequenzen infolge der Induktivität der Schwingspule.

Ist so ein Störfaktor mindestens 2 Oktaven (Frequenz-Verdopplung oder -Halbierung) von der Trennfrequenz entfernt, so kann er ignoriert werden. Ist dies nicht der Fall, so stimmt die Berechnungsgrundlage für die Weiche nicht mehr, durch die höhere Impedanz würde die Weiche nicht mehr vernünftig arbeiten. Erfreulicherweise kann dieser Effekt kompensiert werden, ein entsprechendes Kompensationsnetzwerk zeigt Bild 6.20.

Dieses Kompensationsnetzwerk teilt sich in zwei Teile: Der Kondensator C_e auf der linken Seite zur Kompensation der Induktivität und der Serienresonanzkreis auf der rechten Seite zur Kom-

211

pensation der Resonanzfrequenz; liegt die Trennfrequenz von einem Störfaktor weit genug entfernt, so muss diese Störgröße nicht kompensiert werden, und der entsprechende Teil des Netzwerkes kann entfallen. Gemeinsam werden die beiden Zweige über R_{GL}, der dem Gleichstromwiderstand des Lautsprechers entspricht, dem Speaker parallel geschaltet.

Die Bauteile werden folgendermaßen dimensioniert:

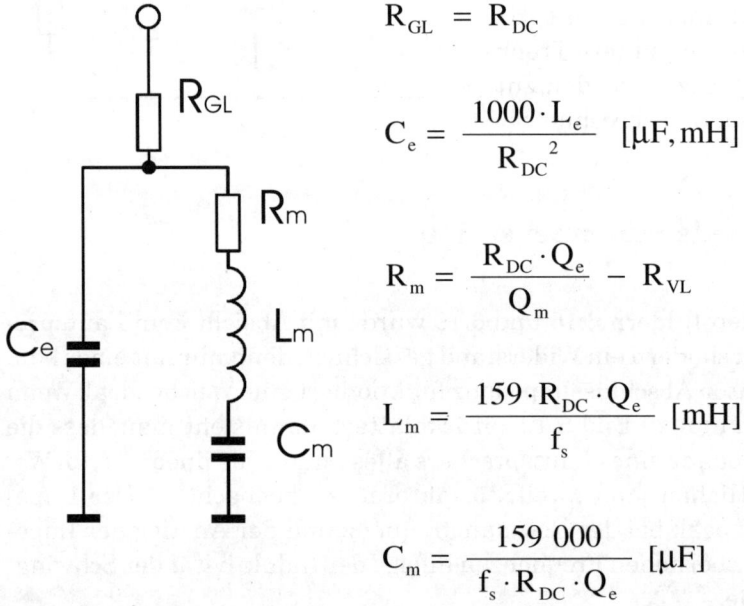

$$R_{GL} = R_{DC}$$

$$C_e = \frac{1000 \cdot L_e}{R_{DC}^2} \quad [\mu F, mH]$$

$$R_m = \frac{R_{DC} \cdot Q_e}{Q_m} - R_{VL}$$

$$L_m = \frac{159 \cdot R_{DC} \cdot Q_e}{f_s} \quad [mH]$$

Bild 6.20:
Impedanz-
kompensation

$$C_m = \frac{159\,000}{f_s \cdot R_{DC} \cdot Q_e} \quad [\mu F]$$

Dabei können die Werte von R_{DC}, Q_m, Q_e und f_s mit Hilfe entsprechender Messprogramme (beispielsweise Kirchner ATB) bestimmt werden. R_{DC} ist der Gleichstromwiderstand des Speakers und f_s die Mittenfrequenz der Resonanz. R_{VL} ist der Verlustwiderstand der Spule und L_e deren Induktivität.

Wie kommt man nun jedoch zu L_e? Man kann sich bei hohen Frequenzen den Lautsprecher als eine Reihenschaltung aus Induktivität und Gleichstromwiderstand vorstellen, so wie sie in

Bild 6.21 gezeichnet ist. Nun liest man bei einer ausreichend hohen Frequenz aus dem Impedanzdiagramm. Die Gesamtimpedanz Z_{ges} ab. Die Induktivität L_e beträgt dann:

$$L_e = \frac{\sqrt{Z_{ges}^2 - R_{DC}^2}}{2 \cdot \pi \cdot f}$$

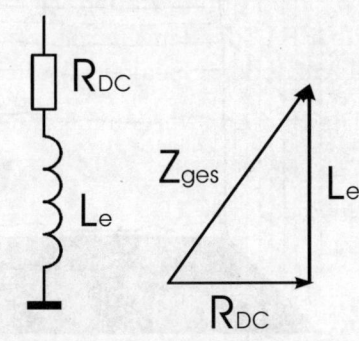

Beim Diagramm 6.21 beträgt die Gesamtimpedanz bei 10 kHz 28 Ω, R_{DC} ist 7 Ω, somit wäre die Induktivität 0,43 mH, zur Kompensation würden dann ca. 10 nF verwendet.

Bild 6.21:
Induktivität und
Gleichstromwiderstand

Was passiert, wenn eine Weiche mit einem falschen Widerstand abgeschlossen wird, kann anhand Bild 6.22 betrachtet werden.

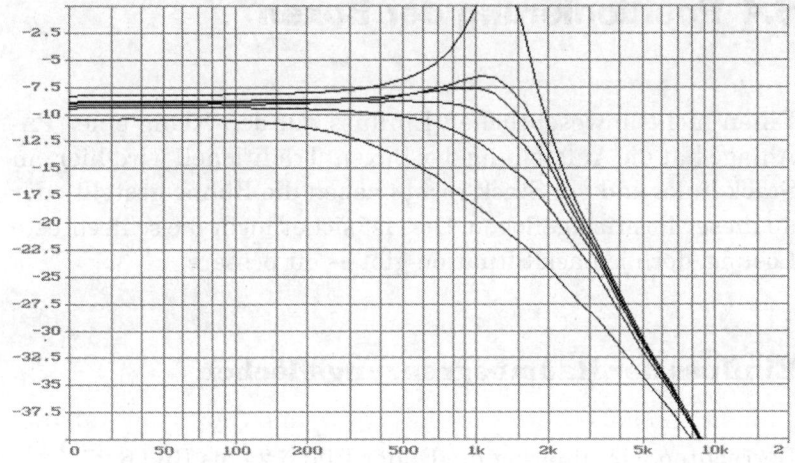

Bild 6.22:
Auswirkung
eines falschen
Abschluss-
widerstands

Ist der Abschlußsswiderstand zu gering, so verliert die Weiche an Trennschärfe. Ist der Abschlußsswiderstand zu hoch, dann entsteht bei der Trennfrequenz ein Peak. Dieser Frequenzbereich ist dann nicht nur zu laut, er klingelt dann auch nach, wie Bild 6.23 zeigt (so extrem, wie hier gezeigt, allerdings nur dann, wenn der Abschlußsswiderstand deutlich zu groß ist).

213

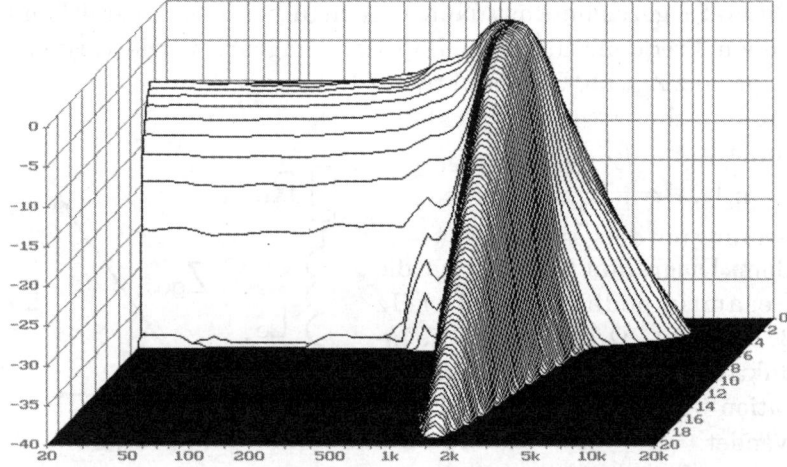

Bild 6.23:
Nachschwingen bei
falschem
Abschluss-
widerstand

6.4 Positionierung der Boxen

Einen nicht unwesentlichen Einfluss auf den Klang einer PA-Anlage hat die Aufstellung der Boxen. Traditionell wird hier ein Stack links und ein Stack rechts neben die Bühne gestellt oder an dieser Position geflogen. Dies ist sicher nicht die schlechteste Lösung, doch je nach Situation gibt es oft bessere.

Einfluss der Raumbegrenzungsflächen

Betrachten wir zunächst die Bilder Bild 6.24 bis Bild 6.27.

+ 0dB

Bild 6.24
Box frei im Raum

In Bild 6.24 schwebt eine Lautsprecherbox frei im Raum. Es wird bei dieser und bei den nächsten Betrachtungen angenommen, dass diese Lautsprecherbox eine kugelförmige Abstrahlcharakteristik hat, dass

214

sie also nach allen Richtungen gleich stark abstrahlt. Bass-Boxen haben näherungsweise eine solche Abstrahlcharakteristik.

In diesem Fall wird die Schallleistung auf die gesamte Kugelfläche verteilt; es gilt also

$$J = \frac{P}{A} = \frac{P}{4 \cdot \pi \cdot r^2}$$

Diese Schallintensität soll als Grundlage der weiteren Betrachtungen herangezogen werden, der entsprechende Schallpegel wird als relativer Schallpegel von 0 dB definiert.

Nun wird die Box, wie in Bild 6.25 gezeigt, auf den Boden gestellt. Näherungsweise ist nun die Abstrahlcharakteristik halbkugelförmig, die Schallleistung verteilt sich also auf die halbe Kugelfläche. Weil die Fläche A nun halb so groß ist, nimmt die Schallintensität J bei der gleichen Schallleistung den doppelten Wert an. Der relative Schallpegel ist demnach +3 dB.

Nun geht der Boden ja nicht durch die Lautsprecherachse, sondern hat einen gewissen Abstand zu ihr. Ist die Wellenlänge und/oder der Abstand des Hörers gegenüber diesem Abstand groß, so wird dieser Ab-

+ 3dB

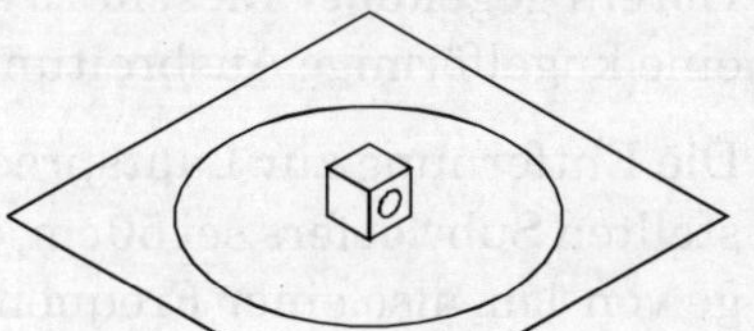

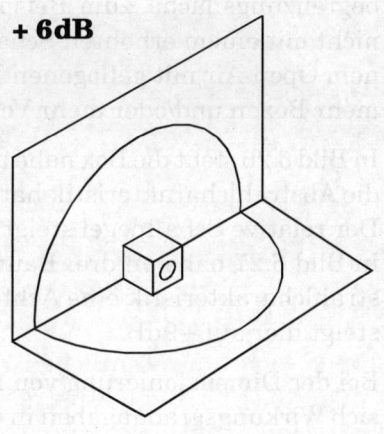

Bild 6.25:
Box auf dem
Boden

+ 6dB

Bild 6.26:
Box an einer
Raum-Kante

+ 9dB

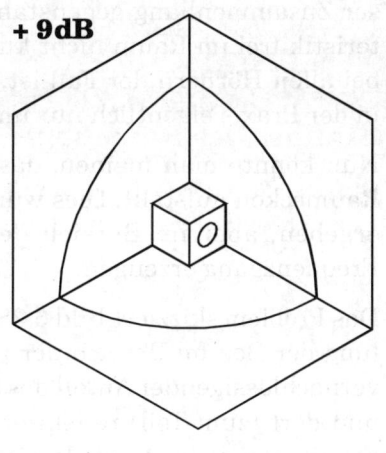

Bild 6.27:
Box in einer
Raum-Ecke

stand vernachlässigt. Ist die Wellenlänge oder der Abstand des Hörers gegenüber diesem Abstand klein, so erfolgt tendenziell eine kugelförmige Ausbreitung wie nach Bild 6.24.

Die Entfernung zur Lautsprecherachse eines auf den Boden gestellten Subwoofers sei 50 cm, dann kann bis ca. einer Wellenlänge von 1 m, also einer Frequenz von 340 Hz, von einem erhöhten Schallpegel von 3 dB gerechnet werden. Anders allerdings bei einer geflogenen Box, wo der Abstand zum Boden beispielsweise 5 m beträgt. Ist hier nicht der Abstand zu einer anderen Raumbegrenzungsfläche, zum Beispiel der Saaldecke klein, so kann nicht mit einem erhöhten Schallpegel gerechnet werden. Bei einem Open-Air mit geflogenen Boxen sind also im Bass- Bereich mehr Boxen und/oder mehr Verstärkerleistung vorzusehen.

In Bild 6.26 steht die Box nahe an zwei Raumbegrenzungsflächen, die Abstrahlcharakteristik hat also die Form einer Viertelkugel. Der relative Schallpegel steigt hier auf +6 dB. Steht die Box wie in Bild 6.27 nahe an drei Raumbegrenzungsflächen, ist die Abstrahlcharakteristik eine Achtelkugel. Der relative Schalldruck steigt hier auf +9 dB.

Bei der Dimensionierung von PA-Anlagen ist zu beachten, dass sich Wirkungsgradangaben in der Regel auf eine nicht genannte Anzahl von Raumbegrenzungsflächen beziehen. Auch wird dieser Zusammenhang gegenstandslos, wenn die Abstrahlcharakteristik frei im Raum nicht kugelförmig ist, was beispielsweise bei allen Hörnern der Fall ist. Diese Schallpegelerhöhung tritt in der Praxis eigentlich nur im Bass-Bereich auf.

Nun könnte man meinen, dass man die PA am besten in den Raumecken aufstellt. Dies würde zwar einen starken Sub-Bass ergeben, aber im Bereich der tiefen Mitten einen welligen Frequenzgang erzeugen.

Das Problem skizziert Bild 6.28: Durch die ungerichtete Abstrahlung der Box im Bereich der unteren Mitten wird ein nicht zu vernachlässigender Anteil des Schalls zur Wand hin abgestrahlt und dort (zum Teil) reflektiert. Beim Hörer treffen nun beide Schallanteile ein, durch den Laufzeitunterschied tritt nun allerdings eine Phasenverschiebung ein, die zu Interferenzerscheinungen und damit zu einem Kammfilter-Frequenzgang führt. Solange die Wand eher absorbiert als reflektiert, ist diese Sache kein größeres Problem, harte Wände können hier jedoch richtig unangenehm werden.

Dieser Effekt wäre prinzipiell auch zu beobachten, wenn der Abstand von der Box zur Wand wesentlich größer wäre. Allerdings wird durch die dann größere Entfernung der reflektierte Schall leiser, außerdem trifft er dann später ein und wird eher als Nachhall empfunden.

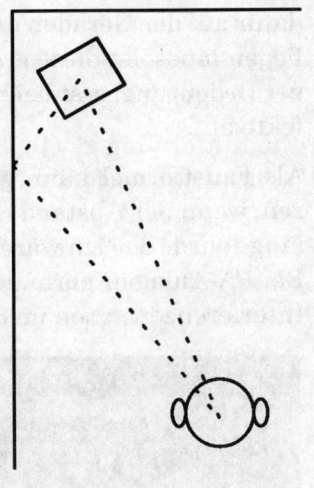

Bild 6.28: Box in der Raumecke

Reflexionen am Boden fallen dagegen weit weniger ins Gewicht, solange sich Publikum im Raum befindet, welches die Reflexionen dämpft. Außerdem kann man in der Regel ohne jegliche Probleme Boxen mit dem Rücken zur Wand stellen, denn der nach hinten abgestrahlte Schallanteil ist schon bei tiefen Frequenzen deutlich geringer als der nach vorne abgestrahlte Anteil.

Interferenzen zwischen den Boxentürmen

PA-Anlagen werden in der Regel Stereo gefahren. Dies ermöglicht nicht nur schöne Effekte, ein einziger großer Boxenturm in der Bühnenmitte ist auch allein aus optischen Gründen nicht möglich. Werden aber Signale gleicher Frequenz von mehr als einer Schallquelle abgestrahlt, so entstehen zwangsläufig Interferenzen (vgl. Kap 1). Je größer der Abstand zwischen den Schallquellen, desto tiefer die Frequenz, bei der Interferenzen einsetzen. Die tiefste Frequenz, bei der eine Phasenverschiebung von 180° auftritt, ist die, bei der die Wellenlänge des Signals doppelt so groß ist wie der Abstand der Schallquellen; da der Standort dafür auf der Geraden durch die Standorte beider Schallquellen liegen muss, ist diese erste Interferenz in der Praxis von geringer Bedeutung, erst bei höheren Frequenzen treten störende Effekte auf.

Als Faustformel kann gelten, dass Interferenzen dann einsetzen, wenn der Abstand der Schallzentren größer als die Wellenlänge wird. Bei 1 m wären das rund 300 Hz, bei 10 m rund 30 Hz. Bei PA-Anlagen normaler Größenordnung treten also störende Interferenzen schon im Sub-Bass-Bereich auf.

Bild 6.29 zeigt ein Direktschallpegelverteilungsdiagramm von einer PA auf einer Fläche 40×50 Meter, die von zwei Stacks im Abstand von 20 m beschallt wird; die Frequenz ist 100 Hz. Wie deutlich zu sehen ist, bilden sich „Interferenzlinien" aus, also Positionen, an denen die entsprechende Frequenz durch den Interferenz-Effekt deutlich leiser zu hören ist.

Bild 6.29:
Interferenzen
zwischen zwei
Boxentürmen

Der hier gezeigte Effekt ist in der Praxis auch tatsächlich hörbar, vor allem bei Open-Airs, wo die Interferenzstellen nicht von Reflexionsschall zugedeckt werden: Am Frontplatz ist der Bass deutlich hörbar, läuft man einige Meter zur Seite, dann verschwindet er vollständig, nach ein paar weiteren Metern ist er wieder da.

Für eine vollständige Auslöschung muss der Schallpegel beider Signale gleich laut sein. Dies ist auf der Mittelachse immer der Fall, aber dort ist auch die Phasenlage gleich. Seitlich der Mittelachse nähern sich die Schallpegel immer mehr an, je größer der Abstand zu den Boxen ist. Direkt vor den Boxen können Interferenzen vernachlässigt werden, weil die andere Box jeweils vergleichsweise so leise ist, dass kaum Auslöschungen stattfinden. Als Faustregel kann gesagt werden, dass hinter dem „Stereodreieck" Interferenzen anfangen. Bei steigender Frequenz werden die Interferenzkeulen häufiger und schmaler.

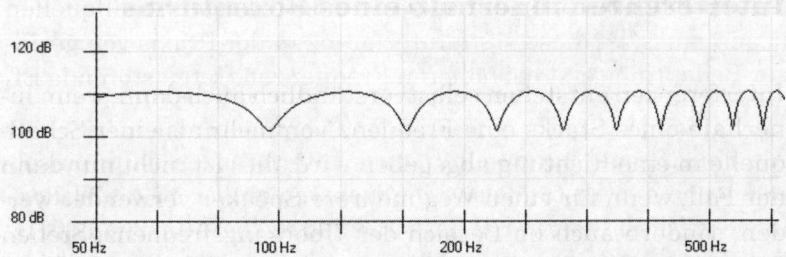

Bild 6.30:
Kammfilter-
Frequenzgang durch
Interferenzen

Bild 6.30 zeigt, wie durch das Auftreten von Interferenzen bei der Addition von zwei linearen Quellen ein so genannter Kammfilter-Frequenzgang auftritt. Die Einbrüche liegen hier in einer Größenordnung von 10 dB, was ja subjektiv als Halbierung der Lautstärke empfunden wird.

Das Auftreten von Interferenzen zwischen den Boxentürmen ist ein Naturgesetz und lässt sich weder durch eine gute Anlage noch durch viel Know-How vermeiden. Umgehen lässt es sich nur, wenn man lediglich von einer Schallquelle aus abstrahlt. Im Bereich der Mitten und Höhen lässt sich das durch einen Mittencluster bewerkstelligen, also durch Boxen, die an der Fronttraverse aufgehängt werden. Da dabei der Stereo-Effekt wegfällt, lässt sich diese Methode eigentlich nur bei SFA-Technik anwenden.

Des Weiteren besteht die Möglichkeit, die Tieftöner unter der Bühne zu einem Mono-Cluster zusammenzustellen. Da das menschliche Gehör tiefe Frequenzen ohnehin nicht orten kann, ist diese Vorgehensweise auch nicht schädlich für den Stereo-Effekt. Damit dann aber die Interferenzen zwischen dem Mono-Bass und den Stereo-Stacks an der Trennfrequenz keinen allzu großen Schaden anrichten, sollten die Trennung so steilflankig wie irgend möglich erfolgen – also mit 24 dB oder besser 48 dB pro Oktave.

Bei großen Anlagen, bei denen die einzelnen Boxen ohnehin schon untereinander kräftig interferieren, tritt die Interferenz zwischen den Boxentürmen dann weniger ausgeprägt in Erscheinung (deutlich mehr Einbrüche, die deutlich weniger tief sind).

Interferenzen innerhalb eines Boxenturms

Interferenzen entstehen selbstverständlich auch dann, wenn innerhalb eines Stacks eine Frequenz von mehr als einer Schallquelle in eine Richtung abgegeben wird; dies ist nicht nur dann der Fall, wenn für einen Weg mehrere Speaker verwendet werden, sondern auch im Bereich der Übergangsfrequenz. Stehen dabei diese Schallquellen nebeneinander, so entsteht eine horizontale Interferenzebene, stehen die Schallquellen übereinander, so entsteht eine vertikale Interferenzebene.

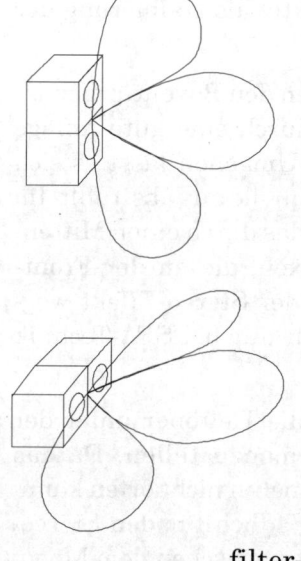

Da sich die Ohren des Publikums annähernd auf einer Höhe befinden, stört eine vertikale Interferenzebene wesentlich weniger als eine horizontale. Die Systeme eines Wegs müssen also immer übereinander gestackt werden, siehe Bild 6.32. Eigentlich sollten die einzelnen Wege auch direkt übereinander gestackt sein, dies würde Interferenzen in der Horizontalebene bei den Übergangsfrequenzen vermeiden. Andererseits sollten die Stacks nicht zu hoch werden, und vor allem sollten die Lautsprecher des gleichen Weges nicht zu weit auseinander gestellt werden.

Bild 6.31:
Ausrichtung der
Interferenzebene

Die schärfsten Einbrüche im Kammfilter-Frequenzgang entstehen dann, wenn zwei Schallquellen gemischt werden. Aus diesem Grunde sollte man versuchen, eben dies zu vermeiden:

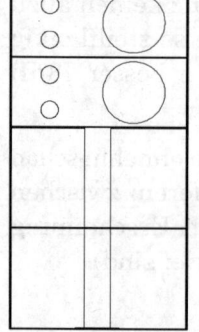

■ Bei der Interferenz-Minimierung sorgt man dafür, dass aus dem Boxenturm in eine bestimmte Richtung nur eine Schallquelle abstrahlt. Bei den tiefen Frequenzen, wenn die Wellenlänge größer ist als der Abstand

Bild 6.32:
Korrektes Stacking

zwischen den Speakern, strahlt der Turm ohnehin als eine einzige Quelle, bei den hohen Frequenzen setzt man stark bündelnde Hörner ein.

■ Bei der Interferenz-Maximierung setzt man deutlich mehr als zwei Quellen ein. Dadurch entstehen dann zwar sehr viel mehr Interferenz-Minima, die aber weitaus geringer ausfallen und somit weniger stören.

Der Weg mit der Interferenz-Minimierung ist der effektivere, allerdings braucht man gerade bei großen Anlagen dafür sehr stark und gleichmäßig bündelnde Hörner und muss diese sehr genau ausrichten.

Special function array (SFA)

Durch diverse physikalische Gesetze verschlechtert sich die Qualität der Wiedergabe mit zunehmender Anzahl der wiederzugebenden Töne. Werden beispielsweise zwei Töne verschiedener Frequenz über ein nichtlineares Bauteil geführt, beispielsweise über einen Lautsprecher, so entstehen zwei zusätzliche Frequenzen, nämlich die Summe und die Differenz der beiden ursprünglichen Frequenzen; diesen Vorgang nennt man Intermodulation. Es gibt weitere solcher Effekte, die hier nicht weiter besprochen werden sollen, weil sie für sich allein vernachlässigbar sind. Wir wollen uns nur als Fazit merken, dass eine Anlage prinzipiell besser klingt, wenn sie nur wenige Signale übertragen muss.

Ein weiteres Problem sind zu knapp bemessene Anlagen. Wird auf solchen Anlagen ein mit Impulsen überlagerter Dauerton gelegt (siehe Bild 6.33 a)), so regelt der Limiter bei jedem Impuls die Verstärkung runter, siehe Bild 6.33 b), der Dauerton wird dementsprechend moduliert. Es ist wohl leicht einzusehen, dass dies die Qualität der Wiedergabe nicht steigert; vor allem anspruchsvolle Signale, das heißt, vor allem die menschliche Stimme und akkustische Instrumente werden dadurch auffällig verändert.

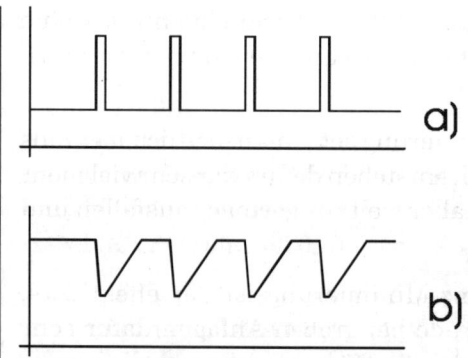

Bild 6.33:
Klangbeeinflussung
durch Limiter

Abhilfe können hier großzügig dimensionierte Anlagen schaffen, eine andere Möglichkeit besteht darin, Dauertöne und Impulse über getrennte Boxen wiederzugeben. In der Regel werden nur die Gesangsstimmen und eventuell akustische Instrumente (Konzertgitarre, Flöte) über separate Boxen wiedergegeben; diese Boxen nennt man „special function array" (SFA).

Die SFA-Technik ermöglicht es, die Boxen auf den jeweiligen Bestimmungszweck hin zu optimieren. So lässt sich beispielsweise für die Grund-PA ein qualitativ nicht ganz so hochwertiges System verwenden, während für das SFA qualitativ hochwertige Boxen zur Anwendung kommen. Letztere brauchen auch kein Sub-Bass, da die menschliche Stimme sowieso erst ab ca. 125 Hz einsetzt. Auf der anderen Seite darf die Grund-PA im Bass-Bereich durchaus etwas großzügiger dimensioniert werden.

Es besteht auch die Möglichkeit, das SFA als Mittencluster über der Bühne zu fliegen; dies hat den Vorteil, dass Interferenzen zwischen den Boxentürmen vermieden werden. Durch das geringe Gewicht des Mittencluster kann dieser meist an einer normalen Lichttraverse geflogen werden, was mit der kompletten PA oft nicht möglich ist.

Wird ein SFA verwendet, dann kann die Grund-PA in den Mitten und Höhen ein wenig knapper dimensioniert werden (etwa 60 bis 80 %). Das SFA braucht etwa 40 % bis 60 % der ursprünglichen Leistung im Mitten- und Höhenbereich.

Angesteuert wird das SFA über Aux-Wege oder Sub-Gruppen, extra EQ sind wünschenswert, meist aber nicht unbedingt notwendig, da über das SFA nur wenige Quellen gemixt werden (beispielsweise Lead- und Backing-VOX). Solange keine Rückkopplungsprobleme auftreten, reicht hier die Klangregelung der einzelnen Kanäle.

Delay-Stacks

Sollen bei großen Veranstaltungen auch noch am Saal-/Gelände-Ende hohe Pegel erreicht werden, dann müsste die PA im Nahfeld unerträglich hohe Pegel produzieren. Um dies zu umgehen, kann eine Fläche auch dezentral, also mit einer Menge kleinerer, verteilter Stacks beschallt werden. Hier gibt es grundsätzlich zwei Möglichkeiten:

Bei einer rein dezentralen Beschallung gibt es keine „Haupt-PA", sondern relativ kleine Stacks – im Extremfall Einzel- Lautsprecher – beschallen klar abgegrenzte, kleine Flächen. Das Übersprechen zwischen diesen Lautsprechern ist vernachlässigbar, eine räumliche Ortung auf die Bühne hin nicht möglich – der Schall kommt aus der Box. Diese Technik wird hauptsächlich bei Sprachübertragung verwendet und *dezentrale Beschallung* genannt.

Bei Konzertbeschallung wird man darauf achten, dass die räumliche Ortung auf die Bühne gewährleistet ist; der Zuhörer muss den Eindruck gewinnen, dass der Schall von der Bühne beziehungsweise aus den Front-Stacks kommt.

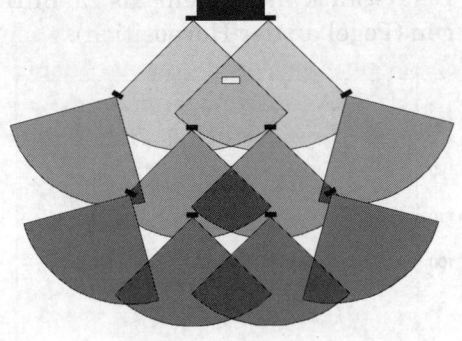

Bild 6.34: Einsatz von Delay-Stacks

Hier wird man mit einer „Haupt- PA" arbeiten, die weiter hinten durch so genannte Delay-Stacks unterstützt werden. Da im Bereich der Delay-Stacks die Haupt- und die Unterstützungs- Anlage gleichzeitig zu hören sind, muss die Unterstützungsanlage verzögert werden, damit die Signallaufzeit in der Luft korrigiert wird und die Signale gleichzeitig zu hören sind; von dieser Verzögerung, englisch *delay*, haben die Delay-Stacks ihren Namen.

Die Forderung nach räumlicher Ortung zur Bühne scheint zunächst dem Einsatzziel zu widersprechen – würde man die Delay-Stacks so leise drehen, dass der Schall von der Bühne lauter ist, dann wären sie nahezu wirkungslos. Dass Delay-Stacks trotzdem „funktionieren", liegt am Haas-Effekt: Trifft von zwei „gleichen" Schallsignalen eines geringfügig früher ein, so wird dies als Original geortet, auch wenn das später eintreffende, zweite Signal lauter sein sollte.

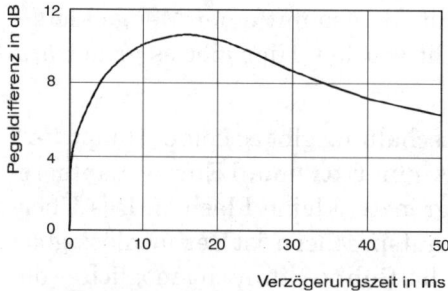

Bild 6.35:
Haas-Effekt

Bild 6.35 zeigt, um wie viel das zweite Signal in Abhängigkeit von der Verzögerung lauter sein darf; ab ungefähr 30 bis 50 ms (abhängig von der Signalart) werden die zwei Signale auch als zwei Signale gehört. Für die Delay-Technik ergibt das folgende Konsequenzen: Das Delay-Stack darf auf keinen Fall früher kommen, zweitens darf das Delay-Stack nicht mehr als ca. 8 dB über der Front-Anlage liegen (Pegel an der Hörposition).

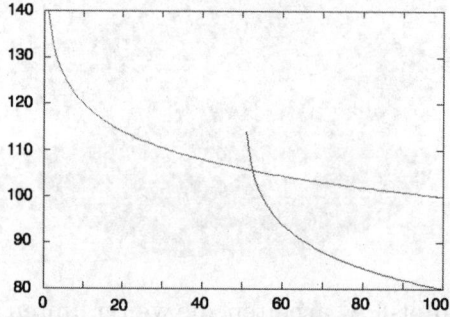

Bild 6.36:
Delay-Stack auf
Ohrhöhe

Würde die zweite Forderung in der Praxis ganz ernst genommen, dann müssten alle paar Meter Delay- Stacks aufgestellt werden, weil ein Pegelplus von 8 dB schon nach wenigen Metern völlig Schall der Front- PA verschwunden wäre, wie Bild 6.36 zeigt. Hier liegt der 1-m-Schallpegel der 50 m entfernten Frontanlage bei 140 dB, der des Delay- Stacks bei 108 dB.

Man muss also die Delay-Stacks lauter machen und somit im Nahfeld die zulässigen 8 dB überschreiten. Man kann nun die Delay-Stacks fliegen und somit das Nahfeld über die Ohrhöhe heben, oder man verzichtet im Nahbereich auf die räumliche Ortung. Bild 6.37 zeigt die gleiche Frontanlage, diesmal mit zwei verschiedenen Delay-Stacks.

Die untere Kurve zeigt ein 3 m über Ohrhöhe geflogenes Delay, das dadurch im Pegel um 10 dB angehoben werden konnte (bei Aufrechterhaltung der räumlichen Ortung zur Bühne). Bei der oberen Kurve ist der Pegel nochmals um zusätzliche

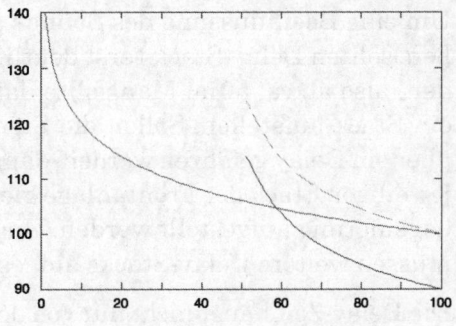

Bild 6.37:
Geflogenes Delay-
Stack

10 dB angehoben; hier ist auf einer Länge von 10 m die räumliche Ortung zur Bühne nicht gewährleistet, dafür merkt man aber auch noch nach 50 m etwas von diesem Delay.

Abgesehen von recht schmalen Geländen werden pro Entfernungsstufe mehr als zwei Delay-Stacks aufgestellt. Man könnte sie gruppenweise Stereo anfahren, um den Stereo-Effekt wenigstens in der Mitte aufrechtzuerhalten, dies würde aber nur einer kleinen Gruppe von Zuhörern zugute kommen, könnte aber zu Informationsverlusten in der übrigen Bereichen führen.

Werden nur Stereo-Instrumente (Keyboards, Effekt-Geräte) auf L/R gelegt und alles andere auf Mitte lokalisiert, dann ist es unproblematisch, die Delay-Stacks Stereo zu fahren; werden sie Mono gefahren, dann werden sie auf einen (!) der Stereo-Kanäle gelegt. Werden ganze Instrumente, beispielsweise Background-Vocals, auf L oder R gelegt, dann muss ein Mono-Signal gebildet werden. Ein am Mischpult manchmal vorhandener Mono-Ausgang ist hier aber weniger sinnvoll, weil hier bei Stereo-Instrumenten beide Ausgänge addiert werden; durch die Phasenverschiebung zwischen den Kanälen, vor allem in den Höhen, kommt es hierbei zu Auslöschungen, und der Klang wird dumpf.

Man sollte dann hier über einen Aux-Weg einen speziellen Delay-Mix machen, wobei bei Stereo-Instrumenten nur ein (!) Kanal auf den Mix gegeben wird. Die Erstellung eines Delay-Mix' erlaubt es auch, diejenigen Kanäle, die wegen SFA-Technik nicht auf L/R liegen, auf die Delay-Stacks zu geben.

225

Um eine Beeinflussung des Sounds am Frontplatz auszuschließen, sollten Delay-Stacks erst deutlich dahinter aufgestellt werden, also ab ca. 50 m. Man sollte dabei ungefähr je 15 m Breite ein Stack aufstellen. Sollen die Stacks einer Entfernungsstufe über ein Delay gefahren werden, dann müssen die Abstände zum jeweiligen Stack der Frontanlage gleich sein, die Delays müssen bogenförmig aufgestellt werden. Ungefähr alle 30 bis 40 m Tiefe müssen weitere Delay-Stacks aufgestellt werden.

Die Delay-Zeit hängt nicht nur von der Entfernung, sondern auch von der keineswegs konstanten Schallgeschwindigkeit ab. Diese beträgt, in Abhängigkeit von der Temperatur (in °C):

$$c = \sqrt{401{,}5 \cdot \frac{m^2}{s^2 \cdot K} \cdot (273{,}16 + T)}$$

Die Schallgeschwindigkeit beträgt bei 0° 331 m/s, bei 20° 342 m/s. Dies ist bei der Einstellung der Delay- Zeit zu berücksichtigen. Meist wird man die beim Soundcheck eingestellte Zeit bei der Veranstaltung korrigieren müssen. Professionelle Delays wie beispielsweise das BSS TCS 803/804, erledigen diese automatisch durch Eingabe der Temperatur oder gleich vollautomatisch (Option BSS TCS 804) per Temperaturfühler.

Die Delay-Zeit sollte mit einem Messsystem eingestellt werden; dabei wird auf der Gerade durch Front-Stack und Delay-Stack an dem Punkt, an dem das Delay einsetzt, ein Messmikrofon aufgestellt, als Messsignal eignen sich Impulse oder Sinus- Bursts. Auf dem Display müssten zunächst zwei Impulse sichtbar sein, der Impuls der Frontanlage und der Impuls des Delay- Stacks. Durch Verändern der Delay-Zeit werden die beiden Impulse zur Deckung gebracht. Nebenstehende Tabelle kann als grober Anhaltswert dienen.

Sind auf der Geraden durch Front-Stack und Delay-Stack hinter dem Delay-Stack beide Signale zeitgleich, so eilt das Signal der Front-PA bei allen anderen Standorten voraus; eine Ortung zur Bühne ist von daher gegeben. Steht kein Messsystem zur Verfügung, dann muss die Einstellung nach Gehör erfolgen, als Impulsgenerator kann beispielsweise eine Snare dienen; grundsätzlich sollte aber eine Einstellung mit einem Messsystem bevorzugt werden, da diese wesentlich genauer ist.

Die Amps für Delay-Stacks sollten der Kürze der Lautsprecherkabel wegen direkt neben die Boxen gestellt werden. Eine Bedienung durch Unbefugte sollte ausgeschlossen werden, am

Entfernung	Delay-Zeit
30 m	88 ms
40 m	118 ms
50 m	147 ms
60 m	176 ms
70 m	206 ms

Tabelle 6.1:
Delay-Zeiten

einfachsten dadurch, dass das Rack auch geflogen wird. Dann sollte aber auch gewährleistet werden, dass das Rack im Notfall irgendwie erreichbar ist. Um bei Temperaturänderungen auch die Delay-Zeit anpassen zu können, sollte das Delay am Frontplatz stehen. Delay-Stacks sollten mit separaten EQs angefahren und selbstverständlich auch separat eingemessen werden. Ein interessantes Gerät für Delay-Lines ist der GRQ3102 von Sabine, der neben einen grapischen Equalizer auch noch ein Delay eingebaut hat (und einen Limiter sowie – für Delay-Lines uninteressant – einen Feedback-Killer).

6.5 Linienstrahler

Eine herkömmliche PA wirkt (im Fernfeld) als Punktstrahler – sie verhält sich in etwa so, als ob die Schallenergie in einem einzelnen Punkt erzeugt würde.

Verdoppelt sich dabei die Entfernung, so wird die gleiche Schalleistung auf eine viermal so große Fläche verteilt, die Schallintensität sinkt somit auf ein Viertel, sie nimmt also um 6 dB ab.

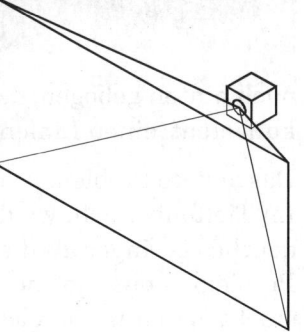

Stackt man nun eine unendlich viele Boxen übereinander, so bilden diese einen Linienstrahler.

Bild 6.38:
Punktstrahler

227

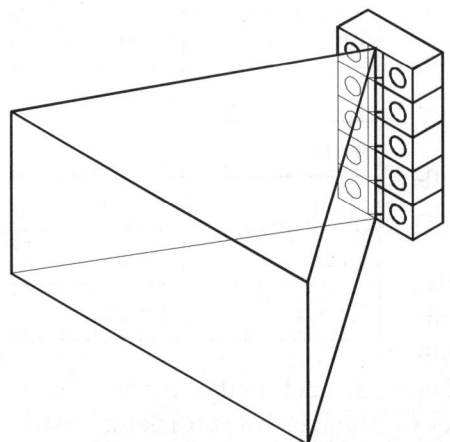

Bild 6.39:
Linienstrahler

Hier verhält sich das Stack im Fernfeld dann nicht wie ein Punkt, sondern wie eine Linie. Bei einer Verdopplung des Abstandes steigt nun die Fläche nicht mehr auf das Vierfache, sondern nur noch auf das Doppelte, dementsprechend ist der Abfall der Schallintensität nicht 6 dB, sondern nur noch 3 dB.

Nun sind Stacks mit unendlich vielen Boxen ja durchaus ein nettes Gedankenspiel, aber nicht unbedingt das, was man in der Praxis einsetzen möchte ...

Ist nun das Stack beispielsweise einige Meter hoch, dann verhält es sich die ersten zig Meter als Linienquelle, nach einigen hundert Meter dann jedoch wieder wie eine Punktquelle.

Bild 6.40:
VERTEC gecurvt

Fliegt man nun ein solches System auch leicht nach hinten gebogen, dann haben wir in dem Bereich, wo Publikum steht, einen Linienstrahler.

Das andere Problem ist die Erzeugung einer ebenen Wellenfront: Im Tieftonbereich, wo der Abstand der einzelnen Lautsprecher deutlich geringer als die Wellenlänge ist, ist dies überhaupt kein Problem – eine solche ebene Wellenfront entsteht von selbst, stackt man nur ausreichend Systeme übereinander.

Ganz anders sieht die Sache im Mitten- und Hochtonbereich aus. Bei 10 kHz beispielsweise haben wir eine Wellenlänge von 34 mm, der Abstand zwischen den einzelnen Treiber liegt leider höher. Hier muss nun mit entsprechenden Hörnern eine ebene Wellenfront erstellt werden – insbesondere die Gehäuseübergänge sind da recht problematisch. Aus diesem Grund müssen die Gehäuse auch konusförmig zulaufen, damit man sie entsprechend curven kann, ohne dass die Wellenfront aufreißt.

Wie Bild 6.41 eindrucksvoll zeigt, verhalten sich Linienstrahler erst dann so, wie sie sollen, wenn man eine größere Anzahl von Systemen stackt. Von daher machen solche Anlagen erst bei wirklich großen Gigs Sinn. Hier haben sie den großen Vorteil einer gleichmäßigeren Schallverteilung: Durch den Schallpegelverlust von nur 3 dB bei Entfernungsverdopplung muss man vorne nicht »komatös« laut machen, damit hinten noch etwas zu hören ist.

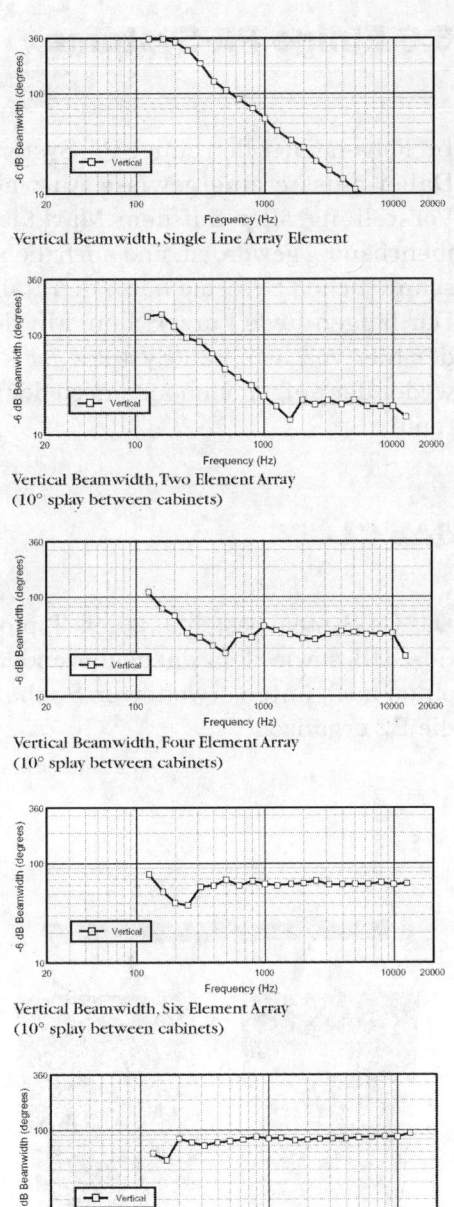

Vertical Beamwidth, Single Line Array Element

Vertical Beamwidth, Two Element Array
(10° splay between cabinets)

Vertical Beamwidth, Four Element Array
(10° splay between cabinets)

Vertical Beamwidth, Six Element Array
(10° splay between cabinets)

Vertical Beamwidth, Eight Element Array
(10° splay between cabinets)

*Bild 6.41:
Vertikales
Abstrahlverhalten bei
einer
unterschiedlichen
Anzahl von
Systemen*

229

6.6 Einige PA-Systeme

Im Folgenden sollen einige PA-Systeme kurz vorgestellt werden. Dabei musste eine gewisse Auswahl getroffen werden – die Vorstellung aller auf dem Markt befindlicher Systeme wäre mehrbändig geworden, und auch die Vorstellung aller überdurchschnittlichen Systeme hätte den Rahmen hier völlig gesprengt. Der langen Rede kurzer Sinn: Mit der Aufnahme in der Menge der hier vorgestellten Systeme ist keine Wertung verbunden – weder der aufgenommenen noch der nicht aufgenommenen Systeme.

d&b C4

Das C4-System besteht aus dem Topteil C4-TOP und dem Bassteil C4-SUB sowie dem dazugehörenden Controller. Braucht man einen nach unten erweiterten Subbass-Bereich, dann kann man die B2 ergänzen.

Bild 6.42:
C4-System
von d&b

Die beiden C4-Boxen sind beide horngeladen und haben dieselben Abmessungen. Das Topteil ist eine koaxial angeordnete 12"/2"-Kombination mit einem Abstrahlwinkel von 35°×35°.

Die C4-SUB verwendet einen 18" im horngeladenen Bandpassgehäuse.

Beide Boxen sind fürs Fliegen ausgelegt, entsprechendes Geschirr wird gleich von d&b angeboten.

Kling&Freitag T5

Die T5 von Kling&Freitag hat einen nominalen Abstrahlwinkel von 50°×40°, während die dazu kompatible T9 einen Winkel von 90°×40° beschallt.

Beide Systeme verwenden einen 5"-Treiber, der im Bass-Bereich von einem parallel arbeitenden 12"-Speaker ergänzt wird. Dieser 12" arbeitet in ein mit Dämmstoff beschichtetes Horn, so dass im oberen Mittenbereich nur noch der 5"-Treiber arbeitet. Als Hochtöner findet dann ein 1,5"-Treiber Verwendung.

Ergänzt werden diese Boxen durch den Sub-Bass B5 mit zwei 18" im Bandpassgehäuse und einen Systemcontroller.

Bild 6.43:
T5 von
Kling&Freitag

Seeburg TSE 4030

In der TSE 4030 arbeiten ein 15"-Speaker und ein 2"-Treiber, im Sub-Bass ein horngeladener 18". Der Speaker und der Treiber im Topteil sind gleich weit von der Vorderkante entfernt, so dass hier kein Time-Alignment mittels eines Delays erforderlich ist.

Bild 6.44:
TSE 4030
von Seeburg

Syrincs MPA

Früher stand MPA für Mini-PA, was zwar für die Abmessungen, nicht aber für den damit erreichbaren Schalldruck zutraf. Inzwischen übersetzt man MPA mit Maxi-PA, was der Sache schon näher kommt. Im trapezförmigen Topteil erzielt ein 10" an Horn und Phase-Plug eine Sensivity von 108 dB, was für einen einzelnen Speaker ziemlich heftig ist. Der Hochtöner (2") kommt auf 110 dB.

Komplettiert wird das Stack durch zwei 18"-Bassreflex-Boxen und einen Controller.

Turbosound TMS 3

Bild 6.45:
Syrincs MPA

Wirklich scharf trennende Frequenzweichen findet man erst seit etwa Anfang der 90er in digitalen Controllern. In der Zeit davor waren die Übernahmefrequenzen zwischen den einzelnen Wegen meist ein wenig problematisch, was einige Hersteller – allen voran Turbosound – dazu veranlasst hat, den Grundtonbereich der menschlichen Stimme von einem einzigen System – nämlich einem 10" an Horn und Phaseplug – übertragen zu lassen.

Bild 6.46:
Turbosound
TMS 3

Die Trennfrequenzen lagen üblicherweise bei 250 Hz und 3,15 kHz. Mit diesem 10" und dem Turbobass-Basshorn hat Turbosound dann eine ganze Serie aufgebaut, deren bekanntester Vertreter die TMS 3 mit 2x15", 2x10" und einem 2" oder 2x1" am gleichen Horn ist. Üblicherweise wurde sie mit einem 2x18"-Subbass ergänzt, es gab aber auch Systeme mit 21" und sogar 24" (ein extra Speaker nur für den Netzbrumm, wie einige gelästert haben ...).

Inzwischen gibt es digitale Controller mit einer Trennung von 48dB / Oktave und mehr, und Turbosound legt mit dem Flashlight / Floodlight-System die Trennfrequenz zwischen dem 12" und dem 6,5" (beide im Horn mit Phaseplug) auf 1,3 kHz.

Die TMS 3 und Kollegen sind als Gebrauchtgeräte immer noch erhältlich, und wenn man sie mit einem sauber abgestimmten Digital-Controller kombiniert, dann muss sie sich vor modernen Systemen bestimmt nicht verstecken.

Electro-Voice SX 100+

Nicht immer müssen ganze Hallen beschallt werden – wenn es zwei Nummern kleiner sein darf, dann verwendet man die »klassischen« 12/2-, 15/2- und 15/3-Systeme. Hier werden aus Gewichtsgründen inzwischen gerne Kunststoffgehäuse eingesetzt, beispielsweise bei der hier abgebildeten SX 100 von Elektro-Voice.

Bild 6.47:
Electro-Voice SX 100

233

Klein+Hummel TXA 30

Der Vollständigkeit halber noch eine ELA-Box: ELA steht für *elektrische Lautsprecher-Anlage*, und obwohl die Aufgabe fast der einer PA-Anlage entspricht, laufen einige Dinge gänzlich anders:

■ ELA-Anlagen arbeiten gewöhnlich in 100-V-Technik: Ein Übertrager transformiert das Ausgangssignal des Verstärkers auf 100 V, in jeder Box gibt es einen Übertrager, der das Signal wieder herunter transformiert. Vorteile dieses Verfahrens: Lange Lautsprecherleitungen sind halbwegs unproblematisch, um Impedanzen muss man sich keine Gedanken machen, und über verschiedene Abgriffe am Übertrager kann man sehr leicht die Lautstärke der einzelnen Box einstellen. Es ist nichts Ungewöhnliches, wenn an einem einzigen ELA-Verstärker 20 Boxen betrieben werden.

■ Als Boxen werden normalerweise Tonsäulen eingesetzt, also Boxen, in denen etwa sechs Konuslautsprecher untereinander gesetzt werden, die alle so heftig miteinander interferieren, dass der Frequenzgang schon wieder linear wird. Solche Tonsäulen sind schmal und unauffällig, für Spracheübertragung gut zu gebrauchen, für Hintergrundmusik auch noch verwendbar, aber im Konzert- und Discobereich völlig deplaziert.

■ Nun ja, und dann sind noch ELA-Anlagen im täglichen Einsatz, die haben einfach mal 40 Jahre „auf dem Buckel". Da findet man noch solche Sachen wie den *großen Tuchelstecker...*

Bild 6.48: Klein+Hummel TXA 30

Endstufen

Zum Betrieb von Lautsprechern benötigt man deutlich höhere Spannungen und auch wesentlich höhere Ströme, als sie die Signalausgänge von Mischpulten liefern. Die erforderliche Verstärkung übernehmen Leistungsverstärker, meist Endstufen genannt.

Bild 7.1:
Endstufe
QSC PLX 1602

In der PA-Technik werden dafür meist Stereo-Endstufen im 19"-Gehäuse eingesetzt. Diese müssen folgenden Anforderungen genügen:

Dauerleistung

Die angegebene Leistung muss sich auf Dauer entnehmen lassen, ohne dass das Gerät überhitzt. (Dies ist schon einmal der erste Grund dafür, dass Hifi-Verstärker auf der Bühne nichts zu suchen haben.)

Soll eine Endstufe beispielsweise 1000 W Dauerleistung abgeben, dann fallen im Gerät etwa 500 W Verlustleistung in Form von Wärme an, die aus dem Gerät abgeführt werden müssen. Dazu braucht man entweder sehr große Gehäusewände oder mindestens einen Ventilator.

In den Datenblättern professioneller PA-Endstufen wird normalerweise die Sinus-Dauerleistung angegeben. Wichtig ist dabei
die Angabe der Impedanz, bei der diese Leistung gemessen wurde. Gibt eine Endstufe bei einer Impedanz von 2Ω beispielsweise
900 W ab, sind es bei 4Ω nur etwas mehr als die Hälfte, beispielsweise 525 W.

Einschaltverzögerung und Schutzschaltungen

Die Endstufe braucht eine Einschaltverzögerung sowie Schutz-
schaltungen gegen Übertemperatur, HF und Gleichspannung,
welche erforderlichenfalls die Endstufe abschalten.

Übertemperatur kann in schlecht durchlüfteten Racks entstehen, wenn sich die Entstufe mit Staub füllt oder sich ein Staub-
filter zusetzt, wenn ein Lüfter defekt ist oder mechanisch block-
iert wird, wenn eine zu geringe Impedanz angeschlossen wird
oder durch was für Gründe auch immer. Die Übertemperatur-
Abschaltung verhindert, dass die Endstufe dadurch Schaden
nimmt.

Durch ungünstige Eingangs- oder Ausgangsbeschaltung kann
eine Endstufe anfangen, im Hochfrequenzbereich zu schwingen.
Da man diese Frequenzen nicht hört, kann dabei die Schwingspule angeschlossener Hochtöner durchbrennen, ohne dass man
das rechtzeitig mitbekommt. Dies ist auch einer der Probleme
von HiFi-Endstufen, die oft auch noch einen Frequenzgang weit
über 20 kHz hinaus haben.

Wenn ein Endstufen-Transistor durchbrennt, dann würde positive oder negative Gleichspannung am Ausgang anliegen. Dies
würde die Schwingspulen aller angeschlossenen Lautsprecher
durchbrennen. (Es sei denn, sie sind mit einem Kondensator in
Reihe geschaltet, was beispielsweise durch eine passive Frequenzweiche geschehen kann.)

Einschaltstrombegrenzung

Da sich Schaltnetzteile noch nicht völlig durchgesetzt haben, beinhalten viele Endstufen einen großen (und schweren) Ring-kern-Transformator. Dieser zieht beim Einschalten kurzzeitig einen deutlich höheren Strom als im Dauerbetrieb, beim Ein-schalten von leistungsstarken Endstufen würde somit die Siche-rung rausfliegen.

Um dies zu vermeiden, gibt es eine Einschaltstrombegrenzung: Der Transformator wird zunächst über einen Widerstand ans Netz gehängt, dieser Widerstand oder NTC wird nach wenigen Sekunden (wenn dann auch die Elkos aufgeladen sind) von ei-nem Relais überbrückt.

Ein NTC ist ein temperaturabhängiger Widerstand, der mit zu-nehmender Temperatur niederohmig wird. Wird ein Trafo über einen NTC eingeschaltet, dann ist der NTC zunächst hochohmig, und es fließt ein besonders geringer Einschaltstrom. Durch den Betrieb erhitzt sich der NTC und wird dadurch zunehmend niederohmig, bis er schließlich vom Relais überbrückt wird.

Der NTC hat noch einen weiteren Vorteil: Ein Widerstand wird aus Gründen des Platzbedarfs und der Kosten meist so dimen-sioniert, dass er nicht einem Dauerbetrieb standhält. Dies ist im „Normalbetrieb" kein Problem, da er ohnehin innerhalb weniger Sekunden überbrückt wird und dann stundenlang auskühlen kann. Fällt nun das Relais aus, oder wird die Endstufe wieder-holt ein- und ausgeschaltet, dann kann dieser Widerstand durch-brennen. Ein NTC wird dagegen niederohmig und schützt sich somit selbst.

Wenn man mit einer Endstufe arbeiten muss, die keine ausrei-chende Einschaltstrombegrenzung hat, dann bekommt man sie meist dadurch zum Laufen, dass man mehrmals schnell hinter-einander den Sicherungsautomaten wieder einschaltet. Durch diese mehrmaligen Stromstöße werden die Elkos sukzessive auf-geladen, so dass der Einschaltstrom immer geringer wird.

Brauchbare Buchsen

Als Eingangsbuchsen findet man häufig XLR-Buchsen, manchmal kombiniert mit Klinkenbuchsen oder Schraubanschlüssen – letztere sind insbesondere bei Festinstallationen beliebt.

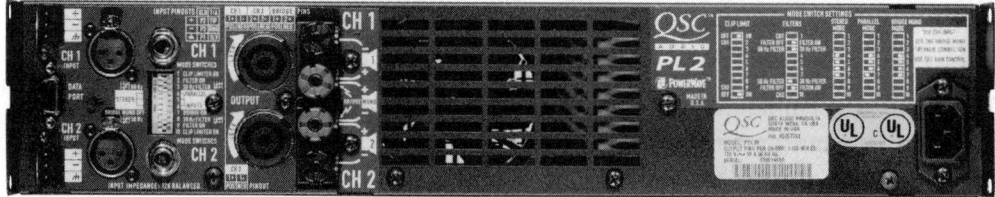

Bild 7.2: Anschlussseite einer Endstufe (QSC PL 2)

Als Ausgangsbuchsen werden Polklemmen, XLR-Buchsen und seit ein paar Jahren vor allem Speakon-Buchsen eingesetzt. Speakon-Buchsen sind berührungssicher, und da die Endstufen in letzter Zeit immer leistungsfähiger geworden sind, ist dies durchaus ein Argument. Sie haben jedoch zwei Nachteile gegenüber Polklemmen: Es ist recht schwierig, bei der Fehlersuche die Ausgangsspannung zu messen, und ohne die passenden Steckverbinder ist man ziemlich aufgeschmissen. Bei Polklemmen kann man schlicht alles anklemmen, zur Not schneidet man den Stecker ab. XLR-Ausgangsbuchsen findet man vor allem bei älteren Endstufen.

Speakon-Stecker erlauben den Anschluss von zwei Kanälen. Dies wird oft so gelöst, dass man über die eine Buchse beide Kanäle abgreifen kann und über die andere den Kanal, der bei der ersten Buchse auf der zwei liegt (siehe Bild 7.2).

Für die Stromversorgung ist immer noch das direkt angeschlossene Stromkabel am gebräuchlichsten. Alternativ werden auch Kaltgerätedosen verwendet, teilweise lassen sich die Stecker da sogar verriegeln.

An manche Endstufen lassen sich Frequenzweichen- oder Limiter-Module anflanschen, manchmal ist auch ein Datenanschluss für die Ferndiagnose vorgesehen.

Rackmontage

Moderne Endtsufen haben meist eine Höhe von 2 HE (88 mm), aber eine sehr hohe Einbautiefe. Solche Endstufen können durch den langen Hebel enorme Kräfte auf die Rackschienen und auf die eigene Frontplatte ausüben. Deswegen ist es bei professionellen Endstufen üblich, dass auch hinten Winkel zur Rackbefestigung angebracht sind.

Bild 7.3:
Endstufen-Rack
von vorne

Die Lüfter aller Endstufen in einem Rack sollten in die gleiche Richtung blasen, vorzugsweise von hinten nach vorne, damit nicht hinten das Rack geheizt wird.

Es ist üblich, die Ein- und Ausgangsbuchsen über Anschlußssblenden an der Vorderseite des Racks anzuschließen. Im Betrieb wird dann nur der vordere Deckel abgenommen, nicht jedoch der hintere (es sei denn, dass das Rack sonst überhitzen würde).

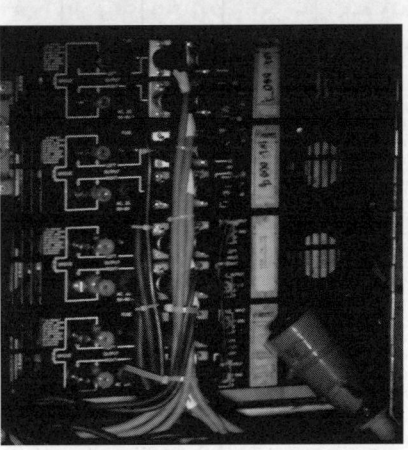

Bild 7.4:
Endstufen-Rack
von hinten

Ältere Endtsufen haben oft ein erhebliches Gewicht.

Maßgebliches Größe beim Zusammenstellen von Racks sollte deshalb nicht die Einbauhöhe, sondern das Gewicht sein – ein Rack mit vier Crown Macro-Tech ist einfach nicht mehr nett zu tragen.

7.1 Endstufen und Lautsprecherimpedanz

An einer Endstufe wird man in der Regel mehr als einen einzelnen Lautsprecher anschließen. Die Übersicht in Bild 7.5 zeigt, welcher Gesamtwiderstand bei Serien- und Parallelschaltung zu erwarten ist.

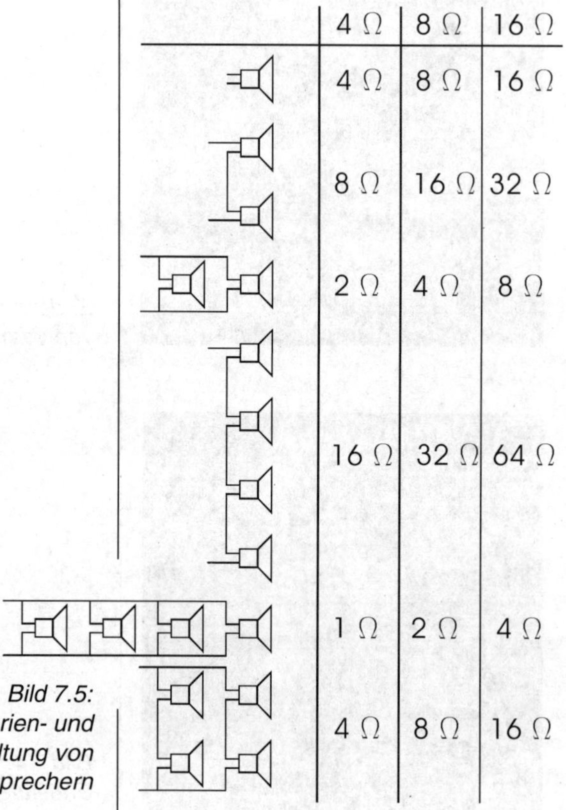

	4 Ω	8 Ω	16 Ω
	4 Ω	8 Ω	16 Ω
	8 Ω	16 Ω	32 Ω
	2 Ω	4 Ω	8 Ω
	16 Ω	32 Ω	64 Ω
	1 Ω	2 Ω	4 Ω
	4 Ω	8 Ω	16 Ω

Bild 7.5:
Serien- und
Parallelschaltung von
Lautsprechern

Die meisten Lautsprecher haben eine Impedanz von 8Ω – manche Tieftöner arbeiten mit 4Ω, manche Hochtontreiber mit 16Ω (in seltenen Fällen mit 32Ω).

In der Regel wird man nur gleiche Lautsprecher zusammenschalten, so dass auch stets nur dieselben Impedanzen auftreten. In der obersten Reihe von Bild 7.5 ist die Impedanz der Einzellautsprecher angegeben, darunter der Gesamtwiderstand bei der angegebenen Reihen- oder Parallelschaltung. Der am häufigsten auftretende Fall ist wohl die Parallelschaltung von zwei Tieftönern mit einer Impedanz von 8Ω, was zu einer Gesamtimpedanz von 4Ω führt.

Schließt man nun zwei solcher Boxen parallel, dann sinkt die Gesamtimpedanz auf 2Ω. Dafür ist nicht jede Endstufe ausgelegt, und auch der Leitungswiderstand der Lautsprecherleitung kann hier ein Problem werden (mit 5m 1,5mm²-Leitung würde der Dämpfungsfaktor nur noch bei etwa 12 liegen).

Auf der anderen Seite kann man umso mehr Leistung einer Endstufe entnehmen, je geringer die angeschlossene Impedanz ist.
Die Ausgangsspannung ist durch die Versorgungsspannung der
Endstufen-Transistoren festgelegt, und je geringer der Widerstand ist, desto mehr Strom und desto mehr Leistung.

Eigentlich müsste sich die Ausgangsleitsung mit einer Halbierung der Lastimpedanz verdoppeln. Da aber mit zunehmender
Stromentnahme auch die Spannung an den Ladeelkos sinkt, sinkt
auch die Leistung, die unverzerrt entnommen werden kann. So
liefert beispielsweise die QSC PLX 1602 aus Bild 7.1 bei 8 Ω
300 W, bei 4 Ω 500 W und bei 2 Ω 800 W.

Je mehr Leistung entnommen wird, desto höher auch die Verlustleistung und desto stärker die Erwärmung der Endstufen. Wenn
man die Endstufen ohnehin bis an die Leistungsgrenze ausreizt,
dann ist das nicht unproblematisch; viele Verleiher verzichten
deshalb generell auf 2 Ω-Betrieb. Wo die Endstufe jedoch ohnehin nur zu einem Teil ausgelastet ist – und sei es, dass
Lärmschutzauflagen eine strenge Einstellung der Limiter bedin-
gen – spricht eigentlich nichts gegen 2 Ω-Betrieb.

Dämpfungsfaktor

Eine Endstufe hat nicht nur die Aufgabe, Leistung für den Lautsprecher bereitzustellen, sondern auch, seine Membranauslenkung zu „kontrollieren". Ein Lautsprecher neigt durch die
Trägheit seiner Membran zu einem gewissen Eigenleben, die dadurch entstehenden Bewegungen induzieren in der Schwingspule
eine Spannung – man kann jeden (dynamischen) Lautsprecher
auch als Mikrofon verwenden –, die von der Endstufe kurzgeschlossen wird, was die erzeugende Bewegung hemmt.

Voraussetzung dazu ist ein geringer Ausgangswiderstand der
Endstufe und ein geringer Widerstand des Lautsprecherkabels.
Ein Maß für die „Eigenbewegungsdämpfung" ist der Dämpfungsfaktor, der Quotient aus Lautsprecherwiderstand und der Summe von Innenwiderstand von Endstufe und Leitungswiderstand
des Kabels.

$$D = \frac{R_{\text{Speaker}}}{R_{\text{Endstufe}} + R_{\text{Leitung}}}$$

Der Innenwiderstand einer modernen Endstufe liegt unter $0{,}02\,\Omega$ – ohne Leitungswiderstand würde dies einem Dämpfungsfaktor von 200 bei einem Lastimpedanz von $4\,\Omega$ entsprechen. Die Impedanz einer Lautsprecherleitung liegt hier eine Größerordnung höher und senkt entsprechend den Dämpfungsfaktor.

Bild 7.6: Prinzipschaltbild eines Verstärkers mit Sense-Leitung

Abhilfe schafft hier die Verwendung einer Sense-Leitung. Dazu wird das Signal direkt am Lautsprecher abgegriffen und über zwei zusätzliche Leitungen direkt in den Gegenkopplungszweig der Endstufe geführt. Da die Sense-Leitungen keine großen Ströme führen, können sie deutlich geringer dimensioniert werden als die Last-Leitungen.

Sense-Leitungen machen vor allem dann Sinn, wenn eine PA geflogen wird. Aus Gründen des Gewichts und der Erreichbarkeit lässt man hier die Amp-Racks gerne am Boden, die Lautsprecherleitungen können hier jedoch schnell länger als 20 m werden. Auch bei Monitoranlagen auf großen Bühnen stellt sich dieses Problem. Mit Sense-Leitungen können hier der Dämpfungsfaktor und somit die Impulstreue der Wiedergabe deutlich verbessert werden.

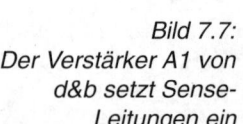

Bild 7.7: Der Verstärker A1 von d&b setzt Sense-Leitungen ein

Der Einsatz von Sense-Leitungen setzt entsprechend konzipierte Verstärker voraus. Meist werden diese dann auch auf spezielle Lautsprecher-Systeme abgestimmt.

7.2 Schaltungsprinzipien

Neben der „klassischen" Gegentakt-Schaltung gibt es einige andere Schaltungsprinzipien, die alle ihre Vorteile, aber auch ihre Nachteile haben – und sei es erhöhter Aufwand.

Gegentakt-Schaltung

Bild 7.8 zeigt den Prinzip-Schaltplan einer Endstufe mit Gegentakt-Ausgangsschaltung: Bei diesem Schaltungs-Prinzip gibt es (für jeden Endstufen-Kanal) zwei „Reihen" von Transistoren:

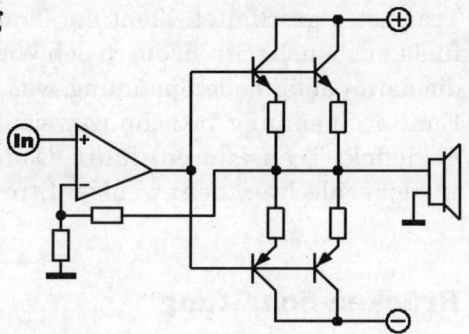

Bild 7.8:
Gegentakt-
Endstufe

Die Reihe der NPN-Transistoren leitet die positive Halbwelle, die Reihe der PNP-Transistoren die negative Halbwelle. Der Lautsprecher wird einseitig an Masse angeschlossen, es ist eine symmetrische Versorgungsspannung erforderlich.

Liegt kein Eingangssignal an, und ist somit auch die Ausgangsspannung gleich null, dann müsste eigentlich auch kein Strom durch die Transistoren fließen. Eine solche Class-C-Schaltung zeichnet sich durch einen hohen Wirkungsgrad und ebenso hohe Übernahmeverzerrungen aus.

Um solche Verzerrungen klein zu halten, stellt man einen so genannten Ruhestrom ein: Die Transistoren sind auch dann, wenn kein Signal anliegt, immer ein wenig leitend. Durch diesen Ruhestrom fällt einen nicht unerhebliche Verlustleistung an, die als Abwärme die Endstufe aufheizt.

Transistoren haben einen negativen Temperatur-Koeffizienten, sie leiten also besser, je wärmer sie werden. Dies führt jedoch zu einem Problem, wenn man mehrere Transistoren parallel schaltet: Durch die Exemplar-Streuung leiten sie unterschiedlich stark.

Über das Exemplar, das am besten leitet, fließt der meiste Strom, der den Transistor zusätzlich aufheizt, der dann noch besser leitet und noch mehr Strom zieht und sich noch mehr aufheizt, und so weiter.

Irgendwann brennt der Transistor dann durch, so dass die positive oder negative Versorgungsspannung auf dem Ausgang liegt (und hoffentlich die Schutzschaltung die Last abtrennt). Um diesen Effekt zu vermeiden, wird ein Widerstand in Reihe zu jedem Transistor geschaltet. Zieht der Transistor mehr Strom, dann fließt auch mehr Strom durch den Widerstand, somit erhöht sich die daran abfallende Spannung, was zu einer geringeren Basis-Emitter-Spannung (beziehungsweise Gate-Source-Spannung bei Feldeffekt-Transistoren) führt. Dadurch leitet der Transistor wieder schlechter, zieht weniger Strom, kühlt sich wieder ab ...

Brücken-Schaltung

Bild 7.9 zeigt den Prinzip-Schaltplan einer Brückenschaltung. Eine solche Brückenschaltung lässt sich meist auch mit „normalen" Gegentakt-Endstufen herstellen, es kann dann die doppelte Leistung an doppelter Impedanz entnommen werden. Dafür wird ein Kanal invertiert und der Lautsprecher zwischen den beiden Ausgängen angeschlossen, siehe Bild 7.9.

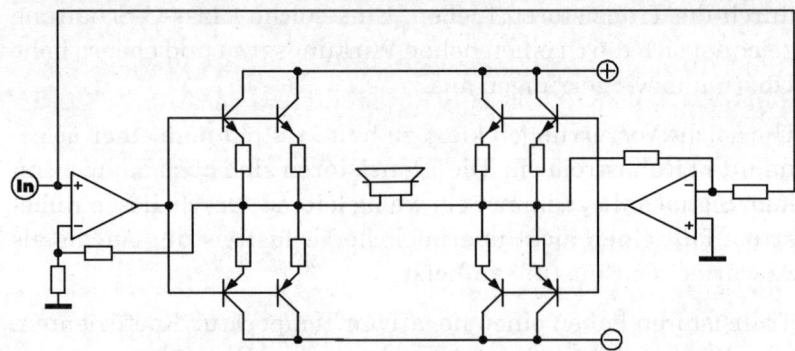

Bild 7.9:
Brücken-Schaltung

Die Firma Crown stellt Endstufen her, welche generell mit Brückenschaltung arbeiten. Dies hat den Vorteil, dass nur eine Versorgungsspannung benötigt wird, die Masse kann virtuell erstellt werden. Wenn beide Endstufenkanäle ihren eigenen Lade-Elko haben, kann man auch eine in Brückenschaltung aufgebaute Endstufe ihrerseits wieder brücken.

Bild 7.10:
Innenansicht einer
Endstufe

Bild 7.10 zeigt die Innenansicht einer solchen Endstufe. Links und rechts sehen Sie die Kühlkörper mit den Endstufen-Transistoren. Unten in der Mitte ist der Netztrafo, in der Mitte der Lüfter, darüber eine Verteiler-Platine, auf der beispielsweise auch das Relais für die Einschaltverzögerung zu finden ist. Zwischen Lüfter und Kühlkörpern findet man jeweils einen Ladeelko.

Die Platine für die Vorstufe ist auf der Unterseite und deshalb hier nicht im Bild.

245

Kaskadierte Versorgungsspannung

Die Differenz zwischen der Versorgungsspannung und der Ausgangsspannung fällt an den Endstufen-Transistoren ab, multipliziert mit dem fließenden Strom ergibt sich daraus die Verlustleistung. Je höher die Versorgungsspannung, desto höher die Verlustleistung.

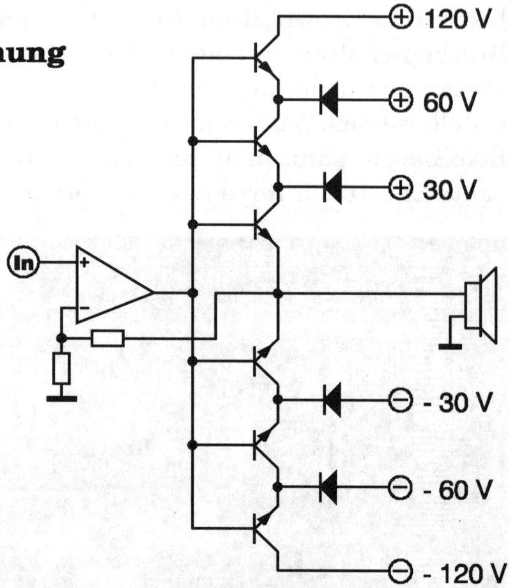

Bild 7.11: Endstufe mit kaskadierter Versorgungsspannung

⊕ 120 V
⊕ 60 V
⊕ 30 V
⊖ -30 V
⊖ -60 V
⊖ -120 V

Die Firma Carver hat deshalb Endstufen mit kaskadierter Versorgungsspannung entwickelt: Bei geringen Ausgangsspannungen wird mit einer kleinen Versorgungsspannung gearbeitet, bei hohen Ausgangsspannung mit einer hohen. Da PA-Endstufen meist sehr impulsförmig belastet werden, kann man durch diesen Trick stark die Verlustleistung senken, hat aber höheren Aufwand durch das Bereitstellen mehrerer Versorgungsspannungen.

Schaltnetzteil

Bild 7.12: Konventionelles Netzteil

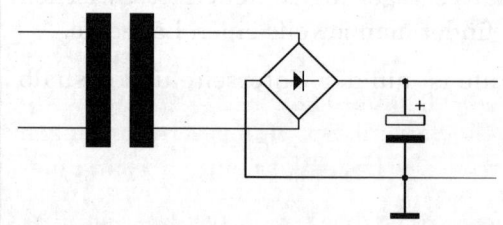

Bild 7.12 zeigt das Prinzip-Schaltbild eines konventionellen Netzteils: Mit einem Transformator wird die Netzspannung

heruntertransformiert und galvanisch vom Netz getrennt. Der Gleichrichter macht daraus eine pulsierende Gleichspannung, welche vom Ladeelko geglättet wird. Eine Stabilisierung, wie sie bei Netzteilen für Steuerelektronik üblich ist, gibt es in Endstufen aus Kostengründen nicht.

Diese Schaltung ist sehr einfach und damit sehr zuverlässig, hat aber zwei Nachteile: Durch die geringe Netzfrequenz von 50 Hz muss der Trafo groß und damit schwer und teuer sein. Dasselbe gilt für den Ladeelko (wobei hier das Gewicht nicht das Hauptproblem ist).

Außerdem steht die Ausgangsspannung in einem direkten Verhältnis zur Netzspannung. Zwar ist es möglich, durch weitere Primär-Wicklungen eine Adaptierung an unterschiedliche Netzspannungen zu ermöglichen, dies geschieht aber normalerweise mit einem Schalter. Damit kann man die Endstufen zwar in unterschiedlichen Ländern betreiben, gegen stark schwankende Versorgungsspannungen hilft das jedoch nichts.

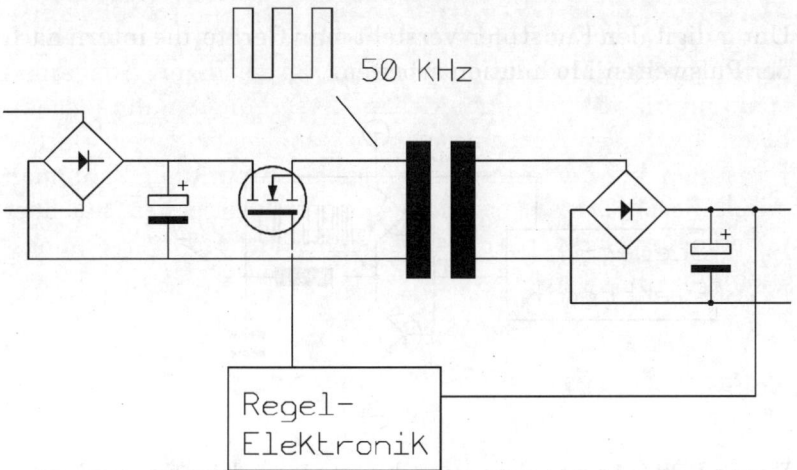

Bild 7.13:
Primär-getaktetes
Schaltnetzteil

Bei einem primär getaktetem Schaltnetzteil wie die Bild 7.13 wird zunächst die Netzwechselspannung gleichgerichtet und ein wenig gesiebt. Da die Regelelektronik Spannungsschwankungen ohnehin ausgleicht, kann dieser Ladeelko deutlich sparsamer dimensioniert werden.

Die dadurch entstehende Gleichspannung wird nun mit einer Frequenz im kHz-Bereich zerhackt und auf einen Trafo gegeben. Durch die deutlich höhere Frequenz kann dieser Trafo deutlich kleiner (und leichter) dimensioniert werden. Auf der Sekundär-Seite findet man nun wieder einen Gleichrichter und einen Lade-Elko. Da die Frequenz hier um etwa den Faktor tausend höher ist, kann der Lade-Elko dementsprechend kleiner dimensioniert werden.

Mit der Regel-Elektronik kann man das Netzteil nicht nur an stark schwankende Netzspannungen anpassen. Es ist genauso möglich, bei einer drohenden Überhitzung der Endstufe die Versorgungsspannung zu reduzieren. Auf diese Weise könnte die Endstufe auch mit deutlich geringeren Impedanzen problemlos zurechtkommen.

Digitale Endstufen

Unter digitalen Endstufen versteht man Geräte, die intern nach der Pulsweiten-Modulation arbeiten.

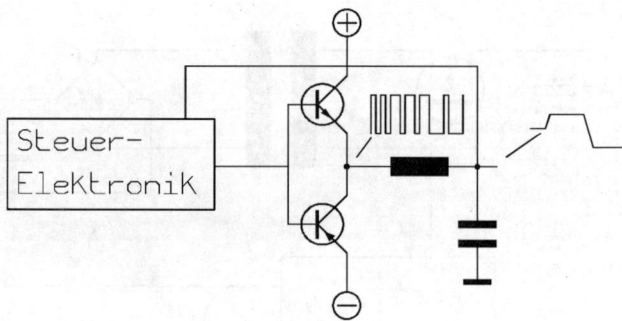

7.14:
Digitale Endstufe

Wie in Bild 7.14 zu sehen ist, arbeitet eine solche Endstufe auch mit einer Gegentakt-Schaltung (es wäre auch eine Brücken-Schaltung denkbar). Im Unterschied zu analogen Endstufen werden diese jedoch mit einem hochfrequenten Rechteck-Signal angesteuert, das in der Pulsweite verändert werden kann. Das Ausgangssignal der Endstufe wird von einem Tiefpass gefiltert und dann ausgegeben.

Da die Transistoren immer nur schalten, also deren Ausgangssignal entweder die positive oder die negative Betriebsspannung
ist, werden sie stets in den Minima ihrer Verlustleistung betrieben. Die dabei entstehende Abwärme beträgt nur etwa 10% derjenigen konventioneller Endstufen.

Sind die Pulsweiten der positiven und negativen Signale exakt
gleich lang, dann mittelt sich die resultierende Spannung zu null.
Sind die positiven Anteile länger als die negativen, dann liegt
die resultierende Spannung im positiven Bereich, sind sie kür-
zer, dann resultiert eine negative Ausgangsspannung. Da sich
das Pulsweiten-Verhältnis stufenlos einstellen lässt, kann damit jede beliebige Ausgangsspannung eingestellt werden. Allerdings muss die Taktfrequenz deutlich höher als die obere
Grenzfrequenz des Überragungsbereichs sein.

Welche Vorteile haben
nun digitale Endstu-
fen? Vor allem die
deutlich geringere
Verlustleistung. Eine
Endstufe wie die
Crown K2 wird in ei-
nem vollständig ge-
schlossenem, lüfter-
losen 2 HE-Gehäuse
geliefert und macht
eine Leistung von
zweimal 1250 W an
2 Ω. In ein vollständig
geschlossenes Gehäu-
se dringt kein Staub,

*Bild 7.15:
Crown K2*

*Bild 7.16:
Crown K2
geöffnet.
Aus Gründen der
gringeren
Abwärme wird ein
Ringkern-Trafo und
kein Schaltnetzteil
eingesetzt.*

keine „Schadstoffe" (Rauch, Nebel, Insekten) und keine Feuch-
tigkeit ein, und ein nicht vorhandener Lüfter macht auch keinen
Krach. Allerdings soll nicht verschwiegen werden, dass die Werte für Klirrfaktor und Rauschen etwas schlechter sind als bei
analogen Endstufen. Wird eine digitale Endstufe jedoch ausschließlich für die Tieftöner eingesetzt, dann sollte dies nieman-
den auffallen.

7.3 Controller

Ein Controller ist eine Kombination aus Frequenzweiche, Limitern, Frequenzgangentzerrung und Delay. Es gibt Controller, die speziell für eine bestimmte Box gebaut sind wie auch Universal-Controller. Früher wurden Controller meist in Analogtechnik verwirklicht, solche Geräte werden immer noch angeboten. Wegen der deutlich höheren Flexibilität geht der Trend seit einigen Jahren immer mehr in Richtung Digitaltechnik.

Ende der Achtziger, Anfang der Neunziger gab es die „Mode" der Prozessoranlagen. Einige Hersteller meinten damals, alle Unzulänglichkeiten einer Box mit einem Controller (den man damals meist Prozessor nannte, auch wenn er rein analog arbeitete) ausgleichen zu können. Das Ergebnis waren in der Regel 2-Wege-Boxen mit Trapezgehäuse, zwei 15"-Lautsprecher mit Bassreflex und ein 2" am Horn. Inzwischen ist der Trend erfreulicherweise wieder mehr zu Horngehäusen hin gegangen, die schon ohne Controller brauchbare Ergebnisse liefern – diese werden dann mit einem Controller noch zusätzlich optimiert.

Analoge Frequenzweiche

Der Übergang zwischen einer Frequenzweiche mit ein paar zusätzlichen Features und einem „richtigen" Controller ist durchaus fließend. Analoge Geräte, die herstellerseitig auf eine bestimmte Box angepasst sind, werden eher Controller genannt, während man bei universell arbeitenden Geräten eher von Frequenzweichen spricht.

Bild 7.17 zeigt ein solches universell arbeitendes Gerät. Dieses kann sowohl 2-Weg-Stereo als auch 4-Weg-Mono betrieben werden. Die Trennfrequenz kann hier mit Potentiometern an der Frontplatte eingestellt werden. Dies hat den Vorteil, dass man nicht – wie bei anderen Geräten, beispielsweise dem BSS FDS 360 – erst Filterkarten löten muss, um die Trennfrequenz zu ändern.

Bild 7.17: Universal-Frequenzweiche Behringer CX 3400

Stellt man beispielsweise während des Soundchecks fest, dass sich alle Hochtontreiber verabschiedet haben, dann kann es durchaus Sinn machen, die obere Trennfrequenz der Mitten-lautsprecher hochzusetzen, die Höhen am EQ noch etwas anzu-heben und so den Gig zu retten.

Auf der anderen Seite ist die Gefahr, dass versehentlich die Trenn-frequenz verstellt wird, bei dieser Lösung ziemlich hoch. Kommt kein Signal aus der Anlage, dann drehen manche Techniker erst einmal alle Regler auf Rechtsanschlag. Dabei würde hier nicht nur die Trennfrequenz, sondern auch gleich Phase/Delay und den Limiter verstellt. Man wird hier wohl nicht umhin kommen, eine Blende vor der Frequenzweiche anzubringen.

Bei analogen Frequenzweichen sind inzwischen Linkwitz-Riley-Filter mit einer Flankensteilheit von 24 dB pro Oktave Stand der Technik. Diese trennen steil genug ab, als dass man sich we-gen Frequenzgangeinbrüchen übertriebene Sorgen machen müsste – vorausgesetzt, die Polarität stimmt.

Digitale Controller

Bei digitalen Controllern wird das Signal zunächst digitalisiert, dann digital gefiltert, entzerrt, verzögert und begrenzt und schließlich wieder in ein analoges Signal zurückgewandelt.

Mit zunehmender Verbreitung digitaler Mischpulte sollte die AD-Wandlung am Eingang überflüssig werden, ebenso könnte man digitale Endstufen gleich mit einem digitalen Signal versorgen und dann unnötige Wandlungen und Störungen auf den

Übertragungswegen eliminieren. (Bei der Fehlersuche wird dann allerdings ein Multimeter nicht mehr ausreichen.)

Bild 7.18:
BSS FDS 366

Bild 7.18 zeigt ein solches System, nämlich das Omnidrive FDS 366 der Firma BSS. Dabei handelt es sich um ein Gerät mit drei Eingängen und sechs Ausgängen. Mit einer Auflösung von 24 Bit und einer Sample-Frequenz von 96 kHz ist die Klangqualität über jeden Zweifel erhaben.

Filter-Charakteristik (Buttorworth, Bessel, Linkwitz-Riley) und Flankensteilheit bei 48 dB pro Oktave lassen sich ebenso setzen wie mehrere voll-parametrische Filter, eine Phasenverschiebung, ein Delay und einen Limiter pro Band. Mehrere Einstellungen lassen sich abspeichern und auch mit einem Passwort sichern.

Jeder Ausgangskanal hat einen Mute-Schalter und einen Pegelregler, mit dessen Hilfe man den Klang der Anlage grob einstellen kann, ohne sich durch die Menüs zu hangeln (und auch ohne Veränderungen des Phasengangs, wie sie der Master-EQ hervorrufen würde.)

Auflösung

Geräte der ersten Generation arbeiteten häufig mit dem CD-Standard von 16 Bit und 44,1 kHz. 16 Bit erlaubt theoretisch eine Dynamik von 96 dB, in der Praxis vielleicht 90 dB, wenn man davon noch ein 12 dB Headroom abzieht, bleiben etwa 78 dB. Macht eine PA bei Vollaussteuerung 120 dB am Frontplatz, dann wären das ohne Signal etwa 42 dB Rauschen übrig, was man schon deutlich hört.

Ein 24-Bit-Gerät könnte theoretisch 144 dB Dynamik schaffen, allerdings rauschen die AD-Wandler dafür zu stark. Der Hersteller gibt für das FDS 366 112 dB Dynamik an. Ziehen wir davon wieder 12 dB Headroom ab, dann bleiben 100 dB, was bei der gleichen Anlage 20 dB Rauschen am Frontplatz bedeutet – so leise, dass man das noch hört, muss die Umgebung erst einmal sein.

Man mag hier einwenden, dass 12 dB Headroom nicht unbedingt nötig sind, schließlich fangen dann ja auch die Endstufen an zu clippen. Das Clippen der Endstufen soll aber gerade durch die Limiter in diesen Controllern vermieden werden. Außerdem soll das Signal auch dann noch unverzerrt im Controller verarbeitet werden, wenn bei der Entzerrung ein Bereich etwas angehoben wird. 12 dB Headroom ist schon relativ wenig – bei Mischpulten arbeitet man in der Regel mit etwa 20 dB.

Controller-Module

Mehrere Hersteller bieten inzwischen Controller-Module an, die sich an die Endstufe anflanschen lassen. Eine solche Lösung ist meist preiswerter als die Verwendung eines eigenen Controllers, außerdem spart sie ein paar Höheneinheiten.

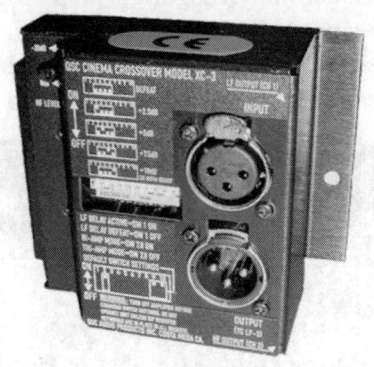

Da Endstufen meist zwei Kanäle haben, haben solche Module meist auch zwei Wege. Manchmal kann über eine Buchse das Signal für einen dritten Kanal entnommen werden.

Die meisten Controller-Module sind analog aufgebaut, es gibt aber auch Module mit einem DSP, zu dessen Programmierung ein Computer über die serielle Schnittstelle angeschlossen werden muss. Hier sind dann auch Features wie Delays und EQs üblich.

*Bild 7.19:
Controller-Modul
QSC XC-3*

7.4 Endstufen und Controller in der Praxis

Bei kleineren Anlagen findet man die Frequenzweiche oder den Controller meist im Endstufenrack. Dies hat den Vorteil, dass vom Mischpultplatz nur jeweils eine Leitung für die linke und die rechte Seite gezogen werden muss.

Bei großen Anlagen positioniert man dagegen die Controller gerne am Frontplatz, um von hier aus bequem Veränderungen vornehmen zu können. Wird die Anlage mit einem computergestützten System eingemessen, dann lassen sich die dabei gewonnenen Messwerte mit einem Terzband-EQ nur sehr unvollkommen umsetzen. Da ist es die beste Lösung, gleich im Controller Filter setzen zu können.

Ein Controller am Frontplatz bedingt den Einsatz eines Return-Multicores, da pro Seite drei oder vier Wege zurückgeführt werden. Aus diesem Return-Multicore können dann mehrere Endstufen-Racks betrieben werden – gegebenenfalls setzt man dann in „Amping City" noch einen Verteilerverstärker ein, damit die Controller-Ausgänge nicht mit zu geringer Impedanz belastet werden. Zur Vermeidung von Brummschleifen sollte entweder der Controller trafosymmetrierte Ausgänge oder der Verteilerverstärker trafosymmetrierte Eingänge haben.

*Bild 7.20:
Controller-Rack mit zwei
BSS Omnidrive und
einem Terzband-EQ*

Die Controller setzt man sinnvollerweise in ein eigenes Case, damit sie unabhängig vom Frontplatz eingesetzt werden können. Bild 7.20 zeigt eine solche Lösung, hier wurden die Controller gleich noch mit einem Terzband-Equalizer kombiniert. Da die hier verwendeten Omni-Drives fünf Ausgänge haben, die Anlage (TMS 3 und TSE 218) jedoch nur mit vier Wegen gefahren wird, bleibt jeweils ein Weg pro Seite zum Anschluss einer Delay-Line.

Amp-Rack

Das zu diesem Controller-Rack gehörende Amp-Rack zeigt Bild 7.21. Wie nicht anders zu erwarten, gibt es hier keinen Controller im Rack, dafür einen Harting-Stecker zum Anschluss des Controller-Racks.

Die TMS 3 werden über EP6-Buchsen angeschlossen, die Bässe über XLR.

Bild 7.21:
Amprack

Der besseren Durchlüftung wegen haben die einzelnen Endstufen etwa einen Finger breit Abstand. So etwas sollte man nur dann tun, wenn die Endstufe auch hinten verschraubt werden kann, weil ansonten große Hebelkräfte auf die Frontplatte wirken.

Eigentlich sind drei Endstufen an einer Schuko-Dose schon ein Risiko. Für die Halle, in der dieses Amprack steht (Kesselhaus der Kulturbrauerei Berlin) gelten aber ziemlich harte Lärm-schutzauflagen, so dass dieses Amprack nicht mit voller Ausla-stung gefahren wird.

Einstellen des Limiters

Um den Limiter einzustellen, muss zunächst berechnet werden, welche Spannung maximal am Speaker angelegt werden darf. Nehmen wir einmal an, an der Endstufe sind ein oder zwei Bo-xen mit jeweils zwei 18"-Lautsprechern (parallel geschaltet) an-geschlossen, die jeweils 300 W an einer Impedanz von 8 Ω vertra-gen. Ob ein oder zwei Boxen angeschlossen sind, spielt für die Limiter-Einstellung keine Rolle, weil die Boxen ohnehin parallel geschaltet sind und somit an allen Lautsprechern dieselbe Span-nung anliegt.

255

Werden zwei Boxen parallel geschaltet, so fällt zwar an den Lautsprecherleitungen mehr Spannung ab und somit steht weniger an der Lautsprechern zur Verfügung, aber erstens sollte dieser Effekt vernachlässigbar sein – die Lausprecherleitungen sollten also kurz und dick sein –, und zweitens sollte auch dann eine Überlastung nicht möglich sein, wenn nur eine Box angeschlossen wird.

Es kann nun berechnet werden, welche Spannung an Nenn-Impedanz anliegen darf, damit eine Leistung von 300 W erreicht wird:

$$U_{Sp} = \sqrt{P \cdot R} = \sqrt{300\,W \cdot 8\,\Omega} = 49,0\,V$$

Den entsprechenden Wert können Sie auch aus Tabelle 7.1 entnehmen.

Nach dieser Formel wäre der Speaker jedoch „bis Anschlag" ausgelastet. Es gibt jedoch gewissen Umstände, die dazu beitragen können, dass ein Speaker nicht seine nominelle Belastbarkeit erreicht. Dazu gehören Fertigungstoleranzen genauso wie hohe Umgebungs-Temperaturen.

Deshalb sollte man den Limiter lieber ein paar dB zu „scharf" einstellen. In Tabelle 7.1 wird in weiteren Spalten gezeigt, welche Spannung bei einer Sicherheit von 3 dB zulässig wären. Durch die Power-Compression fehlen dann an maximaler Ausgangslautstäke vielleicht 2 dB, und das ist so gut wie nicht hörbar. Auf der anderen Seite wird mit diesem Sicherheitsfaktor die zur Verfügung gestellte Leistung halbiert, was eine deutliche Schonung von Boxen und Verstärkern bedeutet.

Wenn fest steht, welche Spannung maximal gefahren werden darf, dann schließt man einen Tongenerator am Endstufeneingang an und stellt ihn auf eine passende Frequenz. Am Ausgang werden keine Lautsprecher, sondern nur ein Multimeter angeschlossen, das bei den verwendeten Frequenz noch enigermaßen genau misst.

Leistung [W]	bei 4Ω [V]	bei 4Ω (-3dB)	bei 8Ω [V]	bei 8Ω (-3dB)	bei 16Ω [V]	bei 16Ω (-3dB)
1000	63,2	44,7	89,4	63,2	126,5	89,4
800	56,6	40,0	80,0	56,6	113,1	80,0
600	49,0	34,6	69,3	49,0	98,0	69,3
500	44,7	31,6	63,2	44,7	89,4	63,2
400	40,0	28,3	56,6	40,0	80,0	56,6
300	34,6	24,5	49,0	34,6	69,3	49,0
250	31,6	22,4	44,7	31,6	63,2	44,7
200	28,3	20,0	40,0	28,3	56,6	40,0
150	24,5	17,3	34,6	24,5	49,0	34,6
100	20,0	14,1	28,3	20,0	40,0	28,3
80	17,9	12,6	25,3	17,9	35,8	25,3
60	15,5	11,0	21,9	15,5	31,0	21,9
50	14,1	10,0	20,0	14,1	28,3	20,0
40	12,6	8,9	17,9	12,6	25,3	17,9

Tabelle 7.1: Spannung bei Nennimpedanz

Der Limiter wird zunächst auf maximalen Durchlass gedreht. Nun erhöht man den Pegel des Tongenerators so weit, dass die Ausgangsspannung der Endstufe deutlich über dem „zulässigen Wert" liegt.

Nun dreht man den Limiter so weit zurück, bis die maximal zulässige Ausgangsspannung erreicht ist. Wenn Sie dazu ein Digital-Multimeter verwenden, dann sollten Sie akzeptieren, dass deren Auflösung deutlich höher ist als zu diesem Zweck erforderlich. Ob der Limiter auf 34,6 V oder 35 V begrenzt, spielt (wenn 3 dB Sicherheit berücksichtigt werden) keine Rolle.

Die Monitoranlage

Nicht nur das Publikum möchte die Musik hören, gerade auch die Musiker sind darauf angewiesen, sich selbst und ihre Kollegen zu hören. Zu diesem Zweck gibt es die Monitoranlage.

Die zunehmende Verbreitung von Computern hat dazu geführt, dass viele Menschen bei dem Begriff *Monitor* an einen Bildschirm denken. Hier gemeint sind jedoch Lautsprecherboxen, die auf der Bühne stehen.

Monitor-Sound ist – verglichen mit dem Front-Sound – anderen Anforderungen und Bedingungen unterworfen:

- Jeder der Künstler hat andere Vorstellungen davon, was er auf der Bühne hören möchte. In der Regel wird es das eigene Signal sein, damit man das eigene Spiel oder den eigenen Gesang kontrollieren und steuern kann.

  Mehrere Künstler teilen sich meist nur sehr wiederwillig und notgedrungen einen Monitor-Weg.

- Auf der Bühne ist der Schall aus anderen Schallquellen (Schlagzeug, Gitarren-Amp) nicht nur lauter, sondern auch viel stärkeren Schwankungen unterworfen als im Saal. Man kann „zwei Schritte weiter" schon völlig andere Verhältnisse haben.

  Dazu kommt das Problem, dass die PA-Anlage in den tiefen Frequenzen kaum noch gerichtet abstrahlt und zumindest bei Inhouse-Veranstaltungen (insbesondere bei leeren Hallen) ein erheblicher Teil des abgestrahlten Schalls auf die Bühne zurückreflektiert wird.

- Während der FOH-Techniker hört, was er tut, kann es der Monitor-Techniker nur erahnen. Es ist zwar kein Problem, das Signal für die einzelnen Wege auf die eigene Abhöre zu routen, was aber an Fremdschall dazukommt (aus anderen

Wedges, von Gitarren-Amps oder vom Schlagzeug), muss man sich „dazudenken". Effekte von Phasenauslösungen und ähnlichen Geschichten bekommt man nur dann mit, wenn man sich selbst auf die Bühne stellt.

In-Ear-Monitoring kann hier die Sache sehr vereinfachen, vorausgesetzt, dass alle oder fast alle Musiker damit arbeiten.

■ Dafür hat der Monitor-Techniker nicht viel Stress mit irgendwelchen Effekten, allenfalls möchte mal ein Sänger seine Stimme nicht ganz so „trocken". Ganz generell kann man sagen, dass der Monitor-Techniker während des Show nicht mehr viel zu tun haben sollte, weil eine einmal optimierte Einstellung beibehalten werden kann.

8.1 Monitorboxen

Abgesehen vom In-Ear-Monitoring gibt es zwei verschiedene „Philosopien" für die Konzeption einer Monitor-Anlage:

■ Jeder Musiker hat auf der Bühne sein Gebiet, das für ihn individuell beschallt wird. Von Segment zu Segment kann der Sound dann ganz unterschiedlich sein.

■ Auf der Bühne wird zunächst einmal einheitlich „ausgeleuchtet", für die einzelnen Künstler werden dann noch individuelle Anpassungen vorgenommen.

Oft werden auch beide Methoden kombiniert: Für den Sänger oder die Sängerin beispielsweise wird der gesamte Vorderbühnenbereich einheitlich beschallt, während für die Instrumentalisten individuelle Mixes erstellt werden. Insbesondere dann, wenn ein Künstler größere Flächen der Bühne bespielt, sollte für ihn ein möglichst enheitlicher Sound angestrebt werden, damit er nicht beim Segmentwechsel vor völlig andere Verhältnisse gestellt wird.

Je nach dem, welche der beiden Philosophien verwendet wird, stellen sich andere Anforderungen an das Equipment:

- Für Segmentbeschallung benötigt man möglichst eng abstahlende Wedges (Boden-Monitore). Da diese nach oben strahlen, beschallen sie keine anderen Segmente (abgesehen von der Reflexion an der Hallendecke).

- Für die Einheitsbeschallung verwendet man breit strahlende Wedges und Side-Fills, damit keine „toten Zonen" entstehen.

Wedges

Wedges, auch Boden-Monitor oder Floor-Monitor gennant, sind Lautsprecherboxen, welche auf den Boden gestellt werden, und die dann mehr oder weniger schräg nach oben strahlen.

In der Regel handelt es sich dabei um Boxen mit ein oder zwei 12"- oder 15"-Lautsprechern und einem 1"- oder 2"-Horn, das je nach Einsatzzweck eng oder breit abstrahlend ist.

Man findet geschlossene und Bassreflex-Gehäuse. Letztere haben den Vorteil eines nach unten erweiterten Bassbereichs. Unterhalb ihrer Einsatzfrequnz wirkt diese Gehäuseform jedoch wie ein akustischer Kurzschluss, was zu sehr hohen Membranauslenkungen führt. Solche Boxen müssen deswegen mit einem Hochpass geschützt werden.

Es stellt sich jedoch die Frage, inwieweit Wedges überhaupt Bässe erzeugen müssen: Von der PA-Anlage wummert meist genug auf die Bühne, außerdem kann man dafür immer noch Sidefills verwenden – tiefe Frequenzen können vom Ohr ohnehin nicht lokalisiert werden, von daher ist es völlig egal, wo sie erzeugt werden. Wenn man Wedges mal für völlig andere Aufgaben einsetzt, ist eine brauchbare Tieftonwiedergabe sehr erfreulich, aber für ihren originären Einsatzzweck ist sie nicht erforderlich.

Persönlich bevorzuge ich deshalb geschlossene Gehäuse. Dieselbe Frage stellt sich bei 12" oder 15". In den höheren Frequenzen haben 12" meist die bessere Klangqualität, außerdem erlauben sie kleinere und damit unauffälligere Gehäuse. Für größere Lautstärken kann man dann zwei 12" verwenden.

Die Trennfrequenz bei Zweiweg-Systemen liegt in der Regel bei etwa 1 kHz, die Wellenlänge liegt hier bei 34 cm. Der Abstand zwischen Hochtöner und Tieftöner liegt in der Regel darüber, so dass hier mit Interferenzen zu rechnen ist. Dieses Problem kann umgangen werden, wenn Coax-Lautsprecher verwendet werden. Hier wird in den Tieftöner ein Hochtöner eingebaut, so dass beide auf derselben Achse liegen.

Viele Coax-Lautsprecher verwenden ein Horn für den Hochtöner. Die Firma Beyma stellt jedoch einige Coax-Speaker ohne Horn her, die somit sehr breit abstrahlen. Bei diesen Systemen hat man auch noch einen brauchbaren Sound, wenn man neben dem Wedge steht – für eine gleichmäßige „Ausleuchtung" sind sie deshalb ziemlich ideal.

Bild 8.1:
Wedge mit 12" und Hochtonhorn (links) und Eigenbauwedge mit 15"-Coax (rechts)

(Ein Nachteil soll jedoch hier nicht verschwiegen werden: Man muss schon sehr genau hinschauen, um diese Lautsprecher nicht mit gewöhnlichen Tieftönern zu verwechseln. Meine damit gebauten Wedges sind mir schon öfters von Kunden reklamiert worden, weil angeblich keine Höhen rauskommen – nun ja, das Auge hört halt mit ...)

Die Mehrzahl der Wedges wird passiv betrieben, hat also eine eingebaute passive Frequenzweiche, die „besseren" Modelle verwenden jedoch eine elektronische Frequenzweiche und getrennte Verstärker für Hoch- und Tieftöner. Dies erlaubt entsprechend eingestellte Limiter und bietet somit optimalen Schutz für die Box (in elektrischer Hinsicht; gegen randalierende Musiker hilft auch das nichts …).

In passiven Wedges kann man die Hochtöner durch die Serienschaltung von Glühlämpchen schützen. Diese haben gegenüber einer Feinsicherung den Vorteil, dass sie zunächst zu glühen beginnen, dadurch ihnen Widerstand erhöhen und vom Treiber Leistung „abziehen". Sie wirken dann wie eine Art Kompressor. Zudem kann man sie so einbauen, dass man ihr Aufleuchten von außen erkennen kann und somit weiß, wann man den Pegel zurücknehmen sollte.

Wedges sollten einen möglichst geraden Frequenzgang haben, weil jeder Peak eine Rückkopplungsgefahr ist. Vernünftigerweise hat man zwar in jedem Monitor-Weg einen 31-Band-EQ, dessen Filter möchte man jedoch für zusätzliche Rückkopplungsbekämpfung frei haben. Größere Peaks sollte man deswegen mit einem entsprechenden Filter bekämpfen, mit entsprechenden Bandpassfiltern funktioniert das auch in passiven Wedges.

Fills

Als *Fills* bezeichnet man „normale" PA-Boxen, die Monitor-Aufgaben wahrnehmen.

■ **Side-Fills** stehen am Rand der Bühne, meist an der Bühnenvorderkante. Sie beschallen meist nur den vorderen Teil der Bühne und sorgen dafür, dass sich der Front-Sänger in einem gleichmäßigen Monitorfeld bewegen kann.

  Bei kleineren Bühnen reicht dafür eine 12/2-Box, bei großen Bühnen findet man teilweise ausgewachsene PA-Systeme inklusive Subwoofern.

263

- **Drum-Fills** beschallen den Schlagzeuger. Dieser benötigt meist etwas heftigere Pegel, so dass hier ein Wedge nicht mehr ausreicht. Da der Drummer in der Regel den E-Bass mit ordentlichem Pegel hören will, muss ein Drum-Fill auch eine ausreichende Tieftonwiedergabe haben.

  Lautstärke ist hier oft wichtiger als Klangqualität. Wenn Laderaum kein Problem ist, dann kann man alte front-loaded Bass-Hörner oder Rutschen mit einem Coax-Speaker bestücken und kommt dadurch sehr preisgünstig an ein brauchbares Drum-Fill.

- **Key-Fills** beschallen den Keyboarder. Hier ist es meist egal, ob man ein Fill oder ein Wedge verwendet.

- **Front-Fills** gehören eigentlich nicht zur Monitoranlage – es sind Boxen, die den Bereich direkt vor der Bühne abdecken, der von der Haupt-PA-Anlage nicht erfasst wird.

8.2 Rückkopplungen

Eine Rückkopplung ist das unangenehme Pfeifen, wenn man mit dem Mikrofon zu nahe an den Lautsprecher kommt.

Was sind Rückkopplungen?

Wird das Ausgangssignal eines Verstärkers wieder auf den Eingang gelegt, so spricht man von Rückkopplung. Reduziert das zugeführte Signal das Eingangs- und damit das Ausgangssignal, so handelt es sich um Gegenkopplung, erhöht es die Ausgangsspannung, so spricht man von Mitkopplung. Handelt es sich dabei um Gleichspannungsmitkopplung, so wird die Ausgangsspannung bis an die durch die Betriebsspannung gesetzte Grenze laufen. Bei einer Wechselspannungsmitkopplung wird der Verstärker schwingen, und die Amplitude dieser Schwingung wird sich laufend vergrößern, bis auch hier die Betriebsspannung ein Ende setzt – der Verstärker verzerrt.

Spricht man in der PA-Technik von Rückkopplung, so ist damit das Auftreten von Schwingungen durch die Mitkopplung des Verstärkers über das System Lautsprecher – Raum – Mikrofon – Mischpult gemeint; Bild 8.2 zeigt eine solche Anordnung.

Damit das System schwingen kann, müssen zwei Bedingungen erfüllt sein:

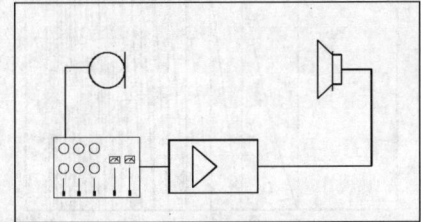

Bild 8.2:
Eine Rück-kopplung entsteht dadurch, dass der Lautsprecher in das Mikrofon strahlt

1. Die Gesamtverstärkung im System muss größer 1 betragen, das System muss also mitgekoppelt sein.

2. Die Gesamtphasenverschiebung muss ein ganzzahliges Vielfaches von 360° betragen.

Diese Phasenverschiebung wird nicht nur durch Mikrofon, Lautsprecher und vor allem durch Frequenzweichen und Equalizer erzeugt, sondern auch durch die Laufzeit zwischen Lautsprecher und Mikrofon. Diese Phasenverschiebung durch die Laufzeit beträgt:

$$\varphi = 360° \cdot \frac{d}{\lambda} = 360° \cdot \frac{d \cdot f}{c}$$

Bild 8.3 zeigt die Phasenverschiebung bei einer Schallgeschwindigkeit von c = 340 m/s und einem Abstand d = 1m. Bei der Darstellung wurden die ganzzahligen Vielfachen von 360° abgezogen und nur der verbleibende Rest angezeigt.

Unter der Annahme, dass Mikrofon, Lautsprecher, Verstärker, Frequenzweiche, Klangregler, Equalizer usw. keine weiteren Phasenverschiebungen erzeugen und dass weitere Einflüsse des Raumes (andere Laufzeiten durch Umwege über Reflexionen) nicht stattfinden, könnten Rückkopplungen nur bei den Frequenzen stattfinden, bei denen die Phasenverschiebung 360° / 0° beträgt. Dies wäre hier im Beispiel bei 340 Hz, 680 Hz, 1020 Hz, 1360 Hz und so weiter.

Ist nun auch noch die Gesamtverstärkung bei mindestens einer dieser Frequenzen größer 1, dann schwingt das System auf dieser Frequenz. Ist die Verstärkung bei mehreren dieser Frquenzen größer 1, so schwingt das System auf der Frequenz mit der höchsten Verstärkung.

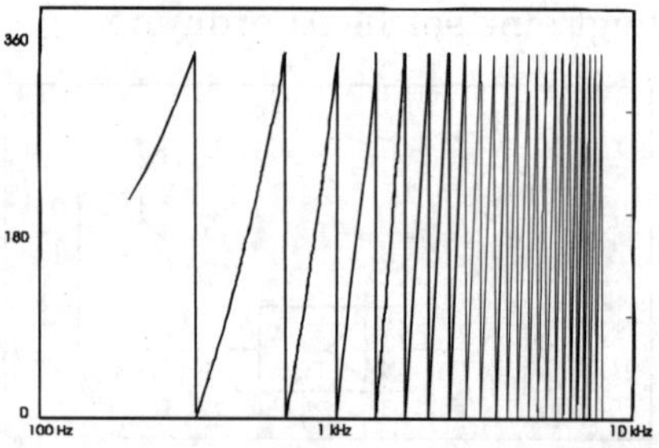

Bild 8.3:
Phasenver-
schiebung durch
die Laufzeit

Nun treten auch noch bei den anderen Komponenten Phasenverschiebungen auf. Diese verschieben die Kurve oder Teile davon zu höheren oder tieferen Frequenzen und ziehen, da sich die Phasenverschiebung meist mit der Frequenz ändert, Teile dieser Kurve auseinander oder schieben sie zusammen. Das qualitative Aussehen der Kurve bleibt aber gleich: immer mehr potentielle Rückkopplungsfrequenzen bei steigender Frequenz.

Durch Schallreflexionen gibt es auch noch andere Wege von Lautsprecher zu Mikrofon als den direkten, die auch alle verschiedene Laufzeiten und damit verschiedene Phasengänge haben. Da aber durch den längeren Weg und die Verluste bei der Reflexion der Schallpegel geringer ist, muss die Gesamtverstärkung dementsprechend höher sein.

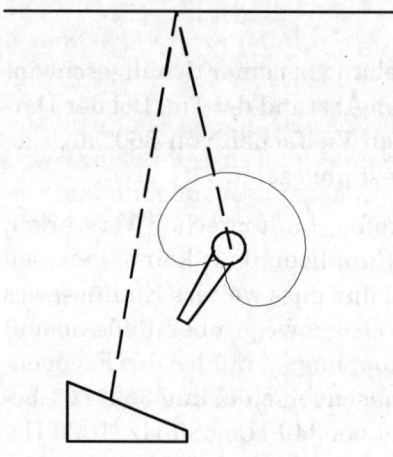

Bild 8.4:
Rückkopplung auf
Umwegstecken

Dies kann zum Beispiel durch die Richtcharakteristik des Mikrofons der Fall sein. Die in der PA-Technik oft eingesetzten Nierenmikros können zur Seite / nach oben durchaus um 10 bis 20 dB empfindlicher sein als nach hinten. Rückkopplungen können also durchaus auch auf Umwegstrecken entstehen, siehe Bild 8.4. Eine Auskleidung der Bühne, vor allem der Bühnendecke mit schallschluckenden Materialien ist von daher sicher nicht verkehrt.

Rückkopplungsbekämpfung

Die Rückkopplungsbekämpfung zielt darauf ab, dass mindestens eine der beiden Bedingungen für eine Rückkopplung nicht erfüllt ist. Bei stationärem Mikrofon kann sowohl die Gesamtverstärkung insgesamt unter 1 als auch die Verstärkung an den Frequenzen, an denen eine Rückkopplung möglich ist, unter 1 gehalten werden. Letzteres ist bei einem mobilem Mikrofon nicht möglich, da durch das permanente Verändern des Abstandes zu den Boxen auch die Frequenzen, an denen ein Feedback möglich ist, permanent verändert werden. Unter schwierigen akustischen Bedingungen sollte also „das Mikrofon" nicht bewegt werden.

Wenn hier von „dem Mikrofon" gesprochen wird, dann ist hier das Mikrofon des Lead-Sängers gemeint; da hier in der Regel die höchsten Monitor-Pegel gefahren werden, ist dieses Mikrofon für Rückkopplungen am empfindlichsten. Schwierig sind auch Background-Vocals und akustische Instrumente. Gitarrenverstärker machen höchstens dann Probleme, wenn sie zu klein und damit zu leise sind; Übungsverstärker haben auf den Bühne nichts zu suchen, zumindest nicht bei Mikrofonabnahme. Instrumente, die mit DI-Boxen abgenommen werden, können nicht rückkoppeln und sind somit unproblematisch.

Vom Schlagzeug werden allenfalls Bass-Drum und Snare auf Monitor gegeben. Da die Snare sehr laut, müssen hier keine großen Verstärkungen gewählt werden, Rückkopplungen sind hier unwahrscheinlich. Bei kleineren Bühnen besteht die Gefahr, dass die Bass-Drum über die Frontanlage koppelt. Die PA strahlt bei tiefen Frequenzen nicht mehr gerichtet ab, und wenn der Bühnenboden dabei mitschwingt, kann sich dies über das Mikrostativ auf das Bass-Drum-Mikrofon übertragen. Abhilfe schaffen hier ein Teppich unter dem Schlagzeug bzw. dem Stativ, eine flexible Mikrofonklammer und vor allem eine stabile Bühne.

267

Bläser sollten mit einem Mikrofon zum Anklemmen abgenommen werden. Hier ist dann das Nutzsignal auch so laut, dass die Verstärkung gering sein kann und Rückkopplungen unwahrscheinlich sind. Zusammenfassend lässt sich sagen, dass Rückkopplungen vor allem ein Problem von Gesang und akustischen Instrumenten ist, hauptsächlich aber eine Problem der Lead-Vocals.

Bevor man beginnt, wild am Equalizer herumzuschieben, sollte man erst überprüfen, ob keine grundlegenden Fehler gemacht worden sind, wie beispielsweise:

▪ Falsche Monitoraufstellung und/oder falsche Mikrofonauswahl. Mikrofone mit der Richtcharakteristik *Niere* (beispielsweise *SM 58*) sind nach hinten minimal empfindlich – sinnvollerweise kommt aus dieser Richtung das Monitorsignal. Mikrofone mit der Richtcharakteristik *Superniere* (beispielsweise *58 Beta*) dagegen haben nach hinten eine ausgeprägt „Nebenkeule", sind zur Seite hin aber unempfindlicher.

Somit eignet sich eine Superniere eher für Side-Fills, eine Niere eher für Wedges.

▪ Kompressor in den Monitorwegen; in die Inserts der Gesänge werden gerne Kompressoren eingeschleift, um große Lautstärkesprünge zu vermeiden. Diese nehmen meist schon während des normalen Gesangs die Verstärkung zurück, was durch eine höhere Grundverstärkung ausgeglichen werden muss. In den Spielpausen steigt dann die Verstärkung in der Rückkopplungsschleife an. Wird der Monitor dabei übers Frontpult gemischt, führt dies zu Rückkopplungen (am Monitorpult haben Kompressoren in den Vocals sowieso nichts zu suchen).

Dieses Problem lässt sich umgehen, wenn man am Frontpult PA-Mix und Monitor-Mix, zumindest der Quellen, in denen ein Kompressor eingeschleift werden soll, über zwei verschiedene Kanäle fährt. Es ist auch dafür zu sorgen, dass die (recht sinnvollen) Limiter in den Endstufen normalerweise nicht ansprechen, denn auch dann wird mit zu großer Schleifenverstärkung gearbeitet.

- Falsche Mikrofonhandhabung; wenig erfahrene Sänger denken oft, sie könnten Rückkopplungen vermeiden, in dem sie den Mikrofonkorb von hinten zuhalten. Dies hat allerdings den genau gegenteiligen Effekt, da dann die Richtcharakteristik des Mikrofons aufgehoben wird. Aus einer Richtcharakteristik *Niere* wird dann eine Richtcharakteristik *Kugel*.

- Rückkopplungen können auch durch die PA entstehen. Bevor man an den Monitor-EQs herumdreht, sollte man sicherstellen, dass die Master-Fader geschlossen sind. Manche Hallen sind nur leer sehr für Rückkopplungen anfällig, manche auch mit Publikum. Wenn man die Halle nicht kennt, sollte man sicherheitshalber auch die gefährlichen Frequenzen am Master-Equalizer herausnehmen.

Sind diese Punkte beachtet, dann kann begonnen werden, dem Problem mit den Equalizer zu Leibe zu rücken. Zu diesem Zweck sollte man noch vor dem Soundcheck die Monitore „auspfeifen". Dazu schickt man eine zweite Person auf die Bühne, welche mit dem Mikrofon des Front-Sängers die ganze Bühne abgeht und versucht, Rückkopplungen anzuregen (mit „ö", „sch" und „s" deckt man weite Teile des Audiospektrums ab).

Es ist sinnvoll, diese Person mit einem Gehöhrschutz auszustatten.

Ein automatisch arbeitender Feedback-Eliminator wird nun diese Rückkopplungsfrequenzen selbst erkennen und an diese Stelle Notch-Filter setzen – bei herkömmlichen EQs muss dies der Tontechniker tun. Hier muss man unterscheiden zwischen graphischen EQs und parametrischen EQs.

Bei graphischen EQs eignen sich eigentlich nur Terzband-EQs (30 oder 31 Regler), Exemplare mit 10 oder 15 Bänder sollte man vermeiden. Hat man die Möglichkeit, die Bandbreite der Filter zu verändern, dann sollte man sie möglichst schmal stellen. Die Schwierigkeit ist nun, den richtigen Regler zu finden:

- Wenn man das absolute Gehör oder sehr viel Erfahrung hat, dann findet man den Regler auch ohne technische Hilfsmittel mit ausreichender Genauigkeit. Ich habe allerdings schon viele Tontechniker erlebt, bei denen hier zwischen Anspruch und Wirklichkeit eine breite Lücke klaffte.

269

Das Problem dabei ist, dass man eine Rückkopplung meist auch dann erst einmal beseitigt, wenn man den benachbarten Regler runter zieht – die Filter sind halt so breit. Und wenn man immer mit derselben Mikrofon-Lautsprecher-Kombination arbeitet, dann kennt man mit der Zeit auch seine Problemfrequenzen und greift noch im Halbschlaf zum richigen Regler. Wenn man dann vor einer ganz anderen Anlage steht, dann agiert man mitunter etwas hilflos ...

- Ein Terzband-Analyser zeigt einem genau an, wie hoch der Pegel in den einzelnen Bändern ist. Dort, wo der höchste Pegel angezeigt wird, ist dann meist die Rückkopplung. Zum Finden einer Rückkopplungsfrequenz reicht ohne weitere ein Gerät unter 1000 Euro.

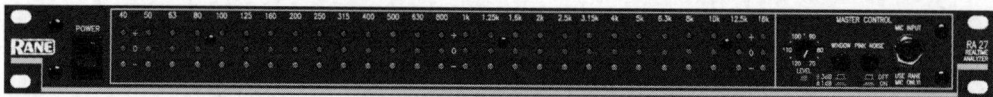

Bild 8.5: Preiswerter Terzband-EQ

- Computergestützte Messsysteme haben eine Frequenzauflösung, die weit über der eines Terzband-Equalizers liegt. Wenn eine Rückkopplung auftritt, dann kann man den Frequenzgang „einfrieren", den Master-Regler herunterziehen und in aller Ruhe den Frequenzgang ausmessen. Bisweilen gibt es auch eine Anzeige der Frequenz mit dem höchsten Pegel.

Besonders effektiv sind Systeme, die ein Spektrogramm anzeigen, also eine Darstellung des (farblich codierten) Pegels über Frequenz und Zeit. Mit etwas Erfahrung weiß man ganau, zu welchem Zeitpunkt eine Rückkopplung begonnen und wann sie geendet hat. Die durchgehende Linie zwischen diesen beiden Zeiten ist die Rückkopplungsfrequenz, und mit dieser Methode findet man sie selbst dann, wenn sie schwächer ist als das restliche Musiksignal.

Ganz anders sieht es bei parametrischen Equalizern aus: Hier stellt man das Filter auf minimale Bandbreite und verstellt dann die Frequenz so lange, bis die Rückkopplung weg ist – das geht problemlos nach den Gehör. Schwieriger ist – zumindest bei analogen Geräten – der Einsatz eines Messsystems, weil die aufgedruckte Frequenzskala einerseits zu grob, andererseits zu ungenau ist. Hier können 2-Kanal-FFT-Messungen helfen, mit denen man das Signal vor und nach dem EQ misst.

Feedback-Eliminatoren

Feedback-Eliminatoren sind Geräte, die automatisch eine Rückkopplung finden und auf die entsprechende Frequenz ein Notch-Filter setzen.

Die Schwierigkeit für das Gerät liegt hier darin, zu erkennen, ob eine hervorstechende Frequenz eine Rückkopplung ist oder ob es sich um schmalbandiges Nutzsignal handelt. Hier trennt sich bei den Geräten die Spreu vom Weizen.

Feedback-Eliminatoren werden meist mit 9 oder 12 Filtern gebaut. Davon sind eine gewissen (meist einstellbare) Anzahl fixiert. Diese Filter werden beim Soundcheck (vom Gerät) gesetzt und bleiben dann permanent bestehen. Variable Filter dagegen werden vom Gerät wieder zurückgenommen, wenn die Feedback-Gefahr vorbei ist. Sinnvollerweise stellt man das Gerät so ein, dass mindestens drei variable Filter vorhanden sind – dann ist man auch für die Fälle gewappnet, in denen der Sänger völlig unerwartet andere Bühnensegmente betritt oder sich neben den Wedge legt.

Bild 8.6: Feedback-Eliminator

In Bild 8.6 sehen sie ein GRQ-3101 des Pioniers auf dem Gebiet der automatischen Rückkopplungsunterdrückung, der Firma Sabine. Dieses Gerät geht eine Schritt weiter und kombiniert einen Terzband-EQ mit einem 12-kanaligen „Feedback

271

Exterminator" (wie das bei Sabine heißt), eine Kompressor und Limiter sowie einem Digital-Delay. Mit dieser „eierlegenden Wollmilchsau" sollte man alle Probleme im Bereich Monitor gelöst bekommen:

- Zunächst stellt man mit dem Terzband-EQ die Monitorboxen auf linear (mit dem Gehöhr oder – besser – mit dem Analyser oder einem Messsystem). Dabei sollte man starke Anhebungen und Anhebungen an den Rändern des Übertragungsbereichs vermeiden – Bässe kommen genug von der PA, und die Frequenzen über 10 kHz sind nicht wirklich wichtig.

- Mit einigen festen und einigen variablen automatischen Notch-Filtern (insgesamt 12) sollten alle auftretenden Rückkopplungen beseitigt werden können.

- Mit dem Limiter werden die Boxen geschützt, wenn sie an einer normalen Endstufe betrieben werden.

- Das Digital-Delay ist für den Monitorbereich nicht weiter wichtig. Wenn das Gerät aber mal für eine Delay-Line „zweckentfremdet" werden soll, dann spart man sich auf diese Weise ein eigenes Delay.

8.3 In-Ear-Monitoring

Bei In-Ear-Monitoring wird das Monitorsignal nicht über Lautsprecher wiedergegeben, sondern über Kopfhörer. Der Musiker erhält einen transportablen Funk-Empfänger und unauffällige Ohrhörer, der Sender dafür steht dann am Monitorplatz.

In-Ear-Monitoring hat einige ganz erhebliche Vorteile:

- Da der Abstand vom Ohr zum Ohrhörer deutlich kleiner ist als der vom Mikrofon zum Ohrhörer, ist die Rückkopplungsgefahr deutlich geringer, praktisch so gut wie nicht vorhanden. Einen EQ in jedem Weg kann man sich fast sparen.

- Das, was ein Musiker im Ohrhörer hat, stört keinen anderen. Man kann wirklich für jeden Beteiligten einen eigenen Monitorsound mixen.

- Wenn man nun auch noch die Gitarrenboxen irgendwo hinter die Bühne stellt und somit die Bühne selbst ziemlich leise bekommt, dann hört der Monitor-Techniker dasselbe wie der Musiker, wenn er in dessen Weg reinhört.

Wenn man die Kosten von solchen Systemen mit konventionellen Monitor-Anlagen vergleicht, dann ist In-Ear-Monitorung günstiger (zumindest im Vergleich zu professionellen Monitor-Anlagen). Deshalb stellt sich die Frage, warum man nicht generell mit In-Ear-Monitoring arbeitet.

- Eine Umstellung auf In-Ear-Monitoring ist erst einmal eine erhebliche finanzielle Investition.

- Das „Feeling" auf der Bühne ist ein anderes; nicht alle Musiker kommen mit In-Ear-Monitoring zurecht.

- Im Verleih sind die Ohrhörer ein hygienisches Problem. Es hat sich noch nicht durchgesetzt, dass jeder Musiker seine eigenen Ohrhörer hat.

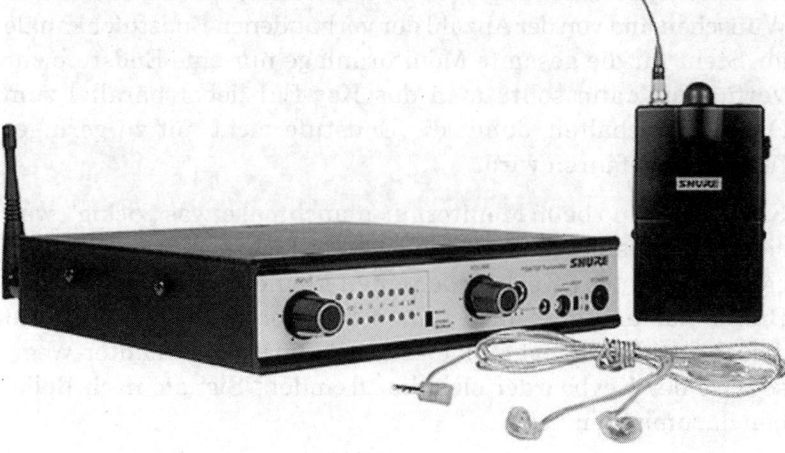

Bild 8.7:
Shure In-Ear-Monitor-System

Beachten Sie beim Einsatz von solchen Systemen, dass die Batterien oder Akkus voll sind. Mit einem plötzlich aussetzenden System macht man sich bestimmt keine Freunde ...

273

8.4 Monitormix in der Praxis

Monitormix ist nicht nur ein technisches und künstlerisches Problem, sondern oft auch ein psychologisches. Abgesehen von In-Ear-Monitoring ist Monitorsound immer ein Kompromiss zwischen den Wünschen der einzelnen Musikern. Nichts ist dabei so hilfreich wie das Vertrauen der einzelnen Beteiligten darauf, dass der Monitor-Techniker den bestmöglichen Kompromiss finden wird.

Monitormix vom FOH-Pult aus

Bei kleineren Gigs wird der Monitormix meist vom FOH-Pult aus gemacht. Zu diesem Zweck gibt es dort zwischen zwei und vier Pre-Fade geschaltete Aux-Wege.

Hat man nur zwei Aux-Wege, dann wird man die bei einer „klassischen" Konzert-Besetzung aufteilen in *Drummer* und *vorne*. Welches Signal der Keyboarder bekommt, hängt von dessen Wünschen und von der Anzahl der vorhandenen Endstufenkanäle ab. Steht für die gesamte Monitoranlage nur eine Endstufe zur Verfügung, dann sollte man das Key-Fill lieber parallel zum Drum-Fill schalten, damit die Endstufe nicht mit zu geringer Impedanz gefahren wird.

Keyboards sind beim Monitormix manchmal etwas „zickig", weil sich die Lautstärke von Sound zu Sound stark ändert. Hier hilft es sehr, wenn der Keyboarder einen kleinen Sub-Mixer auf der Bühne hat und dort auch seinen Monitor selber einstellt. Auf diesen Sub-Mixer legt man dann auch die beiden Monitor-Wege, so dass der Keyboarder sich die „fremden" Signale nach Belieben dazumischen kann.

Manchmal macht es auch Sinn, den Wedge des Bassisten parallel zum Drum-Fill zu hängen.

Wie die Aufteilung bei vier Aux-Wegen ist, hängt stark von der Besetzung der Band ab. Bei der „klassischen Besetzung" (Vox, 2 Gitarren, Bass, Keyboard, Drums) würde sich anbieten, für die Vocals, Gitarren und Bass, Keyboards und für die Drums je einen eigenen Monitorweg zu fahren. Kommt eine Bläser-Gruppe dazu, dann kann wieder alles ganz anders aussehen. In der Regel liegt man richtig, wenn die Vocals und der Drummer ihren eigenen Monitorweg haben, die anderen Musiker muss man zwischen den beiden übrigen Wegen aufteilen.

Monitormix vom Frontpult aus ist nicht allein wegen des großen Abstandes zwischen Frontplatz und Bühne problematisch: Die Pre-Fade-Auxe sind in aller Regel nach der Klangreglung, meist sogar nach der Insert-Buchse angeordnet. Wird nun während des Konzerts die Klangreglung verdreht, dann kann das eine Rückkopplung auslösen, und ein Kompressor im Signalweg kann die Schleifenverstärkung unnötig hochsetzen.

Wenn ich vom Frontpult aus Monitormix machen muss, dann setze ich für die kritischen Kanäle – insbesondere für den der Front-Sänger – gerne eine Technik ein, die ich „Ins Frontpult integrierter Monitormixer" nenne. Für diese Geschichte benötigt man pro Eingangskanal zwei Pultkanäle:

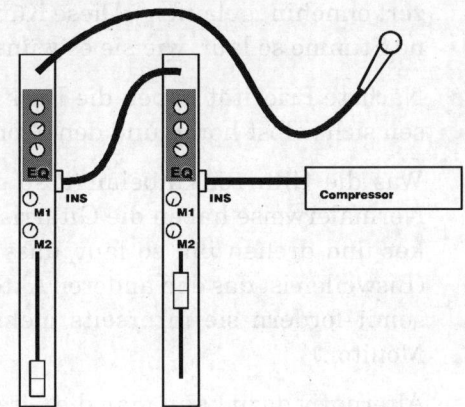

Bild 8.8:
Ins Frontpult integrierter Monitormischer

▓ Der Eingangssignal wird auf den Pultkanal gelegt, der für den Monitormix verantwortlich ist. Hier bleibt der Master-Fader heruntergezogen und das Routing abgeschaltet. Einzig mit den Pre-Fade-Auxen wird das Signal auf die Monitoranlage gemischt.

▓ Über den Direct Out wird das Signal nun in einen zweiten Pultkanal gelegt. Gibt es kein Direct Out, dann verwendet man einen Adapter für die Insert-Buchse, bei dem *Send* und

275

Return verbunden sind und bei dem dieses Signal abgegriffen und auf eine Klinkenstecker gelegt wird – oder man lötet sich ein XLR-Y-Adapter.

▨ Mit dem zweiten Pultkanal wird nun der Frontmix gemacht. Dreht man hier nun an der Klangreglung oder schleift einen Effekt ein, so hat dies keinerlei Auswirkung auf das Monitor-Signal.

Umgekehrt beeinflusst man jedoch sehr wohl auch den Front-Sound, wenn man an der Klangreglung des ersten Pult-Kanals dreht. Allerdings wird man während des Konzertes ohnehin selten bis nie an der Monitor-Klangreglung drehen.

Beim Monitormix vom Frontpult aus muss man Prioritäten setzen (und dies auch irgendwie den Musikern vermitteln).

▨ Erste Priorität hat der Front-Sänger beziehungsweise die Front-Sänger. Wenn die sich nicht mehr hören, ist das Konzert ohnehin „gelaufen". Diese Künstler bekommen ihre eigene Stimme so laut, wie sie es wünschen.

▨ Nächste Priorität haben die Background-Vocals. Diese müssen sich selbst hören und den Front-Sänger.

▨ Was die Gitarren anbelangt, so gibt es zwei Alternativen: Normalerweise haben die Gitarristen ihren eigenen Verstärker und drehen ihn so laut, dass sie sich selbst gut hören. (Bisweilen ist das den anderen Akteuren deutlich zu laut, und somit fordern sie ihrerseits mehr eigenes Signal auf dem Monitor.)

Alternativ dazu kann man die Gitarren-Amps von der Bühne herunternehmen und das Gitarren-Signal auf die Monitore legen. Auf diese Weise bekommt man es sehr viel gleichmäßiger und leichter in den restlichen Bühnensound integriert. Allerdings braucht die Monitor-Anlage dann ein deutlich höhere Leistungsfähigkeit.

▨ Die Keyboards müssen sich zumindest selbst hören. Hier bevorzuge ich die Lösung mit dem Sub-Mixer und einer Aktiv-Box.

▪ Der Drummer ist so lange unkritisch, solang er seinen eigenen Weg hat und der Lautsprecher weit genug von den Gesangsmikrofonen entfernt ist, als dass Rückkopplungen ein Problem sind. Der Drummer bekommt dann einfach alles so, wie er es möchte.

Monitormix vom Monitorpult aus

Ein eigenes Monitorpult mit einem extra Tontechniker erhöht zwar den Aufwand, bringt aber einige wesentliche Vorteile:

▪ Frontmix und Monitormix werden unabhängig. Wenn der Tontechniker am Frontpult an der Klangregelung dreht, dann hat dies keine Auswirkung auf den Monitormix.

▪ Der Klang für den Monitormix kann individuell eingestellt werden. Manche Drummer möchten beispielsweise den „Klick" der Bass-Drum auf ihrem Monitor – hier ist eine ganz andere Einstellung der Klangregelung erforderlich als für den Frontmix.

▪ Der Soundcheck geht schneller, weil gleichzeitig Front- und Monitormix eingestellt werden.

▪ Das Monitorpult steht in der Regel am Bühnenrand, so dass man deutlich besser als vom Frontpult aus sieht, was auf der Bühne passiert. Zur Not kann man auch mal schnell auf die Bühne, um irgendein Problem zu beheben. Da während des Auftritts der Monitortechniker nicht mehr viel Arbeit haben sollte, kann er als eine Art „Troubleshooter" agieren.

In der Regel wird man ein Monitorpult wählen, dessen Anzahl der Wege ausreicht, um jedem Musiker seinen eigenen Monitormix zur Verfügung zu stellen. Trotzdem kann man nicht jedem Musiker seinen wunschgemäßen Monitorsound erstellen (es sei denn, man verwendet In-Ear-Monitoring), weil jeder Musiker auch die Monitore seiner Kollegen hört. Dem Ideal des wunschgemäßen Monitorsounds kommt man jedoch sehr viel näher, als wenn man nur zwei oder vier Wege zur Verfügung hat.

Bühnenlautstärke

Bei vielen Produktionen wird eine sehr hohe Bühnenlautstärke gefahren. Wenn die Musiker schon nicht mehr richtig hören, mag das unumgänglich sein (bessert diesen Umstand aber nicht). Ansonsten sollte man versuchen, die Bühnenlautstärke recht gemäßigt zu halten.

- In kleinen Räumen wird es unmöglich, einen brauchbaren Frontsound zu erstellen, wenn schon viel zu viel von der Bühne kommt. (Mir wurde von einem Konzert berichtet, bei dem aus Arbeitsschutzgründen nur 105 dB am Frontpult zugelassen waren und bei geschlossenen Master-Fadern der Pegel schon 104 dB betragen hat. Hier hat man dann keine Chance mehr, einen vernünftigen Frontsound zu mixen.)

- Je höher die Bühnenlautstärke, desto höher ist auch die Gefahr einer Rückkopplung.

- Wird dauernd ein hoher Bühnenpegel gefahren, dann schädigt dies nachhaltig das Gehöhr der Beteiligten. Es ist sicher illusorisch, den Bühnenpegel auf Zimmerlautstärke halten zu wollen, aber man muss es auch nicht übertreiben.

Wenn man „geradeaus" beginnt, den Monitormix zu machen, dann wird man ziemlich sicher bei einem Pegel ankommen, der höher ist als notwendig. Um eine gemäßigte Bühnenlautstärke zu erreichen, sind einige Maßnahmen schon im Vorfeld zu ergreifen:

- Bässe kommen von der Frontanlage. Wenn die Wedges und Fills eher zu wenig Bässe erzeugen, dann braucht man viel weniger „aufdrehen", um ein ausgeglichenes Verhältnis zu bekommen. Von daher bevorzuge ich bei Monitoren ein geschlossenes Gehäuse, weil hier von selbst weniger Bässe erzeugt werden (und weil diese auch deutlich seltener „zerschossen" werden).

- Gitarrenverstärker stehen meist weit weg von den entsprechenden Instrumentalisten und streuen viel zu breit. Die anderen Musiker brauchen dann ihre eigene Stimme oder ihr eigenes Instrument entsprechend laut auf dem Monitor.

Dieses Problem wäre gelöst, wenn man Gitarren immer mit einer DI-Box abnimmt und das Signal nur soweit gewünscht auf den Monitor legt. Beim Bass ist dies durchaus üblich, bei Gitarren ist jedoch der Klangeinfluss der Box oft essenziell. Hier gibt es aber Geräte, welche diese Klangbeeinflussung elektronisch nachbilden.

Alternativ kann man die Boxen und das dazugehörende Mikrofon irgendwo hinter oder neben die Bühne stellen, um dann das Signal wieder über die Monitorboxen laufen zu lassen.

- Am wenigsten kann man erfahrungsgemäß beim Schlagzeug ausrichten. Der Vorschlag, ein „leiseres" Schlagzeug zu verwenden oder etwas ruhiger zu spielen, ist meist nicht umsetzbar, E-Drums haben sich aus klanglichen Gründen nie so richtig durchgesetzt.

Bei Musicals und ähnlichen Produktionen, insbesondere dort, wo klassische Instrumente auf der Bühne eingesetzt werden, ist es nicht unüblich, vor das Schlagzeug eine Plexiglaswand zu stellen.

Abhöre oder Kopfhörer

Damit der Techniker in einzelne Kanäle oder Wege reinhören kann, ist am Monitorplatz oft ein weiterer Wedge aufgestellt, den man „Abhöre" nennt. Diese Box sollte so aufgestellt sein, dass sie möglichst wenig auf die Bühne strahlt, damit die abwechselnd gehörten Signale nicht die Musiker irritieren. Leider ist am Monitorplatz oft eine Menge „akustischer Müll", den man erst gedanklich vom Gehörten abziehen muss, um zu wissen, was auf den einzelnen Kanälen oder Wegen wirklich gespielt wird.

Hier könnte die Verwendung eines geschlossenen Kopfhörers helfen, doch haben die meisten Geräte eine völlig unzureichende Außengeräuschdämpfung. Empfehlenswert ist hier das System *NoiseGuard* der Firma Sennheiser, welches eigentlich als aktiver Gehörschutz konzipiert wurde: In einen „klassischen" Gehörschutz wurden hier Ohrhörer und ein Mikrofon eingebaut.

279

Das vom Mikrofon aufgenommene Signal wird um 180° in der Phase gedreht und auf die Ohrhörer gegeben, so dass sich beide Signale gegenseitig auslöschen. Der Effekt ist ein halbwegs lineare Außengeräuschdämpfung von etwa 30dB, lediglich im Sub-Bass-Bereich wird dieser Wert nicht erreicht, weil die Ohrhörer nicht zur dafür erforderliche Membranauslenkung fähig sind.

In dieses System lässt sich nun ein externes Signal einspeisen, so dass man die Sache auch als Kopfhörer verwenden kann. Hört man damit nun in einen Kanal rein, dann hört man wirklich nur noch diesen Kanal, was eine immense Verbesserung gegenüber der „klassischen" Abhöre ist.

Kommunikation mit den Musikern

Die Kommunikation zwischen Musikern und Monitortechniker erfolgt weitgehend mit Handzeichen. Im einfachsten Fall sind das heftige Handbewegungen mit dem Daumen nach oben, die man in aller Regel so interpretieren kann, dass der Musiker sein eigenes Instrument oder seine eigene Stimme lauter auf dem eigenen Monitor haben möchte.

Für differenzierter Monitoreinstellungen geht man so vor:

- Zunächst wird auf das Mikrofon oder das Instrument gezeigt, dessen Signal verändert werden soll.

- Anschließend zeigt man auf den Wedge oder das Fill, auf dem dieses Signal geändert werden soll.

- Nun gibt man mit dem Daumen nach oben (lauter) oder nach unten (leiser) an, wie das Signal verändert werden soll. Der Techniker dreht so lange in die gewünschte Richtung, bis mit einer abschließenden Handbewegung (beispielsweise einmalige horizontale Bewegung mit der flachen Hand) angezeigt wird, dass der gewünschte Pegel erreicht ist.

Index

Symbole

100 V-Technik 234
160 A 173
19" 235
480L 193

A

Abbau 150
Abgriff 234
Abhöre 157, 259, 279
Abschirmung 48, 57
Abschwächer 110
Abstimmungsfrequenz
   122
Abtastrate 111, 181
Acht 80
AD-Wandler 141
Ader 47
Aggregat 61, 136, 137
AKG 82, 83, 98
Akku 108, 273
aktiv 69
Akustik 13
akustischer Kurzschluss
   196, 201
AlcaTech 114
Alkali-Mangan 107
Amateurfunker 60
amerikanische Norm 65
Amp-Rack 255
Ampere 33
Amping City 254
Amplitude 15
amtlich 135
Analyser 143, 151 ff,
   166, 167
Anlage 143
Ansage 150
Antenne 106

Antennen-Splitter 107
Arbeitspegel 120
Artec 82
ATB 167
Attack 169, 173
Audiospektrum 269
Auflösung 252
Aufsplittung 69, 139
Auge 262
Ausgangsimpedanz 77
Ausgangsspannung 135
Ausgangsübertrager 78
Auslenkung 15
auspfeifen 269
Ausschaltdämpfung 126
Aussetzer 112
Aussteuerungsanzeige 130
Automatisierung 142
Aux 125, 132,
   150, 154, 159, 274
Aux-Return 132

B

Background 267
Backing Vox 148
Backliner 145
Ballade 150
Band 144
Bandbreite 162, 171
Bändchenlautsprecher 195
Bändchenmikrofon 74
Bandpass 211, 171, 230
Bandpass-Gehäuse 202
Bass 84, 96, 147, 149
Bass-Drum 82, 85, 86,
   95, 98, 102, 145, 155, 277
Bassreflex 122, 102, 261
Batterie 33, 107, 110, 273
Bauteilrauschen 141
Becken 83, 145, 146

Bel 22
Benutzeroberfläche 142
berührungssicher 238
Bessel 252
Beta 52 82, 86
Beta 57 89
Beta 58 91
Beta 87 84
Beta 87 A 92
Beta 87 C 93
Beta 98 94
Beyerdynamic 95
Bi- Amping 208
Bläser 94, 96, 100, 102
Blechbläser 147
blendfrei 139
BNC 139
Boden 215
Boden-Monitor 261
Bodenscheibe 82
BPM-Studio 114
breit 138
breite Niere 80, 98
Brücken-Schaltung 244
brummfrei 136
Brummschleife 45, 50,
   109, 254
BSS 153, 154, 163, 166,
   171, 176, 250, 252
Buchsen 238
Bühnendecke 267
Bühnenlautstärke 278
Butterwoth 210, 252

C

C 414 99
C 418 83, 100
C 451 83, 101
C4 230
Canon-Stecker 64